Martina Offermanns

Braucht Coaching einen Coach?

Eine evaluative Pilotstudie

Martina Offermanns

BRAUCHT COACHING EINEN COACH?

Eine evaluative Pilotstudie

ibidem-Verlag
Stuttgart

Bibliografische Information Der Deutschen Bibliothek

Die Deutsche Bibliothek verzeichnet diese Publikation in der Deutschen Nationalbibliografie; detaillierte bibliografische Daten sind im Internet über <http://dnb.ddb.de> abrufbar.

∞

Gedruckt auf alterungsbeständigem, säurefreien Papier
Printed on acid-free paper

ISBN: 3-89821-346-3

Vorwort

Diese Dissertation zum Thema Coaching habe ich im Jahre 2000 begonnen. Drei Jahre lang habe ich mich intensiv mit der Coachingforschung und –praxis auseinandergesetzt. Bedanken möchte ich mich an dieser Stelle bei allen, die mich bei meinem Dissertationsvorhaben unterstützt haben:

Zuerst geht mein Dank an meine beiden Gutachter Prof. Dr. Siegfried Greif und Prof. Dr. Jürgen Kriz für die sehr gute Betreuung und Unterstützung während der Zeit.

Der Studienstiftung des deutschen Volkes bin ich sehr dankbar für ihre finanzielle und ideelle Unterstützung. Ohne sie wäre das Projekt nicht finanzierbar gewesen.

Ein großer Dank geht an meine Coachkollegen Anke Finger-Hamborg und Andreas Steinhübel, die Firmen Elastogran GmbH, Ahlstrom Kämmerer GmbH, HR Gardens, Felix Schoeller jr, Foto- und Spezialpapiere GmbH & Co.KG, Stadtwerke Osnabrück, Lunke Automotive GmbH sowie an alle TeilnehmerInnen des Projektes, die ich aus Anonymitätsgründen nicht namentlich nennen möchte. Durch ihre Bereitschaft sich an dem Projekt zu beteiligen war es mir möglich diese praxisorientierte Untersuchung erfolgreich durchzuführen.

Für die vielen anregenden Diskussionen danke ich Dr. Stefan Meinsen, Jan-Fredo Willms, Karl von Kannen, PD Dr. Kai-Christoph Hamborg, PD Dr. Arist von Schlippe, Prof. Dr. Julius Kuhl und Prof. Dr. Eckard König.

Ein besonderer Dank gilt an dieser Stelle meinen Eltern sowie meinen Freunden Marcus Habighorst, Alexandra Krone und Simone Böer: Vielen Dank für Eure Geduld, aufbauenden Worte und Unterstützung während der Zeit.

Osnabrück, den 05.05.2003

Martina Offermanns

Inhaltsverzeichnis

Kapitel 1

Einleitung

„Wer nicht mit der Zeit geht, geht mit der Zeit"

(Helmut Kernler)

1. Einleitung

Coaching ist in aller Munde. Gibt man den Begriff „Coaching" im Internet in die Suchmaschine „Lycos" ein, so bekommt man im Januar 2003 weltweit 7.413.370. Von den über 7 Millionen Adressen gehören 6,5% der Adressen dem deutschsprachigen Raum an (484.204 Adressen) - im Februar 2002 waren es im Vergleich weltweit 3.351.958 Adressen, im deutschsprachigen Raum 208.164 (6,2%). Verglichen mit 1998 (7887 Adressen[1]) hat sich die Anzahl der Adressen weltweit in einem Zeitraum von gut vier Jahren um das fast *tausendfache* erhöht.

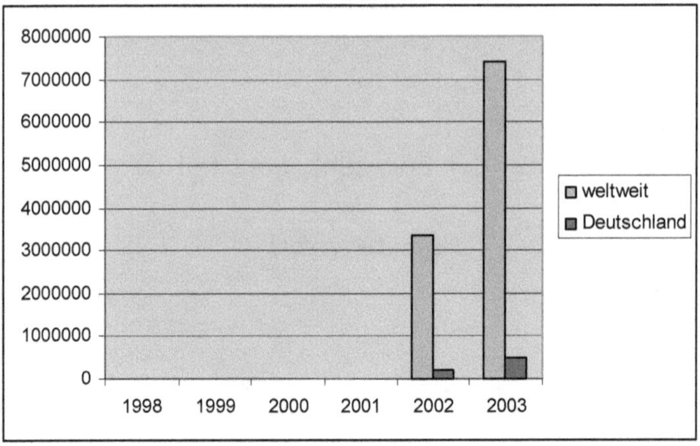

Abb. 1: Entwicklung Anzahl Internetadressen zum Thema Coaching

Vogelauer (2000) kritisiert diese inflationäre Entwicklung: Er spricht von einem schillernden bis chaotischen Begriffsdschungel. Jedes Training, jede Form der Beratung wird

[1] vgl. Loos (1999)

mittlerweile Coaching genannt, weil es sich gut verkauft. Selbst Führungskräfte sind plötzlich Coaches ihrer Mitarbeiter. Zum anderen wird Coaching schnell mit Psychotherapie in Zusammenhang gebracht (Coaching = Couching!?), da Coaching häufig von Psychologen angeboten wird. Vom Hypnose-Coaching, Tele-Coaching bis hin zum Vocal Coaching – es gibt kaum einen Bereich, der sich der Popularität des Begriffs nicht bedient.

1.1 Die Entwicklung des Coachings

Das erste Mal wurde der Begriff „Coach" im englischen Sprachraum im 15. Jahrhundert benutzt. Ursprünglich bezeichnete der Begriff „Coach" die Kutsche, später verstand man darunter den „Kutscher". Seine Aufgabe war das Lenken und Betreuen der Pferde. Der Sinn dieser Aufgabe wurde später auf andere Bereiche wie z.B. den Sport oder die Personalentwicklung übertragen (vgl. Rauen, 1999; Rückle, 2000).

Zu einer gewissen Popularität gelangte der Begriff „Coaching" erst durch den Sport. Dort wird der Begriff schon länger im Rahmen der Betreuung und Motivierung von Leistungssportlern verwendet.

Die Entwicklungsphasen des Coachings in der Wirtschaft beschreibt Böning (2002) wie folgt.

1.1.1 Die Entwicklungsphasen des Coachings

Nach Böning (2002) durchlebte das Coaching bis ins 21. Jahrhundert sechs Entwicklungsphasen.

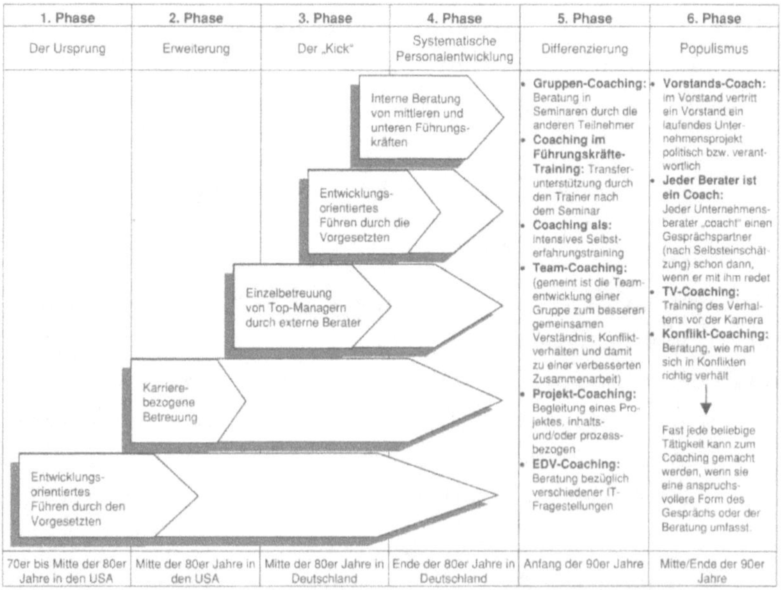

Abb 2: Die Entwicklung des Coachingbegriffs (Böning 2002, S. 25).

Das Coaching entwickelte sich demnach innerhalb von 10 Jahren vom Vorgesetzten-Coaching, in dem der rein fachliche von dem motivationsbezogenen Führungsstil abgelöst wurde, über das Mentoring (Betreuung von Führungsnachwuchskräften) und externe Top-Management-Coaching hin zum systematisch eingesetzten Personalentwicklungsinstrument für Führungskräfte aller Ebenen (Ende der 80er Jahre). Anfang der

90er Jahre entwickelten sich weitere Varianten des Coachings (Gruppen-Coaching, Team-Coaching, Projekt-Coaching).

Heute im 21. Jahrhundert hat Coaching eine breite Akzeptanz in den Unternehmen gewonnen. Mittlerweile ist das Thema Coaching aus Fachbüchern, -zeitschriften und Managermagazinen nicht mehr wegzudenken. Die Zeiten, in denen „Coaching" mit „Couching" verwechselt wurde, gehören immer mehr der Vergangenheit an: nicht zuletzt wegen der rasanten Technik- und Marktentwicklung, die zu ständigen, komplexen Veränderungsprozessen in Betrieben und Organisationen führen. Die Ressource Mensch wird in dieser dynamischen Zeit immer wichtiger für die Firmen. Zwischenmenschliche Kommunikation, Führungsverhalten und soziale Kompetenzen zu fördern sind das Ziel moderner Personalentwicklung. Weiterbildungsveranstaltungen wie Seminare und Führungstrainings schaffen eine solide Basis, können aber heute nur einen Teil der Probleme lösen. Bei der Einbeziehung der persönlichen Situation des Einzelnen, dem Offenlegen eigener Fragestellungen und Probleme sowie dem „Schwächen"-Zeigen greifen diese Instrumente zu kurz (vgl. Vogelauer, 1990).

Alle Coachingvarianten (z.B. Team-, Projekt-, Einzel- oder Gruppencoaching) setzen an diesem Punkt an: "sie sehen eine leistungsorientierte, längerfristig psychologische Beratung vor und bedeuten konkretes Lernen auf dem Gebiet, auf dem die Führungskräfte und Teams arbeiten." (Böning, 2002, S. 29).

1.1.2 Zukünftiger Entwicklungsbedarf im Coaching

Die oben beschriebene positive Entwicklung des Coachings hat zur Folge, dass der Begriff „Coaching" mittlerweile sehr inflationär benutzt wird. Coaching ist zu einem Modewort geworden, das sich gut verkaufen lässt. Selbst einfache Trainings oder klassische Beratungen durch Unternehmensberater werden Coaching genannt. Der Begriff Coaching wurde „erstaunlich schnell zu einem inflationären „Container"-Wort, das für alle und jedes verwandt wird" (Böning 2002, S.29). Es fehlen verbindliche Qualitätsstandards, eine klare Definition und sonstige professionelle Zugangskriterien, die den Missbrauch des Begriffs Coaching erschweren.

> „Trotz seines hohen Bekanntheitsgrades ist der Begriff „Coaching" definitorisch noch in der Findungsphase." (Stahl u. Marlinghaus, 2000).

Hiermit wären wir bei der wissenschaftlichen Erforschung von Coaching. Die Aufgabe der Forschung muss darin liegen, Qualitätsstandards zu entwickeln und die Wirksamkeit und Nützlichkeit von Coaching zu überprüfen.

1.2 Forschungsstand im Bereich Coaching

Greif (1993) unterscheidet drei Entwicklungsphasen, in denen sich wissenschaftliche Disziplinen bewegen:

Pionierzeit

Die Pionierzeit kennzeichnet sich durch die Entdeckung des neuen Aufgabenfeldes. Es werden erste programmatische Darstellungen zum Aufgabenfeld und zum Selbstverständnis veröffentlicht. Ziel ist es, die neue Disziplin zu propagieren, Nachfolgeforschung anzustoßen und „aktionsbereite Protagonistengruppen zu gewinnen" (Greif 1993, S. 16).

Phase der Expansion und Wissenserweiterung

In dieser Phase geht es darum, „das Aufgabenfeld mit breiterer personeller Basis zu erschließen, professionelles Expertenwissen zu entwickeln und in Konkurrenz stehenden Disziplinen eine gesellschaftlich anerkannte fachpolitische Position zu erringen" (Greif 1993, S. 16f.).

Phase der Stabilisierung und organisationalen Professionalisierung

Erst wenn die mit der zweiten Phase verbundenen Aufbaukrisen überwunden sind, beginnt die langfristige Etablierung der Disziplin. Ziel ist die Stabilisierung und Erweiterung des gesellschaftlichen Einflusses.

Ordnet man die Entwicklung von Coaching in bezug auf den Forschungsstand in die Systematik von Greif (1993) ein, so befanden wir uns bezogen auf die wissenschaftliche Erschließung des Themas Coaching Ende der 90er Jahre noch in der Pionierphase: es herrschte Aufbruchstimmung. Jetzt Anfang des 21. Jahrhunderts beginnt der Übergang in die Phase der Expansion und Wissenserweiterung.

Der Schwerpunkt in der Pionierzeit lag in der theoretischen Auseinandersetzung mit Coaching (z.B. Rauen 1996, Gessner 2000) und den ersten Erhebungen zur Kundenzufriedenheit (z.B. Böning 2002). Jetzt im 21. Jahrhundert zeigt sich ein Entwicklungsschub nach vorne: es werden wesentlich mehr wissenschaftliche Arbeiten geschrieben[2]: Die Erhebung von Erfolgsfaktoren und Qualitätsstandards durch Befragungen von Coaches und/ oder Coachees[3] ist ein Forschungsschwerpunkt, der wichtig ist, um Anhaltspunkte für Erfolgskriterien im Coaching zu bekommen. Diese Herangehensweise reicht aber nicht aus, um die Wirksamkeit von Coaching hinreichend zu untersuchen.

> „Ohne Überprüfung durch methodisch sorgfältige wissenschaftliche Untersuchungen besteht die Gefahr, dass Coaching ein Praxiskonzept bleibt, über dessen Nützlichkeit oder mögliche Risiken und Nebenwirkungen wir lediglich spekulieren können" (Greif 2002, S. 15).

Dieser Aufgabe widmet sich u.a. das Fachgebiet Arbeits- und Organisationspsychologie der Universität Osnabrück, das einen Schwerpunkt auf die Erforschung der Coachingprozesse[4] und auf die Evaluation von Coaching mit unterschiedlichen Zielgruppen und Methoden (z.B. Willms, in Vorber.) legt. Die vorliegende Arbeit beschäftigt sich mit der Wirksamkeit von Coaching und der damit verbundenen Rolle des Coaches.[5]

[2] Einen Überblick der Forschungsarbeiten gibt es unter www.coaching-report.de unter dem Stichwort „Forschung und Wissenschaft".

[3] z.B. Antonczyk (2002), Jansen u. Mäthner (in Vorber.), Riedel (2003), Schumann (in Vorber.), Unkelhäußer (2002),

[4] z.B. Offermanns 1998, Bähre 2001, Heine (in Vorber.)

[5] Ziele und Art der Arbeit werden in Kapitel 3 vorgestellt.

1.3 Überblick über die vorliegende Arbeit

Die Arbeit gliedert sich in acht Kapitel.

Kapitel 2:

Coachingdefinitionen bekannter Coachingexperten werden in diesem Kapitel nach wissenschaftlichen Definitionskriterien untersucht und bewertet. Am Ende steht die Entwicklung einer den Kriterien entsprechende Definition zu Coaching.

Kapitel 3:

Im Kapitel 3 werden Grundlagen der Evaluationsforschung vorgestellt und auf den Bereich Coaching übertragen. Die Ziele der vorliegenden Arbeit werden dargestellt.

Kapitel 4:

Im Kapitel 4 wird ein auf der personzentrierten Systemtheorie von Kriz (1997) basierendes Wirkmodell im Coaching entwickelt. Zentrales Konstrukt ist die Selbstreflexion, welches aus unterschiedlichen Perspektiven betrachtet und abschließend in den Rahmen des Wirkmodells eingebaut wird. Das Kapitel wird mit den Funktionen des Coaches im Wirkmodell abgerundet.

Kapitel 5:

Die dieser Arbeit zugrundeliegenden Forschungsfragen und Hypothesen, die Operationalisierungen und das Untersuchungsdesign werden in Kapitel 5 vorgestellt.

Kapitel 6:

Das Kapitel 6 informiert über die Methoden, mit denen die erhobenen Daten ausgewertet wurden.

Kapitel 7:

Die Ergebnisse der einzelnen Forschungsfragen mit ihren Hypothesen werden dargestellt.

Kapitel 8:

Im Kapitel 8 werden die Ergebnisse nach inhaltlichen und methodischen Gesichtspunkten diskutiert.

Kapitel 9:

Das Kapitel 9 dient der Ergebniszusammenfassung.

Kapitel 10:

Abschließend werden die Konsequenzen für Wissenschaft und Praxis basierend auf den Ergebnissen verdeutlicht.

Kapitel 2

Coachingdefinitionen auf dem wissenschaftlichen Prüfstand

„Durch Worte und Begriffe werden wir immer wieder verführt, die Dinge uns einfacher zu denken, als sie sind"

(Friedrich Nietzsche)

2. Coachingdefinitionen auf dem wissenschaftlichen Prüfstand

Betrachtet man die Literatur zum Thema Coaching, so fällt auf, dass es unter den bekannten Coaching-Experten trotz Gemeinsamkeiten unterschiedliche Vorstellungen von Coaching gibt.[6] Um diesen Begriffsdschungel einzudämmen, bedarf es einer standardisierten Coachingdefinition, die einen inflationären Gebrauch des Begriffs erschwert.

In einem ersten Schritt, wird es daher als sinnvoll erachtet, gegenwärtig bestehende Coachingdefinitionen aus der Literatur anhand wissenschaftlicher Definitionskriterien zu analysieren und zu bewerten.

Dafür müssen zuerst folgende Fragen aus wissenschaftlicher Sicht geklärt werden:

- Was ist eine Definition?
- Welche Kriterien muss eine Definition erfüllen?

2.1 Grundlagen zur Definition

2.1.1 Die Definition der Definition

Im Handbuch philosophischer Grundbegriffe (Menne 1973) wird der Begriff „Definition" wie folgt *definiert*:

---

[6] Vgl. z.B. Rauen (2002), Schreyögg (2001), Looss (1997), Gessner (2000), Bayer (1995), König u. Volmer (2002), König (2002), Radatz (2000), Rückle (2000)

„Im weiteren Sinne versteht man unter Definition alles, was die Bedeutung eines Zeichens (insbesondere eines Wortes) abgrenzt oder eingrenzt" (Menne 1973, S. 268).

In der Literatur zu findende Synonyme für Definition sind „Abgrenzung" (Regenbogen u. Meyer 1998, S. 134) und „Begriffsbestimmung" (Brugger 1976, S.56). Eine Definition ist wie folgt strukturiert: Das Wort, dass definiert werden soll, wird „definiendum" genannt. Die das Wort definierenden Ausdrücke werden „definiens" genannt (Regenbogen und Meyer 1998). Traditionell[7] werden bei der Definition Artbegriffe verwendet. Dem *definiendum* (=Art) wird die nächsthöhere Gattung sowie der artbildende Unterschied im *definiens* zugeordnet.

Beispiel:

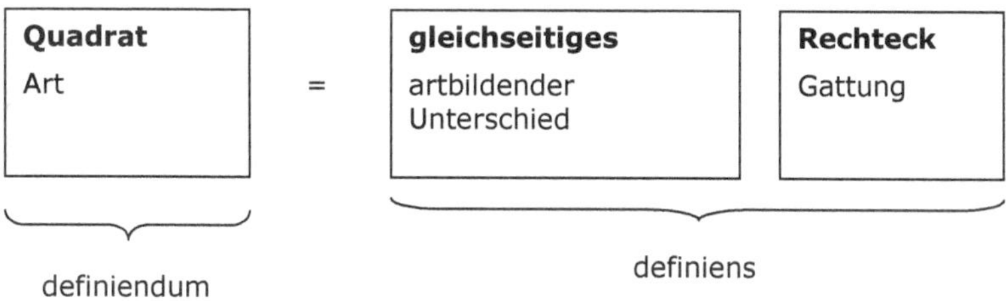

Abb. 3: Aufbau einer Definition

[7] über lange Zeit maßgebliche philosophische Tradition - geht zurück bis zu Aristoteles (Regenbogen u. Meyer 1998, S. 134).

Kriterien, die eine Definition erfüllen muss, sind:

- ***Klare Abgrenzung zu anderen Begriffen, Wörtern***

> „Die Definition muss adäquat sein: d.h., sie darf nicht zu weit sein: es dürfen unter das definiens nicht mehr Gegenstände fallen als unter das definiendum. ... sie darf auch nicht zu eng sein: es dürfen unter das definiens nicht weniger Gegenstände fallen als unter das definiendum" (Menne 1973, S. 271)

Beispiel für eine zu weite Definition:

> Manager sind Menschen, die in einem Unternehmen arbeiten.

Die Aussage, dass Manager in einem Unternehmen arbeiten, trifft zu. Allerdings würden in diesem Fall auch Arbeiter am Band als Manager bezeichnet werden können, da sie ebenfalls in Unternehmen arbeiten. Diese Definition ist somit zu weit und grenzt den Begriff Manager von Arbeitern nicht genügend ab.

Beispiel für eine zu enge Definition:

> Manager sind männliche Personen, die Führungsaufgaben in Unternehmen übernehmen.
>
> Diese Aussage schließt aus, dass auch Frauen Manager sein können. Daher ist diese Definition nicht umfassend genug.

- ***Klarheit***

> „Die Definition soll klar sein. D.h., die Ausdrücke im definiens müssen in ihrer Bedeutung bekannt sein oder erklärt werden" (Menne 1973, S. 272).

Zu abstrakte Begriffe oder eigene Wortkreationen, die im Alltag nicht genutzt werden oder zu Missverständnissen führen können, sollten nicht Bestandteil einer Definition sein. Im Zweifel sollte eine Erklärung des benutzten Begriffs folgen.

Beispiel für eine zu unklare Definition:

> Training ist eine Maßnahme zur Förderung wichtiger Führungsfähigkeiten.

Der Begriff „Führungsfähigkeiten" ist im Alltag zu abstrakt und mehrdeutig. Er wird nicht weiter erklärt. Verschiedene Personen würden unter Führungsfähigkeiten unterschiedliche Fähigkeiten (z.B. Delegieren, Durchsetzen...) verstehen.

Ziel sollte nach Meinung der Autorin eine möglichst **intersubjektive Übereinstimmung** sein: Darunter ist zu verstehen, dass unterschiedliche Personen ein möglichst gleiches Verständnis vom definiendum haben, wenn sie die Definition lesen. Wichtig ist, dass die Personengruppen, die das definiendum in ihrem Alltag gebrauchen, eine genaue Vorstellung vom definiens haben.

- ***Einfachheit***

> „Die Definition soll möglichst einfach sein. D.h., das definiens soll keine entbehrlichen, überflüssigen Ausdrücke enthalten" (Menne 1973, S. 272).

Beispiel für eine zu komplexe Definition:

> „Personaler sind Mitarbeiter eines Unternehmens, die sich um die finanziellen und persönlichen Belange der Mitarbeiter - dazu gehören die männlichen und weiblichen Arbeiter und Angestellten - sowie um ihre Qualifizierung im fachlichen als auch überfachlichen Bereich kümmern.

Die in der Beispieldefinition kursiv gedruckten Wörter sind für die Begriffsbestimmung „Personaler" überflüssig und deshalb entbehrlich.

Nach Meinung der Autorin gehört zu dem Kriterium Einfachheit auch die Übersichtlichkeit. Die Definition muss für den Leser überschaubar sein. Direkt aufeinanderfolgende Sätze mit den wichtigsten Charakteristika sind gefordert - möglichst nur ein bis zwei Sätze; Charakteristika, die sich über mehrere Seiten hinziehen und durch andere Inhalte oder überflüssige Abschnitte auseinandergerissen werden, erlauben keine Zuordnung zu einer Definition.

- ***Vermeidung von Zirkeln***

„Die Definition soll keinen Zirkel enthalten. D.h., das definiendum darf nicht als Bestandteil im definiens enthalten sein" (Menne 1973, S. 272).

Beispiel einer Zirkeldefinition:

„Manager sind Menschen, die ein Unternehmen managen."

- ***Aussagekraft***

„Die Definition soll möglichst aussagekräftig sein. ... Gemeint ist, dass im definiens Ausdrücke verwandt werden, die möglichst viel über das definiendum zu erschließen gestatten" (Menne 1973, S. 272).

Beispiel:

„Führungskräfte sind Menschen in einem Unternehmen"

„Führungskräfte sind Personen, die andere Menschen in einem Unternehmen leiten."

Die zweite Definition sagt im Vergleich zur ersten mehr über den Begriff Führungskraft aus. Die zweite Definition ist somit aussagekräftiger. Ob eine Definition aussagekräftig ist, ist schwer zu bewerten. Bei der Bewertung von Definitionen nach diesem Kriterium bietet sich die Einbindung von Experten an.

2.2 Diskussion bestehender Coachingdefinitionen anhand wissenschaftlicher Definitionskriterien

In Bezug auf Coaching als definiendum stellen sich zuerst folgende grundlegende Fragen:

- Zu welcher Gattung gehört Coaching?
- Was ist der artbildende Unterschied, den Coaching von anderen Arten derselben Gattung unterscheidet?

2.2.1 Herleitung des zum Coaching gehörenden Gattungsbegriffs

Betrachtet man häufig zitierte Definitionen in der Literatur (z.B. Looss 1997, Rauen 2002a, Schreyögg 2001), lassen sich Hinweise über die zum Coaching gehörende Gattung finden.[8]

„...,wenn Coaching als professionelle Form der **Managementberatung** verstanden wird" (Schreyögg 2001, S.7). „Coaching ist ein *interaktiver, personenzentrierter* ***Beratungs-*** *und* *Betreuungsprozess*, der berufliche und private Inhalte umfassen kann" (Rauen 2002a, S.69) „Coaching ist personenbezogene **Einzelberatung** von Menschen in der Arbeitswelt" (Looss 1997, S. 13).

Rauen (2002a) spricht im Zusammenhang mit Coaching allgemein vom „Beratungsprozess", Schreyögg (2001) benutzt

[8] In den Zitaten wichtige Begriffe wurden zur Veranschaulichung von der Autorin fett gekennzeichnet.

den Begriff „Managementberatung" und für Looss (1997) ist Coaching eine Form von „Einzelberatung".

Schreyögg und Looss konkretisieren den Begriff „Beratung" auf unterschiedlichen Ebenen: Schreyögg spezifiert auf der Ebene „Inhalt" - Looss auf der Ebene „Setting".

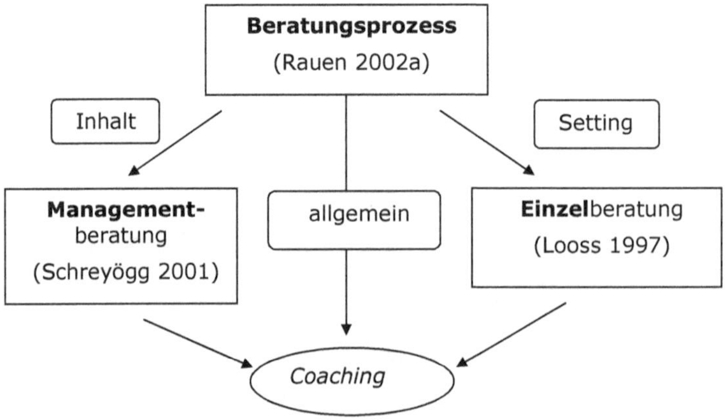

Abb. 4: Unterschiedliche Begriffsebenen in Bezug auf Beratung

Alle drei Definitionen verbindet der Begriff „Beratung", auch wenn sich die Autoren auf unterschiedlichen Begriffsebenen befinden.

Daraus lässt sich schließen, dass Beratung, ohne dass der Begriff bisher definiert wurde, der zum Coaching gehörende Gattungsbegriff ist.

Fazit:

Coaching scheint eine Art von Beratung zu sein. Beratung scheint die Gattung zum Begriff Coaching zu sein.

Es werden von unterschiedlichen Autoren verschiedene Abstraktionsebenen gewählt. Es herrscht in der Literatur keine

Einigkeit über die Spezifikation des Begriffs Beratung im Zusammenhang mit Coaching.

Nachdem die Gattung zum Begriff „Coaching" hergeleitet wurde, werden nun im folgenden drei häufig zitierte Begriffsbestimmungen (Rauen 2002a, Schreyögg 2001 und Looss 1997) in ihrer Struktur soweit möglich dargestellt und anhand der wissenschaftlichen Definitionskriterien (vgl. Kap. 2.2.1) bewertet. Dabei werden die Beschreibungen jeweils anhand der Kriterien beleuchtet, die in diesem Zusammenhang wichtig scheinen.

2.2.2 Diskussion der Coachingdefinition von Schreyögg (2001)

2.2.2.1 Fehlende Definitionsstruktur

Bei Schreyögg (2001) gibt es keine deutlich, visuell hervorgehobene Coachingdefinition wie bei Rauen (2002a). In der Einleitung ihres Buches beschreibt sie den Begriff Coaching und ordnet ihn innerhalb von 4 Sätzen unterschiedlichen Gattungen zu:

- Coaching als professionelle Form der **Managementberatung**
- Coaching als **Maßnahme der Personalentwicklung**
- Coaching als **Dialogform über „Freud und Leid" im Beruf**

> „..., wenn Coaching als professionelle Form der Managementberatung verstanden wird. Coaching dient dann einerseits als Maßnahme der Personalentwicklung, die sich perfekt auf die Belange des einzelnen zuschneiden lässt. Daneben dient es als Dialogform über „Freud und Leid" im Beruf." (Schreyögg 2001, S.7 f.)

Im weiteren Verlauf ihres Buches wird Coaching dann noch eng mit dem Psychotherapiebegriff in Verbindung gebracht.

> ... „Coaching als „Psychotherapie gegen berufliches Leid" (Schreyögg 2001, S. 63).

Der erste Kritikpunkt bei der Definition von Schreyögg liegt demnach in der nicht eindeutigen Zuordnung des Begriffs Coaching zu einer Gattung.

2.2.2.2 Das Kriterium „Abgrenzung"

Die fehlende Struktur und intransparente Zuordnung des Coachingbegriffs wirkt sich am stärksten auf das Kriterium Abgrenzung aus. Es ist nicht eindeutig, ob Coaching eine Managementberatung, eine Personalentwicklungsmaßnahme, eine Dialogform oder eine Form der Psychotherapie ist.

Die Benutzung unterschiedlicher Gattungsbegriffe führt beim Leser zu Verwirrung darüber, was Coaching ist und wie es sich von anderen Begriffen abgrenzt.

2.2.2.3 Das Kriterium „Klarheit"

Selbst, wenn man sich auf eine Gattung, wie z.B. Managementberatung konzentriert, stellt sich die Frage, worin sich Coaching laut Schreyögg von anderen Managementberatungsformen unterscheidet: Laut ihrer Beschreibung ist Coaching eine professionelle Form der Managementberatung.

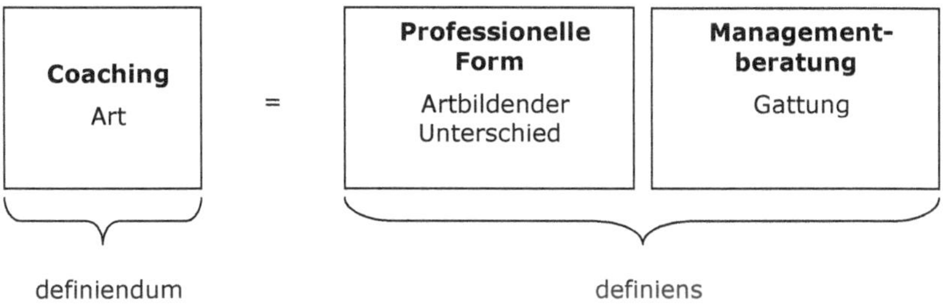

Abb. 5: Definitionsstruktur von Schreyögg (2001)

Aber was heißt professionell? Diese Beschreibung erscheint zu abstrakt. Der artbildende Unterschied ist nicht klar definiert und entspricht somit nicht dem Kriterium der Klarheit. Verschiedene Personen werden bei dem Begriff „professionell" unterschiedliche Assoziationen haben und somit unter Coaching nicht das Gleiche verstehen.

2.2.2.4 Das Kriterium „Einfachheit"

Auch das Kriterium „Einfachheit" wird bei Schreyögg nicht erfüllt. Charakteristika von Coaching werden bei ihr nicht zusammenhängend und visuell übersichtlich, sondern im Textverlauf an unterschiedlichen Stellen erwähnt: z.B. stellt sie das Ziel von Coaching erst auf Seite 9 vor, nachdem ein umfangreiches Fallbeispiel erläutert wurde. Eingeschobene Fallbeispiele, Erläuterungen oder Kapitel konkretisieren den Textinhalt, irritieren aber bei der Auflistung der Coachingmerkmale. Von einer kurzen, prägnanten Definition kann hier nicht die Rede sein.

2.2.3 Diskussion der Coachingdefinition von Rauen (2002a)

Rauen definiert Coaching wie folgt:

> „Coaching ist ein *interaktiver, personenzentrierter* ***Beratungs-*** *und Betreuungsprozess*, der berufliche und private Inhalte umfassen kann (individuelle Beratung auf der Prozessebene)
>
> Coaching findet auf der Basis einer tragfähigen und durch *gegenseitige Akzeptanz* und *Vertrauen* gekennzeichneten, *freiwillig* gewünschten *Beratungsbeziehung* statt.
>
> Coaching zielt immer auf eine (auch präventive) Förderung von *Selbstreflexion* und *-wahrnehmung, Bewusstsein* und *Verantwortung*, um so Hilfe zur Selbsthilfe zu geben.
>
> Coaching arbeitet mit *transparenten Interventionen* und erlaubt keine manipulativen Techniken, da ein derartiges Vorgehen der Förderung von Bewusstsein prinzipiell entgegenstehen würde.
>
> Coaching setzt ein ausgearbeitetes *Coaching-Konzept* voraus, welches das Vorgehen des Coachs erklärt und festlegt, welche Interventionen und Methoden der Coach verwendet, wie angestrebte Prozesse ablaufen können und welche Wirkzusammenhänge zu berücksichtigen sind. Zudem sollte das Konzept dem Gecoachten soweit transparent gemacht werden, dass Manipulationen ausgeschlossen werden können.
>
> Coaching findet *in mehreren Sitzungen* statt und ist *zeitlich begrenzt.*
>
> Coaching richtet sich an eine *bestimmte Person* (Gruppen-Coaching: für eine *genau definierte Gruppe* von Personen) mit Führungsverantwortung und/oder Managementaufgaben.
>
> Coaching wird praktiziert durch Beraterinnen und Berater mit *psychologischen und betriebswirtschaftlichen Kenntnissen* sowie *praktischer Erfahrung* bezüglich der Anliegen des oder der Gecoachten (um die Situation fundiert einschätzen und qualifiziert beraten zu können)" (Rauen 2002a, S. 69)

Ziel ist immer die (Wieder-)Herstellung und/oder Verbesserung der Selbstregulationsfähigkeiten des Gecoachten, d.h. der Coach soll sein Gegenüber derart beraten bzw. fördern, dass der Coach letztendlich nicht mehr benötigt wird."(Rauen 2002a, S. 69)

2.2.3.1 Die Definitionsstruktur von Rauen

definiendum		definiens	
Coaching Art	=	• **Interaktiv, personenzentriert** • **berufliche und private Inhalte,** • **gegenseitige Akzeptanz, freiwillig,** • **Förderung von Selbstreflexion...,** • **transparente Interventionen,** • **Coachingkonzept,** • **mehrere Sitzungen, zeitlich begrenzt,** • **bestimmte Person oder Gruppen,** • **Berater mit psychologischen und betriebswirtschaftlichen Kenntnissen,** • **Ziel: (Wieder-)Herstellung /Verbesserung der Selbstregulationsfähigkeiten** artbildender Unterschied	**Beratungs-prozess** Gattung

Abb. 6: Definitionsstruktur von Rauen (2002a)

2.2.3.2 Das Kriterium Abgrenzung

Ein kleiner Exkurs:

In der Praxis und in der Literatur wird häufig die Abgrenzung von Coaching zur Psychotherapie diskutiert.

> Psychotherapie ist „...die gezielte, professionelle Behandlung psychischer und/oder psychisch bedingter körperlicher Störungen mit psychologischen Mitteln" (Dorsch et al. 1998, S. 703).
>
> Psychotherapie wird aufgrund verschiedener Gerichtsbeschlüsse als Heilkunde betrachtet. Nur dafür von der Krankenkasse zugelassene Psychotherapeuten dürfen Psychotherapie anbieten (vgl. Baumann 1991, 46f.)

Die in der Praxis häufig zu Verwirrung führende Verknüpfung von Coaching und Psychotherapie liegt darin begründet, dass beide eine spezielle Form von Beratung sind. In der Psychologie versteht man unter dem Begriff Beratung:

> „...ein vom Berater nach methodischen Gesichtspunkten gestalteter Problemlösungsprozess..., durch den die Eigenbemühungen des Ratsuchenden (Rs.) unterstützt, optimiert bzw. seine Kompetenzen zur Bewältigung der anstehenden Aufgabe/des Problems verbessert werden" (Dorsch et al. 1998, S.113).

Betrachtet man die Beratungsdefinition von Dorsch et al. (1998), so kann man auf dieser Ebene keinen Unterschied zwischen Beratung und Psychotherapie erkennen: nach Meinung von Biermann-Ratjen et al. (1995) ist Psychotherapie als eine Spezialform von Beratung zu verstehen. Beratung als auch Psychotherapie dienen der Hilfe bei der Lösung von menschlichen Problemen. Außerdem weisen sie ähnlich strukturierte Prozesse auf (Methoden/Interventionen, Zeit...).[9]

Artbildende Unterschiede der Psychotherapie zu anderen Beratungsformen sind (vgl. Baumann 1991):

- Psychotherapie dient der Behandlung psychischer Störungen mit Krankheitswert wie sie durch den Diagnoseschlüssel ICD-10 der WHO (1993) definiert werden. Psychotherapie hat damit eine größere Problemtiefe als andere Beratungsformen.
- Psychotherapie darf nur von gesetzlich zugelassenen Psychotherapeuten durchgeführt werden.

Psychotherapeuten können auch beratend tätig werden, wenn es sich nicht um psychische Störungen, sondern z.B. um eine Förderung der Selbstentdeckung handelt (vgl. Schlippe u. Schweitzer 1996).

Zurück zur Coachingdefinition von Rauen:

Vergleicht man diese mit Psychotherapie, so ist keine klare Abgrenzung der beiden Beratungsarten möglich. Alle genannten Merkmale, die Rauen zur Definition von Coaching heranzieht, sind auf die Beratungsform Psychotherapie übertragbar (vgl. Schmidt 2001).

- **Interaktiver, personenzentrierter Beratungs- und Betreuungsprozess**

  Psychotherapie ist interaktiv und personenzentriert. Der Therapeut berät und betreut (vgl. ebd. S. 227f.).

[9] Die Meinungen hierzu, ob Psychotherapie eine Form der Beratung sei oder nicht, gehen in der Literatur weit auseinander (vgl. Woldrich 1998). Nach genauem Literaturstudium scheint es am nachvollziehbarsten, die Psychotherapie als eine spezielle Beratungsform zu sehen.

- **berufliche und private Inhalte,**

  Inhalte der Psychotherapie können beruflicher und privater Natur sein. Psychischer Stress am Arbeitsplatz kann psychische Störungen, die einer Psychotherapie bedürfen, nach sich ziehen.[10]

- **gegenseitige Akzeptanz, freiwillig**

  Psychotherapie setzt gegenseitige Akzeptanz und Freiwilligkeit voraus (vgl. ebd. S. 220).

- **Förderung von Selbstreflexion...,**

  Therapeutische Interventionen fördern die Selbstreflexion, -wahrnehmung, Bewusstheit und Verantwortung (vgl. ebd. S. 229)

- **transparente Interventionen,**

  Die Interventionen der Psychotherapeuten sind für den Klienten transparent zu halten (vgl. ebd. S. 214, 227).

- **Coachingkonzept**

  Einer Psychotherapie liegt ein theoretisches Konzept zugrunde wie z.B. VerhaltensPsychotherapie, Psychoanalyse oder systemische Psychotherapie (vgl. ebd. S. 221).

- **mehrere Sitzungen, zeitlich begrenzt,**

  Psychotherapie verläuft über mehrere Sitzungen und ist zeitlich begrenzt (vgl. ebd. S. 228)

- **bestimmte Person oder Gruppe mit Führungs-/Managementaufgaben,**

  Führungskräfte und Manager können auch Psychotherapie in Anspruch nehmen. Psychotherapie ist für jedermann - ob Manager oder Hausfrau. In der Definition von Rauen werden andere Zielgruppen nicht explizit ausgeschlossen.

[10] vgl. z.B. Greif (1991)

- **Berater mit psychologischen und betriebswirtschaftlichen Kenntnissen und praktischer Erfahrung bezüglich der Anliegen des Gecoachten,**

  Ein Psychotherapeut hat psychologische Kenntnisse - kann aber trotz seiner Approbation auch betriebswirtschaftliche Kenntnisse haben und praktische Erfahrung in diesem Bereich mitbringen - das ist aufgrund der fehlenden Konkretisierung, was unter betriebswirtschaftlich und praktischer Erfahrung gemeint ist, nicht auszuschließen.

- **Ziel: (Wieder-)Herstellung /Verbesserung der Selbstregulationsfähigkeiten**

  Auch in der Psychotherapie ist es Ziel, dass die Selbstregulationsfähigkeiten gefördert werden und der Therapeut sich überflüssig macht (vgl. ebd. S. 228).

Die hier genannten Merkmale, die Coaching von anderen Beratungsformen wie z.B. Psychotherapie abgrenzen sollten, sind zu weit. Sie können ebenfalls auf die Beratungsform „Psychotherapie" angewandt werden. Der eigentliche Unterschied der Psychotherapie scheint die Behandlung psychischer Störungen mit Krankheitswert zu sein - dieses entscheidende Abgrenzungsmerkmal wird in der Coachingdefinition von Rauen nicht klar hervorgehoben. Zwar nimmt er in anderen Veröffentlichungen dazu Stellung (vgl. Rauen 1999), bezieht sich aber in seiner Definition nicht explizit darauf.

2.2.3.3 Das Kriterium Einfachheit

Betrachtet man die Definition von Rauen unter dem Aspekt der Einfachheit, so fällt zuerst einmal positiv auf, dass Rauen im Vergleich zu Schreyögg (2001) die charakteristischen Merkmale von Coaching auf einer Seite zusammenfassend darstellt. Der

Leser ist nicht gezwungen das gesamte Werk des Autors zu lesen, um sich selbst die entscheidenden Coachingmerkmale zusammenzusuchen. Eine gewisse Übersichtlichkeit ist gegeben. Trotzdem fällt es schwer die eigentlich wichtigen Merkmale herauszulesen, da meines Erachtens viele überflüssige Merkmale, Wörter und Sätze die Definition unnötig in die Länge ziehen.

Es sei außerdem darauf hingewiesen, dass in dem „Handbuch Coaching" von Rauen, aus dem diese Definition stammt, eine weitere von ihm formulierte Begriffsbestimmung im Glossar zu finden ist, die nicht eindeutig der oben beschriebenen entspricht. Einzelne Merkmale wie z.B. die Freiwilligkeit oder die Qualifikation des Beraters finden hier keine Erwähnung mehr (vgl. Rauen 2002, S. 432).

Es stellt sich hier die Frage, ob einige der genannten Merkmale wirklich wichtig bei der Gegenstandsbestimmung des Begriffs Coaching sind oder ob auf sie im Sinne des Kriteriums „Einfachheit" verzichtet werden könnte.

Als Fazit lässt sich sagen, dass Rauen´s Darstellung der charakteristischen Merkmale von Coaching eher einer umfassenden Aufzählung als einer kurzen prägnanten Definition entspricht.

2.2.4 Diskussion der Coachingdefinition von Looss (1997)

Looss definiert Coaching wie folgt:

„Coaching ist ... personenbezogene **Einzelberatung** von Menschen in der Arbeitswelt" (Looss 1997, S. 13).

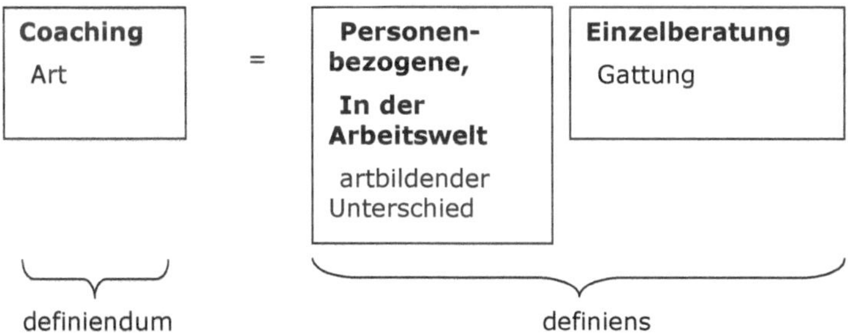

Abb. 7: Definitionsstruktur von Looss (1997)

2.2.4.1 Das Kriterium Abgrenzung

Looss trifft in seiner Definition keine Aussage über den Beratungsinhalt. Nach seiner Definition können auch psychische Probleme oder Störungen Inhalt von Coaching sein. Zwar ist Coaching eine Beratung für Menschen in der Arbeitswelt - aber auch diese können psychische Störungen als Thema haben. Schließlich können schlechte Arbeitsbedingungen zu psychischen Erkrankungen führen. Die Definition von Looss ist demnach zu weit. Er grenzt lediglich die Zielgruppe ein, nicht den Beratungsinhalt. Zwar stellt Looss im weiteren Verlauf seines Buchs (Looss 1997, S.138 ff.) die Unterschiede zwischen

Psychotherapie und Coaching dar und sagt auch was zum Beratungsinhalt (S. 15)[11], allerdings nicht in Form einer zusammenhängenden Definition.

2.2.4.2 Das Kriterium Einfachheit

Positiv bei Looss ist, dass die oben beschriebene Definition kurz und prägnant in einem Satz dargestellt wird. Allerdings ist bei ihm wie bei Schreyögg (2001) nicht klar, ob das seine offizielle, umfassende Coachingdefinition (vgl. Rauen 2002a) ist. Die oben beschriebene Definition von Looss ist für ihn eine verkürzte Formulierung zur Erklärung des Coachingbegriffs (vgl. Looss 1997, S. 13). Auf den folgenden vier Seiten beschreibt und konkretisiert er diese Definition. Auf Seite 15 definiert er den Begriff „Coach".

> „Ein Coach ist ein (externer) Einzelberater für die personenzentrierte Arbeit mit Führungskräften entlang der Frage, wie die Managerrolle von der Person bewältigt wird" (Looss 1997, S.15).

Diese Definition gibt konkretere Anhaltspunkte darüber, was Coaching seiner Meinung ist, macht es aber alleine an der Rolle des Coaches deutlich und bleibt nicht beim definiendum „Coaching".

Daraus lassen sich Rückschlüsse ziehen, was er unter Coaching versteht. Es handelt sich aber nicht um die Definition von Coaching, sondern um die des Coachs[12].

[11] „Ein Coach ist ein (externer) Einzelberater für die personenzentrierte Arbeit mit Führungskräften entlang der Frage, wie die Managerrolle von der Person bewältigt wird" (Looss 1997, S.15).

[12] Auf eine Bewertung der Coach-Definition wird hier verzichtet, da sie nicht Gegenstand der Diskussion ist.

2.2.5 Fazit

Schreyögg, Rauen und Looss berücksichtigen die wissenschaftlichen Kriterien von Definitionen nicht in Gänze. Bei allen drei Begriffsbestimmungen werden die Kriterien „Abgrenzung“ und „Einfachheit“ nicht vollständig erfüllt. Zusätzlich fehlt es bei Schreyögg an einer eindeutigen Gattungszuordnung - der Grundlage einer Definition. Es fehlt demnach bezogen auf diese Analyse an einer Coachingdefinition, die eine eindeutige Struktur mit sich bringt *und* allen wissenschaftlichen Kriterien entspricht. Eine solche Begriffsbestimmung wird nun im folgenden Kapitel erarbeitet.

2.2.6 Herleitung einer dieser wissenschaftlichen Arbeit zugrundeliegenden Coaching-definition

In der wissenschaftlichen Auseinandersetzung mit Definitionen wird deutlich, wie schwierig es ist, eine brauchbare, den Kriterien entsprechende Begriffsbestimmung zu entwickeln. Die oben zitierten Coachingdefinitionen sind nur ein kleiner Auszug dessen, was in der Coachingliteratur zu finden ist.

Ziel dieser Arbeit soll es sein, eine Coachingdefinition zu entwickeln, die den wissenschaftlichen Kriterien entspricht und Grundlage einer standardisierten Begriffsbestimmung sein kann (vgl. Kap. 1.2).

Wir nähern uns der Coachingdefinition durch folgende Schritte: zuerst über einen kurzer Exkurs zu dem zum Coaching gehörenden Gattungsbegriff „Beratung“. Danach werden die charakteristischen Merkmale von Coaching herausgearbeitet. Nach der Entwicklung der Definitionsstruktur wird überprüft, ob die erarbeitete Definition den wissenschaftlichen Kriterien, insbesondere dem der „Abgrenzung" standhält.

2.2.6.1 Der Gattungsbegriff „Beratung"

Bei einem Blick in den Brockhaus (1987) fällt auf, dass es eine allgemeine Definition des Begriffs „Beratung" nicht gibt. Was unter Beratung zu verstehen ist, scheint vom jeweiligen Beratungskontext abzuhängen.[13] Es erscheint sinnvoll, sich dem Begriff „Beratung" auf andere Weise zu nähern: Dieses Kapitel dient dazu, einen Überblick darüber zu geben, wie der Begriff „Beratung" im Allgemeinen verstanden werden kann, und welche unterschiedlichen Beratungsansätze und -felder es gibt.

Sprachliche Annäherung an den Begriff „Beratung"

In der Alltagssprache kann das Wort „Beraten" in zwei verschiedenen Formen verwendet werden (vgl. Kaiser u. Seel 1981, S.60):

- *Sich beraten:*

  Zwei Personen tauschen sich über ein bestimmtes Thema bzw. Problem aus mit dem Ziel sich auf eine bestimmte Bewertung oder Lösung zu einigen.

- *Jemanden beraten:*

  Eine Person macht einer anderen einen Handlungsvorschlag oder gibt ihr einen Rat. Die beratene Person kann den Vorschlag annehmen oder ablehnen. Die Entscheidung liegt bei dem Ratsuchenden und hat keine

[13] Im Brockhaus gibt es nur Begriffsbestimmungen zu einzelnen Beratungsformen wie z.B. Rechtsberatung, Schwangerschaftsberatung....

Auswirkungen und Sanktionen vom Ratgebenden zur Folge.

Im weiteren Verlauf wird bei „Beratung" immer davon ausgegangen, dass jemand beraten wird.

2.2.6.2 Beratungskontext, -anlass und -ziel

Beratung findet überall im Alltagsleben statt: in der Familie, unter Freunden, bei der Arbeit oder im Umgang mit Erfahrenen (z.B. beim Steuerberater). Anlass ist in der Regel ein Problem, welches es zu lösen gilt. Beratung wird dann in Anspruch genommen, wenn derjenige, der das Problem besitzt, entweder nicht in der Lage ist, es alleine zu lösen oder sich in der Lösungsfindung unsicher ist. Beratungsziel ist die Problemlösung (vgl. Dorsch 1998, S. 113ff.).

2.2.6.3 Beratungsansätze

König u. Volmer (1996) unterscheiden zwischen Alltagsberatung und professioneller Beratung: Unter Alltagsberatung verstehen sie die Situation, wenn ein Freund oder älterer Kollege bei Problemen zuhört und Tipps gibt. Dies kann zwischen „Tür und Angel" passieren oder aber bei einem Glas Rotwein. Professionelle Beratung zeichnet sich demgegenüber hauptsächlich durch die besondere Kompetenz des Beraters sowie die Rahmenbedingungen (z.B. bezahlte Dienstleistung, konkrete Definition der Beratungssituation, Methoden und Ansatz, festgelegte Anzahl von Sitzungen und zeitliche Begrenzung)[14] aus.

14 vgl. hierzu Gessner (2000)

In der professionellen Beratung gibt es grundsätzlich zwei Beratungsansätze, denen ein unterschiedliches Beratungsverständnis zugrunde liegt: die Prozessberatung und die Expertenberatung (vgl. König u. Volmer 1996).

Expertenberatung	**Prozessberatung**
Ein Fachmann gibt von außen Ratschläge zu einer bestimmten Problemstellung. Der direkte Einfluss des Beraters auf die Entscheidung des Beratenen kann unterschiedlich hoch sein: dies hängt vom Wissen des Beratenen ab.	Hier ist wichtig, dass der Ratschlag nicht von außen kommt, sondern dass der Ratsuchende dabei unterstützt wird, eigene Problemlösungen zu finden. Diese Unterstützung kann z.B. durch gezieltes Fragen oder andere (insbesondere psychologische) Interventionen erbracht werden.
Die Kompetenz des Beraters liegt im fachlichen Bereich.	Die Kompetenz des Beraters liegt im kommunikativen /psychologischen Bereich. Die Prozessberatung entspricht am ehesten dem psychologischen Beratungsverständnis (vgl. Definition von Dorsch 1987, siehe Kapitel 2.2.6.4)

Expertenberatung	**Prozessberatung**
Beispiel: In der Rechtsberatung ist der Beratene häufig abhängig von dem Know-how des Beraters – er hat zwar letztendlich Entscheidungsfreiheit, diese grenzt sich aber durch sein fehlendes eigenes Wissen in der Regel sehr ein.	Beispiel: Ein Ratsuchender leidet unter Stress und kann damit nicht umgehen. Gemeinsam mit dem Ratsuchenden versucht der Berater die Gründe für das Problem herauszufinden und neue Handlungsmöglichkeiten zu entwickeln.

Tab. 1: Prozess- und Expertenberatung (nach König u. Volmer 1996)

Häufig lassen sich die beiden Beratungsansätze nicht klar trennen – eine Mixtur von beidem bietet sich deshalb an: z.B. kann es in der Erziehungsberatung sinnvoll sein, Eltern fachliches Wissen oder rechtliche Grundlagen zur Kindererziehung zu vermitteln und gleichzeitig mit Hilfe von Prozessberatung „Hilfe zur Selbsthilfe" zu geben.

2.2.6.4 Beratungsdefinition nach Dorsch et al. (1998)

Als Grundlage für diese Arbeit lässt sich Beratung wie folgt definieren:

> Beratung ist „...ein vom Berater nach methodischen Gesichtspunkten gestalteter **Problemlösungsprozess**..., durch den die Eigenbemühungen des Ratsuchenden (Rs.) unterstützt, optimiert bzw. seine Kompetenzen zur Bewältigung der anstehenden Aufgaben/des Problems verbessert werden." Dorsch et al.(1998, S.113)

In dieser Definition wird Beratung als Problemlöseprozess verstanden: d.h., dass ein Problem[15] Voraussetzung für einen Beratungsprozess ist. Das Prinzip der „Hilfe zur Selbsthilfe", wie sie im Sinne der Prozessberatung verstanden wird, wird hier hervorgehoben (siehe kursive Textstellen). Hier wird durch den Aspekt „methodische Gesichtspunkte" deutlich, dass das professionelle Beratungsverständnis (vgl. Kap. 2.2.6.3) als Grundlage dient.

Typische professionelle Beratungsformen, die im Rahmen dieser Arbeit noch von Interesse sein werden, sind neben Coaching z.B. Unternehmensberatung, Mentoring, Supervision und Psychotherapie[16]. Sie werden im weiteren Verlauf der Arbeit noch genauer definiert und voneinander abgegrenzt.

Diese Beratungsformen unterscheiden sich durch

- Beratungskontext und -anlass
- Beratungsziel
- Beratungsansatz (Prozess- / Expertenberatung) und Methoden
- Rahmenbedingungen

[15] Problem = „...eine Art Denkanforderung, die ... durch drei Komponenten gekennzeichnet sein soll: (1) unerwünschter Anfangszustand, (2) erwünschter Endzustand, (3) Barriere, die die Transformation von (1) in (2) zunächst verhindert." (Dorsch 1998, S. 660)

[16] Ob Psychotherapie eine Beratungsform ist oder nicht, ist in Fachkreisen umstritten. Eine Zusammenfassung der Fachmeinungen ist bei Woldrich (1998) nachzulesen. Nach eingängigem Literaturstudium wird Psychotherapie in dieser Arbeit als eine spezielle Form von Beratung angesehen.

2.2.6.5 Die charakteristischen Merkmale von Coaching

Was macht nun aus Coaching eine spezielle Form der Beratung? Im folgenden werden Beratungskontext, -anlass, -ziel, -ansatz, -methoden und Rahmenbedingungen im Coaching genauer dargestellt. Die daraus ableitbaren charakteristischen Merkmale bilden den artbildenden Unterschied für die darauf folgende Coachingdefinition.

- *Beratungskontext im Coaching*

  Im deutschsprachigen Raum sind sich die Experten (vgl. Schreyögg 2001, Rauen 2002a und Looss 1997) einig: Coaching wird ausschließlich im beruflichen Zusammenhang angeboten. Als Zielgruppe werden Personen oder Gruppen mit Führungs- und Managementaufgaben gesehen.

> „Coaching ist personenbezogene Einzelberatung von Menschen in der Arbeitswelt. ... der Klient ist meist eine Führungskraft, und die auftauchenden Themen und Ziele sind überwiegend auf die Arbeitswelt und die Berufsrolle des Klienten bezogen." (Looss 1997, S. 13ff.).
>
> „Coaching richtet sich an bestimmte Personen bzw. Gruppen mit Führungs- und Managementaufgaben" (Rauen, 2002a S. 69).
>
> „...wenn Coaching als professionelle Form der Managementberatung verstanden wird. Bei dieser behandeln Führungskräfte ... ihre Fragestellungen mit einem Coach" (Schreyögg, 2001, S.7f.).

Die Einschränkung der Zielgruppe schließt aber nach Meinung der Autorin nicht aus, dass Coaching für alle im Berufsleben stehende Personen geeignet ist. Die Einschränkung der Zielgruppe ist eher darauf zurückzuführen, dass in der Praxis Führungskräfte und

Manager am häufigsten Coaching in Anspruch nehmen[17] (vgl. Böning 2002).

- *Beratungsanlass im Coaching*

  Coaching leistet individuelle Unterstützung bei folgenden Anlässen[18]:

  - Veränderte berufliche Anforderungen (Versetzung, Beförderung, Führungsaufgaben,...)
  - Verhaltens- und Leistungsdefizite (Führung, Kommunikation, Zeit- und Selbstmanagement...)
  - Soziale Konflikte (Mobbing, Machtkämpfe, Mitarbeiterkonflikte...)
  - Wunsch nach Neuorientierung (Monotonie, Mid-Life-Crisis,...)
  - Stress (berufliche Überbelastung...)
  - Karriereplanung (Standortbestimmung, Laufbahngestaltung)
  - Veränderungsprozesse in Unternehmen (Umstrukturierungen,...)

  Die Beratungsanlässe machen noch einmal deutlich, dass Coaching nicht ausschließlich eine Beratung für Führungskräfte und Manager, sondern auch für andere Berufstätige und Nicht-Berufstätige sein kann.

[17] Coaching als Einzelberatung ist eine recht kostenintensive Maßnahme, die deswegen häufig nur dem Führungskreis und nicht allen Mitarbeitern angeboten wird. Außerdem ist die persönliche Situation von Führungskräften in der Regel eine besondere, die auch besondere Beratung erfordert (siehe Beratungsanlass).

[18] angelehnt an Jäger (2001)

- *Beratungsziel im Coaching*

  Ziel des Coachings ist es, dass der Beratene seine beruflichen Ziele besser und schneller erreicht als ohne Coaching (vgl. König u. Volmer 2002). Voraussetzung hierfür ist, dass die Zielerreichung behindernde Faktoren erkannt und alternative Handlungsmöglichkeiten erarbeitet werden. Der Beratene soll nach dem Coaching in der Lage sein, sein behandeltes Problem bzw. andere schwierige Situationen alleine erfolgreich meistern zu können. Der Coach macht sich dadurch mit der Zeit überflüssig (vgl. Rauen 2002a).

- *Beratungsansatz und -methoden im Coaching*

  Es gibt unterschiedliche Beratungsansätze und –methoden im Coaching (vgl. Rauen 1999).

  Coaching kann nach König u. Volmer (2000) als Prozess- und Expertenberatung in einem (PEP-Ansatz) verstanden werden, wobei die Prozessberatung im Vordergrund steht: Der Beratene wird dabei unterstützt, neue Sichtweisen und Handlungsmöglichkeiten zu entwickeln, die ihn seinen beruflichen Zielen näher bringen. Wichtig ist dabei, dass der Berater oder Coach lediglich „Hilfe zur Selbsthilfe" leistet: d.h., dass die Entscheidung über das weitere Vorgehen alleine beim Beratenen liegt.

  Coaching lässt sich beispielhaft in folgende Phasen (angelehnt an König u. Volmer 2002) gliedern:

  Der Prozess beginnt mit der Orientierungsphase (Zielfindung) und endet mit der Abschlussphase (weiteres Vorgehen, Maßnahmengenerierung, Vereinbarungen): in diesen beiden Phasen ist die Prozessberatung vordergründig. Zwischen diesen beiden Phasen liegen die Klärungs- und Veränderungsphase. Mit Hilfe von gezielten Fragen, neutralem Feedback[19] und anderen Interventionen[20] des Coachs wird Raum gegeben für die Entwicklung neuer Sichtweisen und Ideen (Prozessberatung). Fehlendes Grundlagenwissen kann in diesen Phasen in Form von kurzen Inputs des Coachs (z.B. Kurzvortrag) oder kurzen Informations- und Leittexten (vgl. Greif 1996a) vermittelt werden (Expertenberatung). Dies führt letztendlich zu einer komplexeren und weniger eingeschränkten Problemsicht, die einen Ansatz für neue, erfolgreichere Lösungswege bzw. Handlungsalternativen bietet.

- *Rahmenbedingungen und Voraussetzungen*

  Folgende Rahmenbedingungen sollten nach Rauen (2002a) ebenfalls erfüllt sein, damit man von Coaching sprechen kann:

  - *Freiwilligkeit*

    Es liegt auf der Hand, dass nur derjenige sich verändert, der es auch wirklich von sich aus möchte. Jemandem ein Coaching aufzuzwingen führt zu Widerständen und blockiert den Prozess. In diesem Zusammenhang spricht man in der

---

[19] Im Sinne der Kybernetik ist Feedback eine Rückkopplung, ein rückführender Signalfluss. In der Sozialpsychologie ist Feedback „...jede Art von Gegenverhalten, das „rückmeldend" zu einem Ausgangsverhalten erfolgt" (Dorsch 1998, S. 278). „Solche Rückkopplungen sind ...erste Voraussetzungen für Verhaltensänderungen" (Heibutzki 1989).

[20] z.B. systemische Fragen, Symbolarbeit, Visualisierung ... (vgl. v. Schlippe u. Schweitzer 1996, König 2000, Radatz 2000).

Psychologie von Reaktanz, die sich dann zeigt, wenn Menschen sich in Ihrer Entscheidens- und Verhaltensfreiheit eingeengt fühlen. Diese Situation ist z.B. dann gegeben, wenn Personen dazu gebracht werden sollen, etwas bestimmtes zu tun, was sie von sich aus nicht wollen (Wicklund 1974). Reaktanz kann sich im Coaching darin äußern, dass der Klient z.B. das Coaching an sich in Frage stellt oder auch offen seinen Missmut über diese „Veranstaltung" zum Ausdruck bringt. Persönliche Weiterentwicklung durch Aktivierung von Reflexionsprozessen setzt voraus, sich mit sich auseinander setzen zu wollen bzw. überhaupt ein Thema zu sehen.

- *Zeitliche Begrenzung*

  Coaching ist ein längerer Prozess, der sich in Form mehrerer Sitzungen über einen längeren Zeitraum (mehrere Wochen, Monate oder Jahre) erstreckt. Die Dauer einer Sitzung ist begrenzt (1 Std. bis ½ oder 1 Tag - je nach Vereinbarung).

2.2.7 Die dieser Arbeit zugrundeliegende Coachingdefinition

Nachdem der Beratungsbegriff genauer beleuchtet wurde und die artbildenden Unterschiede von Coaching als eine spezielle Form der Beratung dargestellt wurden, folgt nun die Coachingdefinition, die sich aufgrund der vorherigen Kapitel ergibt:

Coaching ist eine freiwillige, zeitlich begrenzte, methodengeleitete, individuelle Beratung, die den oder die Beratene(n) darin unterstützt berufliche Ziele zu erreichen. Ausgenommen ist die Behandlung psychischer Störungen.

2.2.8 Diskussion der Coachingdefinition anhand wissenschaftlicher Kriterien

2.2.8.1 Die Definitionsstruktur

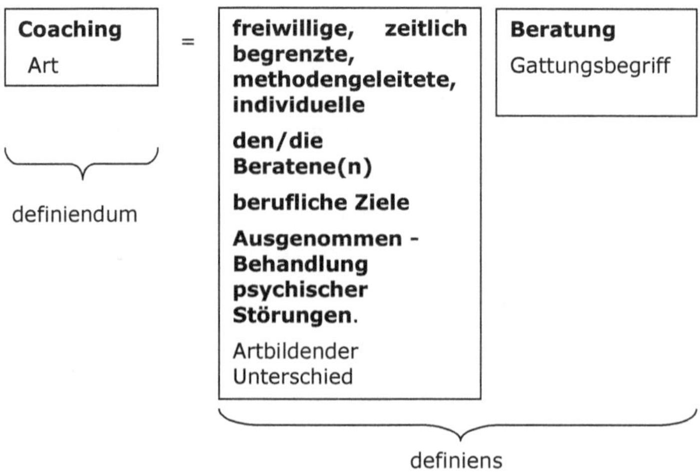

Abb. 8: Struktur der dieser Arbeit zugrunde liegenden Coachingdefinition

2.2.8.2 Das Kriterium Abgrenzung

Die Adjektive *„freiwillig, zeitlich begrenzt, methodengeleitet, individuell*" machen deutlich, dass es sich beim Coaching um eine professionelle Beratung im Sinne von König u. Volmer (1996) handelt (vgl. Kap. 2.2.6.3).

Dadurch grenzt sich Coaching von Alltagsgesprächen mit Kollegen, Freunden oder Vorgesetzten ab und ist nicht mit

Führung[21] im beruflichen Alltag gleichzusetzen. Somit ist auch der Begriff Zielvereinbarung deutlich von Coaching abgegrenzt, da Zielvereinbarung ein Führungsinstrument ist, bei dem es darum geht zwei unterschiedliche Interessen zu vereinen. Im Coaching gibt es diese gegensätzlichen Interessen nicht und es herrscht dort kein hierarchisches Abhängigkeitsverhältnis.

Coaching ist für einzelne (Einzel-Coaching) als auch mehrere Personen (Gruppen- oder Teamcoaching) geeignet (vgl. Rauen 2002a)

Coaching unterscheidet sich idealtypisch schon aufgrund seines Gattungsbegriffs „Beratung" von Training und Mentoring.

- Training:

  Training bedeutet im Gegensatz zu Beratung „systematisches Üben zu körperlicher, geistiger, seelischer Leistungs- (erfolgs-)steigerung bzw. Fehler- (Versagens-)minderung" (Dorsch 1998, S. 884).

- Mentoring[22]:

  Mentoring kann beratene Aspekte beinhalten, ist aber von Ziel und Ansatz her nicht mit Beratung gleichzusetzen.

[21] Führung = unmittelbare, absichtliche und zielbezogene Einflussnahme durch Inhaber von Vorgesetztenpositionen auf Unterstellte mit Hilfe der Kommunikationsmittel (v. Rosenstiel, Molt u. Rüttinger 1988).

[22] Mentoring: Innerbetriebliche Form der Mitarbeiterbetreuung durch ein organisationsinternes, höher positioniertes und in der Organisation länger arbeitendes Organisationsmitglied. Ziel ist u.a. Bindung an das Unternehmen (vgl. Rauen 2002, S. 436).

Außerdem grenzt sich Coaching in der Definition von folgenden Begriffen ab:

- Psychotherapie[23]:

  Durch den Zusatz in der Definition „Ausgenommen ist die Behandlung psychischer Störungen" grenzt sich Coaching von Psychotherapie eindeutig ab.

- Unternehmensberatung[24]:

  Coaching ist eine individuelle Beratung. Der Begriff „Unternehmensberatung" hat das gesamte Unternehmen als Beratungsinhalt und nicht einzelne Personen oder Gruppen. Außerdem ist Unternehmensberatung schwerpunktmäßig auf betriebswirtschaftliche Inhalte ausgerichtet und beschäftigt sich nicht mit den beruflichen Zielen einzelner.

- Supervision[25]:

  Autoren wie Doppler (1992), Fatzer (1990) und Sievers (1991) sehen eine hohe Übereinstimmung der beiden Begriffe Coaching und Supervision. Sie „...gehen dabei soweit, dass in der Praxis des Coachings eigentlich eine Art „Management-Supervision" verstanden wird" (Rauen 1999, S. 66).

  Rauen (2002c) sieht allerdings Grenzen in der Supervision, wenn es um die Verbesserung von fachlichen Managementkompetenzen geht. „Das Verfolgen wirtschaftlicher Leistungsziele oder die Aufarbeitung

---

[23] Zur Begriffbestimmung siehe auch Kapitel 2.2.3.2

[24] Unternehmensberatung = die „von externen Personen bereitgestellte, individuell gestaltete Hilfe bei der Identifizierung und Lösung von betriebswirtschaftlichen Problemen des Unternehmungsgeschehens" (Szyperski u. Klaile 1982, S.7).

[25] „Supervision ist eine berufsbezogene Beratungsform, die auf dem Hintergrund der jeweiligen Organisation die Reflexion, Verarbeitung und Weiterentwicklung personaler und sozialer Fähigkeiten und Fertigkeiten im Arbeitsalltag fördert" (Deutsche Gesellschaft für Supervision e.V. in Wolf, 1995, S.26).

fachlicher Defizite im Sinne einer individuellen und diskreten Fortbildungsmaßnahme geht über die Konzepte der klassischen Supervision hinaus" (Rauen 2002c, S. 20).

Die unterschiedlichen Begriffe sind außerdem auf sprachkulturelle Gründe zurückzuführen: Supervision ist ein Begriff, dessen Entwicklung historisch in der Sozialarbeit anzusiedeln ist. Dies könnte ein Grund sein, warum der Begriff Supervision „...im Kontext von Management und Unternehmung noch nicht anschlussfähig ist" (Looss 1991, S.42).

Supervision und Coaching sind demnach in ihrer inhaltlichen Bedeutung ähnlich, aber aufgrund der ihrer Entwicklungsgeschichte und bestehender Konzepte nicht gleichzusetzen.

- Eheberatung oder Erziehungsberatung

  Coaching dient dazu berufliche Ziele schneller und effektiver zu erreichen. Ehe- und Erziehungsberatung haben nicht den Beruf als Beratungsinhalt, sondern private Themen wie Ehe und die Erziehung von Kindern (vgl. Brockhaus 1987).

- Rechtsberatung

  Rechtsberatung ist vom Beratungsansatz her ausschließlich Expertenberatung. Eine Aktivierung von Reflexionsprozessen (Prozessberatung) ist nicht Bestandteil von Rechtsberatung. (vgl. Brockhaus 1987).

2.2.8.3 Das Kriterium Klarheit

Der Begriff Coaching wird mit alltagsüblichen Begriffen im definiens beschrieben. Die Definition unterstützt damit die intersubjektive Übereinstimmung.

2.2.8.4 Das Kriterium Einfachheit/Übersichtlichkeit

Jedes Wort der Definition ist für die Bestimmung des definiendums notwendig, da jedes zur Abgrenzung von anderen Begriffen dient - die Vernachlässigung eines Wortes oder Satzteiles würde das Verständnis von Coaching verändern. Die Definition ist aufgrund ihrer Länge und Kompaktheit übersichtlich.

2.2.8.5 Das Kriterium Vermeidung von Zirkeln

Das Kriterium wird erfüllt - es sind keine Zirkel in der Definition enthalten.

2.2.8.6 Das Kriterium Aussagekraft

Eine Rückmeldung von Fachexperten[26] hat die Aussagekraft der Definition bekräftigt.

2.2.8.7 Fazit

Die Coachingdefinition entspricht allen wissenschaftlichen Kriterien und ist somit als Grundlage für wissenschaftliche Arbeiten geeignet. Außerdem ist sie aufgrund der einfachen Formulierung auch in der Praxis[27] anwendbar und verständlich.

[26] Es wurden 3 Experten nach ihrer Einschätzung bezüglich der Definition befragt.

[27] Befragung von 4 Führungskräften und Personalentwicklern.

2.2.9 Zusammenfassung

Die wissenschaftliche Betrachtung von Coachingdefinitionen bekannter Coachingexperten hat gezeigt, dass es selbst unter Fachleuten keine Klarheit darüber gibt, was Coaching ist und was nicht. Um eine Standardisierung des Begriffes Coaching in der Forschung und Praxis zu erreichen, bedarf es einer intensiven, theoretischen und auch philosophischen Auseinandersetzung. Ein erster Schritt wurde im Rahmen dieser Arbeit mit der Herleitung einer den wissenschaftlichen Kriterien entsprechenden Coachingdefinition gemacht.

Coaching ist eine freiwillige, zeitlich begrenzte, methodengeleitete, individuelle Beratung, die den oder die Beratene(n) darin unterstützt berufliche Ziele zu erreichen. Ausgenommen ist die Behandlung psychischer Störungen.

Nach der wissenschaftstheoretischen Auseinandersetzung mit dem Begriff Coaching wird nun in den folgenden Kapiteln die Evaluationsforschung im allgemeinen und speziell im Bereich Coaching sowie die Ziele der vorliegenden Evaluationsstudie vorgestellt.

Kapitel 3

Evaluation von Coaching

„Qualität, das ist auch das Menschliche."

(Theodor Heuss)

3. Evaluation von Coaching

Die Frage nach dem Erfolg von Coaching ist aus verschiedenen Perspektiven betrachtet wichtig. Für Auftraggeber (z.B. Personalabteilungen, Betriebe) ist Coaching eine finanzielle Investition, von der diese sich bestimmte Ergebnisse erwarten. Für sie stellt sich die Frage, inwieweit sich die Investition gelohnt hat. Für den Teilnehmer oder Coachee[28] ist Coaching eine zeitliche Investition, von der er sich Verbesserungen erwartet. Schließlich ist es auch für den Coach wichtig, den Erfolg von Coaching zu überprüfen, um den Erfolg zu dokumentieren, um Veränderungen durchzuführen oder um Misserfolge abzuwenden (vgl. König u. Volmer 2002). Ein weiterer entscheidender Aspekt ist die Diskussion über Qualitätssicherung in Beratung und Weiterbildung (vgl. Lang 2000, Pieler 2000). Experten sind der Ansicht, dass grundsätzlich keine Maßnahme in Beratung und Weiterbildung ohne Erfolgskontrolle mehr durchgeführt werden sollte. Wie schon in Kapitel 1.2 erwähnt fehlt es im Bereich Coaching an Untersuchungen, die diese Erfolgsfrage beantworten. Um sich diesem Thema zu nähern, werden zunächst zentrale Grundbegriffe aus der Evaluationsliteratur dargestellt. Aufbauend hierauf wird in einem weiteren Kapitel (Kap. 5) ein Evaluationskonzept vorgestellt, mit dem der Erfolg von Coaching im Rahmen dieser Arbeit überprüft werden soll.

---

[28] In der Coachingpraxis wird der Teilnehmer im Gegensatz zum Begriff „Coach" häufig „Coachee" genannt (vgl. z.B. König und Volmer 2002). „Coachee" ist neutral: weibliche und männliche Personen werden Coachee genannt, was das Lesen erleichtert.

3.1 Evaluation und Evaluationsforschung

Evaluation steht für das Messen von Wirkungen verschiedenster Aktionen. Es handelt sich hierbei um einen ziel- und zweckorientierten Prozess: ein auserwähltes Evaluationsobjekt - eine Maßnahme (z.B. ein Projekt, Training oder Coaching) wird bewertet, legitimiert und verbessert. D.h. es werden systematisch Daten gesammelt, die als Indikatoren für den Erfolg oder Misserfolg einer Maßnahme interpretiert werden. Dies bedeutet allerdings nicht zwangsläufig, dass im Rahmen dieses Bewertungsprozesses wissenschaftliche Methoden verwendet werden (vgl. Wottawa u. Thierau 1998). Hier setzt die Evaluationsforschung an.

„Dem Begriff Evaluationsforschung liegt im Gegensatz zu dem sehr weitreichenden Verständnis von Evaluation eine engere Bedeutung zugrunde" (Mittag u. Hager 2000, S. 103). Evaluationsforschung setzt voraus, dass wissenschaftliche Forschungsmethoden systematisch in der Evaluation eingesetzt werden. Es gilt folgende Definition von Mittag u. Hager (2000, S. 103): Demnach ist Evaluationsforschung „die wissenschaftlich fundierte, empirische und hypothesenorientierte Forschung unter systematischer Anwendung sozialwissenschaftlicher Forschungsmethoden. Die Ergebnisse dieser Forschung bilden die wesentliche, wenn auch nicht die einzige Grundlage einer wissenschaftlichen Evaluation oder Bewertung der Konzeption, Ausgestaltung, Umsetzung und des Nutzens sozialer und psychologischer Interventionsprogramme."

Evaluationsforschung setzt in aller Regel die Verwendung geeigneter Vergleichsgruppen voraus, um Störfaktoren zu einem Mindestmaß kontrollieren zu können.

3.2 Evaluationsformen

In der Evaluationsforschung unterscheidet man hinsichtlich der Funktion und Zielsetzung zwei verschiedene Evaluationsformen: die formative und summative Evaluation (vgl. Mittag u. Hager 2000).

Eine formative Evaluation wird während der Entwicklung und Erprobung einer Maßnahme oder eines Programms (z.B. eines Coaching-Programms) durchgeführt. Hier liegt der Schwerpunkt in der Verbesserung und Weiterentwicklung des Programms. Die summative Evaluation findet in der Regel nach der Beendigung von Programmen statt. Hier geht es insbesondere um die Frage der Wirksamkeit und des Nutzens des Programms. Sie dient häufig der Grundlage für Entscheidungen, ob ein Programm im größeren Rahmen eingesetzt werden soll (z.B. ob Coaching in einer Firma implementiert werden soll oder nicht).

3.3 Zwei Wege der Evaluation: Wirksamkeitsprüfung und Überprüfung des Wirkmodells

In der Evaluationsforschung gibt es zwei zentrale Fragestellungen:

Inwieweit zeigt das Evaluationsobjekt Wirkung?

Warum zeigt das Evaluationsobjekt Wirkung?

Hinter diesen beiden Fragestellungen verbergen sich zwei Wege der Evaluation: zum einen die Wirksamkeitsprüfung sowie das Überprüfen eines dahinterliegenden Wirkmodells.

3.3.1 Die Wirksamkeitsprüfung

Der empirische Nachweis der Wirksamkeit von Evaluationsobjekten wie z.B. Coaching-Programmen ist zentrale Aufgabe der Evaluationsforschung (vgl. Mittag u. Hager 2000), da dies die Programmanwender am meisten interessiert. Für die Wirksamkeitsprüfung ist entscheidend, dass das Programm als Ganzes betrachtet und Vergleichsprogrammen (z.B. Trainings) gegenübergestellt wird (vgl. Patry u. Perrez 2000). Basierend auf formulierten Hypothesen wird in der Regel ein Vergleichs-Gruppen-Design aufgestellt, womit in der Regel die Ergebnisse der Gruppen analysiert werden. Wichtig ist hierbei, dass insbesondere bei Felduntersuchungen Störvariablen (z.B. Versuchsleiter-Effekte, wechselnde Rahmenbedingungen, unterschiedliche Persönlichkeitsvariablen...) so weit es geht kontrolliert oder sogar ausgeschlossen werden. Dies ist notwendig, um die Unterschiede zwischen den

Vergleichsgruppen alleine auf das Programm und nicht auf andere Variablen zurückführen zu können. Im Gegensatz zu reinen Laborexperimenten ist dies in Felduntersuchungen nicht so einfach zu gewährleisten. Trotzdem finden viele Evaluationen im Feld statt, da die Programmdurchführung der realen Situation am nächsten kommt.

3.3.2 Die Überprüfung des Wirkmodells

Der empirische Nachweis der Wirksamkeit sagt allerdings noch nichts darüber aus, wie es zu diesen Wirkungen kommt. Antwort auf diese Frage bietet die Überprüfung des Wirkmodells. Sie setzt zuerst einmal voraus, dass ein Wirkmodell, welches es zu untersuchen gilt, einem Programm theoretisch zugrunde gelegt wird: Die Wahl der Theorie, klare Definitionen, angenommene Gesetzmäßigkeiten, Hypothesen und Operationalisierungen sind notwendig. Im Gegensatz zu der Wirksamkeitsprüfung werden bei der Überprüfung des Wirkmodells Variationen des Programms miteinander verglichen (vgl. Patry u. Perrez 2000). Zur Analyse der Wirkkomponenten kann man als wesentlich erachtete Elemente des Programms in einer Vergleichsgruppe weglassen und untersuchen, inwieweit sich diese Variationen auf das Ergebnis auswirken.

Die Überprüfung des Wirkmodells darf aufgrund seiner Komplexität nicht „...in einer Studie erfolgen, sondern muss als Forschungsprogramm konzipiert werden" (Patry u. Perrez 2000, S. 33). Verschiedene aufeinander aufbauende Studien dienen der Klärung, inwieweit das Wirkmodell bezogen auf das Programm geeignet ist oder nicht.

Bezogen auf die in dieser Arbeit dargestellte Untersuchung bedeutet das, dass sie als Anfang eines größeren

Forschungsprogramms gesehen wird. Sie bietet für weitere Untersuchungen konkrete Anhaltspunkte, Hypothesen und Erfahrungen im Feld Coaching.

3.3.3 Wirksamkeitsprüfung im Coaching

Wie oben schon erwähnt steigt der Anspruch in der Beratungs- und Weiterbildungsbranche nur noch Maßnahmen durchzuführen, die festgelegten Qualitätsstandards bzw. -kriterien entsprechen. Der wirtschaftliche Nutzen ist dabei keineswegs das wichtigste Erfolgskriterium zur Bewertung von Maßnahmen in Wirtschaftsunternehmen, wie Ergebnisse aus branchen-, gruppen- und länderübergreifenden Interviews über Erfolge und Misserfolge von Veränderungen mit Geschäftsführern, Projektleitern, Unternehmensberatern, Betriebsräten und Mitarbeiter(innen) gezeigt haben (Greif, Runde, Seeberg u. Ansmann, 2002). Der Erfolg wird nicht nur an finanziellen Zahlen, sondern z.B. auch an positiven Folgen für die Beteiligten oder an effizienteren Prozessabläufen festgemacht.

Heß und Roth (2001) haben im Rahmen einer Befragung von 13 Coaching-Experten Qualitätskriterien für Coaching hergeleitet, die als Grundlage zur Erfolgsbewertung von Coaching-Maßnahmen dienen sollen.

Grundlage ihrer Untersuchung war die Dreiteilung von Qualitätsdimensionen bzw. -ebenen nach Donabedian (1982), welche sich mittlerweile im Bereich der Dienstleistung als geeignet erwiesen hat (vgl. Heß u. Roth 2001). Es wird von einem mehrdimensionalem Qualitätsbegriff ausgegangen: Es werden Struktur-, Prozess- und Ergebnisqualität unterschieden.

Strukturqualität	Prozessqualität	Ergebnisqualität
Alle Ausstattungsdimensionen, wie personelle (Qualifikation des Coaches...), materielle und räumliche Ausstattungen, die als Voraussetzungen für die Umsetzung der Prozessqualität betrachtet werden.	Alle Aktivitäten, die zur Erreichung eines bestimmten Ziels beitragen sollen. Sie ist eine dynamische Größe und beschreibt die Art und Weise, wie eine Dienstleistung erbracht wird.	Beschreibung des Erfolgs einer Maßnahme im Sinne eines Vorher-Nachher-Vergleichs als auch hinsichtlich subjektiver Zufriedenheit der Teilnehmer.

Tab. 2: Dreiteilung von Qualitätsdimensionen (aus Heß u. Roth 2001)

Jede der drei Qualitätsdimensionen steht für sich. Es bestehen nicht zwingende kausale Zusammenhänge: z.B. hat eine gute Prozessqualität nicht zwingend eine gute Ergebnisqualität zu Folge. Andererseits ist nicht auszuschließen, dass ein schlechter Prozess auch ein gutes Ergebnis zur Folge haben kann. Betrachtet man Coaching bezogen auf diese Qualitätsebenen, so ist es wichtig allen drei Ebenen die gleiche Aufmerksamkeit zu schenken. Es ist nicht nur das Ergebnis zu sehen, sondern auch die anderen Qualitäten, die das Coaching mitbringen sollte.

Im Rahmen der Befragung wurden diesen drei Qualitätsdimensionen verschiedene Qualitätsmerkmale zugeordnet, die hier im weiteren nicht detailliert vorgestellt werden (vgl. Heß u. Roth 2001, S. 141 ff.).

Auffallend bei der Strukturqualität ist, dass die genannten Merkmale schwierig zu operationalisieren sind bzw. nicht klar ist, was genau damit gemeint ist (z.B. Beziehungsgestaltungskompetenz, Solitärbeziehung, vgl. ebd. S. 141f.). In der Dimension Prozessqualität verbirgt sich der gesamte Coachingprozess, wie er sich bestenfalls darstellen sollte (vom Erstgespräch über Kontrakt bis hin zur Abschlussbewertung, vgl. ebd. S. 142). Diese Merkmale geben klare Anhaltspunkte für die Praxis.

Ergebnisqualität
o Zielerreichung o Zufriedenheit o Emotionale Entlastung o Erweiterung und Flexibilisierung des Handlungs-repertoires o Zunahme an Bewusstheit und Verantwortung[29] o Einstellungsänderung (kognitive Umstrukturierung, wenn Probleme über Handlungsebene nicht lösbar)

Tab. 3: Ergebnisqualität (aus Heß u. Roth, 2001, S. 143)

Im Rahmen einer Wirksamkeitsprüfung steht allerdings die Ergebnisqualität im Vordergrund. Entscheidend ist hier, inwieweit sich durch das Coaching die Problemsicht verändert hat und sich neue Handlungsmöglichkeiten entwickelt haben. Außerdem steht die Zufriedenheit des Teilnehmers und des Auftraggebers im Vordergrund. Auffällig ist, dass die Wirtschaftlichkeit (Kosten/Nutzen) des Coachings als Qualitätsmerkmal nicht auftaucht. Grund hierfür könnte die eingeschränkte Stichprobe sein. Es wurden ausschließlich Coaching-Experten und keine Auftraggeber oder Coachees befragt. Die in der Studie von Heß u. Roth (2001) erarbeiteten Qualitätsmerkmale berücksichtigen demnach nicht alle

[29] Der Coachee übernimmt für sein Handeln mehr Verantwortung. Damit verbunden ist eine höhere Bewusstheit bzw. Kontrolle: „Internale Kontrollüberzeugungen, d.h. eigene Handlungen und Handlungeserfolgserlebnisse von der eigenen Person abhängig zu sehen, stehen in einem positiven Zusammenhang zu Lernen und Leistungsverhalten" (Heß und Roth 2001, S. 162).

wichtigen Perspektiven. Trotz dieser Einschränkung eignen sich die genannten Qualitätsmerkmale im Bereich Ergebnisqualität zunächst als Ausgangsbasis, um im Rahmen dieser Arbeit erste Evaluationsschritte im Sinne einer Wirksamkeitsüberprüfung zu gehen.

3.3.4 Die Überprüfung des Wirkmodells im Coaching

Wie schon erwähnt ist es bei einer Überprüfung des Wirkmodells zunächst notwendig ein solches Modell theoretisch herzuleiten, um es dann in einem zweiten Schritt zu evaluieren. Die zentrale Frage ist: Wie kommt es zu den Coachingergebnissen? Welche Variablen sind entscheidend für die Wirkung von Coaching? Was passiert auf dem Weg vom Problem[30] zur Veränderung im Coaching? Es werden einzelne Komponenten des Coachings (wie z.B. die Rolle des Coachs oder die Beziehung zwischen Coach und Coachee) detailliert analysiert. Ein Vergleich zwischen zwei Gruppen, in denen einzelne Komponenten variiert und ihr Einfluss evaluiert werden (z.B. ein Coaching mit und ohne Coach) erscheint hier sinnvoll.

[30] Es sei an dieser Stelle darauf hingewiesen, dass der Begriff „Problem" in der Praxis häufig negativ besetzt ist, und eher mit Schwäche des Coachees in Verbindung gebracht wird. Coaching dient der Weiterentwicklung und ist für jegliche berufliche Fragestellung geeignet, auf die es vor dem Coaching noch keine Antworten gab. Dies kann auch einen positiven Beigeschmack haben, z.B. wenn es um die Entwicklung einer persönlichen Karrierestrategie geht.

3.4 Quantitative und qualitative Evaluationsforschung

Wenn eine Evaluationsstudie geplant wird, stellt sich neben der Herleitung der Forschungsfragen und des Designs auch die Frage, in welcher Form die Daten erhoben und ausgewertet werden sollen, die zur Beantwortung der Fragestellungen notwendig sind.

In der Evaluationsforschung gibt es in diesem Zusammenhang zwei Ansätze: den qualitativen und den quantitativen Ansatz.

Historisch betrachtet ist die quantitative Forschung Vorreiter (vgl. Flick 2000). Leitgedanke ist hierbei „...die klare Isolierung von Ursachen und Wirkungen, die saubere Operationalisierung von theoretischen Zusammenhängen, die Messbarkeit und Quantifizierung von Phänomenen, die Formulierung von Untersuchungsanordnungen, die es erlauben, ihre Ergebnisse zu verallgemeinern und allgemeingültige Gesetze aufzustellen" (Flick 2000, S. 10f.). Es werden repräsentative Stichproben nach dem Zufallsprinzip zusammengestellt. Ein wichtiger Aspekt ist außerdem die Kontrolle der Bedingungen, die im Rahmen der Untersuchung eines Phänomens auftreten können. Grund hierfür ist der Anspruch, Kausalzusammenhänge und deren Gültigkeit möglichst eindeutig zu bestimmen. Ergebnis sind standardisierte Versuchsanordnungen, in denen weitestgehend alle Störvariablen (wie z.B. die Subjektivität des Forschers oder der Teilnehmer) ausgeklammert werden. Der Anspruch der nahezu vollkommenen Objektivität und Allgemeingültigkeit der Ergebnisse hat allerdings seine Grenzen.

Die Standardisierung der Versuchsbedingungen haben häufig zur Folge, dass die Ergebnisse zu weit von Alltagsfragen und -problemen entfernt sind. Zum anderen lässt sich trotz der starken Kontrolle der Bedingungen nicht ausschließen, „...dass die Forschung und ihre Ergebnisse von Interessen, sozialen und kulturellen Hintergründen der Beteiligten mitbestimmt werden" (Flick 2000, S. 12).

Schlussfolgerung hieraus ist, dass quantitative Forschung unter Umständen nicht alle wichtigen Aspekte berücksichtigt. Ziel sollten daher eher subjekt- und situationsspezifische Aussagen sein, die den Alltagsproblemen näher kommen.

Dieser Leitgedanke findet sich in dem qualitativen Forschungsansatz wieder. Wesentliche Kennzeichen dieses Ansatzes sind nach Flick (2000):

Die Gegenstandsangemessenheit von Methoden und Theorien

Im Gegensatz zur quantitativen Forschung ist der zu untersuchende Gegenstand (z.B. ein Coaching-Programm) Bezugspunkt für die Auswahl von Methoden und nicht umgekehrt. Der Komplexität der Gegenstände wird Rechnung getragen. Es werden Methoden gewählt, die diese Komplexität im geeigneten Rahmen erfassen können. Es geht hier mehr um die Entdeckung neuer Zusammenhänge als darum Bekanntes, z.B. vorher formulierte Theorien zu überprüfen.

Die Berücksichtigung und Analyse unterschiedlicher Perspektiven

In der qualitativen Forschung werden die unterschiedlichen Perspektiven der Beteiligten berücksichtigt (z.B. die des Forschers, der Teilnehmer, des Umfelds...). Im Vordergrund stehen die subjektiven Beschreibungen: in der Coaching-

Forschung wären z.B. die Coachee, der Coach und die Vorgesetzten wichtige Beteiligte, die den Gegenstand Coaching aus unterschiedlichen Perspektiven betrachten und bewerten. „Zusammenhänge werden im konkreten Kontext des Falls beschrieben und aus ihm erklärt" (Flick 2000, S. 15). Diesen unterschiedlichen Blickwinkeln wird Rechnung getragen; sie sind wichtige Anhaltspunkte, um Interaktionen und Handlungsweisen im Alltag zu beschreiben und zu erklären.

Die Reflexion des Forschers über die Forschung als Teil der Erkenntnis

In der qualitativen Forschung wird die Subjektivität des Forschers und der Beteiligten nicht unterbunden, was in der Regel auch schwer zu erreichen ist, sondern die Subjektivität des Forschers und der Beteiligten wird Bestandteil der Untersuchung. Die Interpretationen und Beobachtungen des Forschers werden festgehalten und in die Auswertung der Ergebnisse eingebettet.

„Die qualitative Forschung basiert nicht auf einem einheitlichen theoretischen und methodischen Verständnis" (Flick 2000, S. 16). Drei verschiedene Ansatzpunkte stehen hier im Vordergrund: die subjektiven Sichtweisen, die Herstellung und der Ablauf von Interaktionen sowie die Rekonstruktion der Strukturen in sozialen Feldern und des latenten Sinns von Handlungen.

Trotz der unterschiedlichen Forschungsansätze ist es möglich qualitative und quantitative Forschung zu verbinden. Sie schließen sich nicht zwingend aus. Eine Möglichkeit ist z.B. die Überführung qualitativer Daten in quantitative Daten. Hierbei werden in der Regel Häufigkeiten bestimmter Nennungen oder Beobachtungen in einer Kategorie mit den Häufigkeiten in anderen Kategorien verglichen. Außerdem können qualitativen Daten die Interpretation quantitativer Daten erleichtern.

3.5 Untersuchungsdesigns bei Evaluationen in der Praxis

Grundsätzlich besteht die Möglichkeit, eine Evaluation im Labor unter „künstlichen" Bedingungen oder aber im Feld unter „natürlichen" Umständen durchzuführen. Der Vorteil von Laborexperimenten liegt darin, dass die Ergebnisse nicht durch störende Einflüsse beeinflusst werden und damit eindeutiger interpretierbar sind. In diesem Zusammenhang spricht man von einer hohen internen Validität. Diese sinkt, je mehr Alternativerklärungen für die Ergebnisse möglich sind. Der Nachteil von Laboruntersuchungen liegt in der eingeschränkten Generalisierbarkeit der Ergebnisse auf natürliche Lebenssituationen. Um eine höhere Generalisierbarkeit zu erreichen, bieten sich Feldexperimente an, da sie die Umgebungseinflüsse und Rahmenbedingungen im natürlichen Kontext berücksichtigen. Untersuchungsergebnisse aus Felduntersuchungen haben demnach eine hohe externe Validität. Es ist häufig schwierig, für die konkreten Fragestellungen ein geeignetes Untersuchungsdesign zu entwickeln (vgl. Bortz 1995).

„Am Vorbild wissenschaftlicher Untersuchungen orientiert soll nach Möglichkeit auch in der Praxis – in einem sogenannten Feldexperiment – eine Untersuchungsanordnung gewählt werden, durch die sehr aussagekräftige Ergebnisse erzielt werden können" (Greif in Vorber.b). In der Praxis bieten sich einfache Untersuchungsanordnungen mit Interventions- und

Warte- oder Kontrollgruppen an. Die Zuordnung der Personen in die Gruppen sollte nach dem Zufallsprinzip stattfinden. Es wird davon ausgegangen, dass in den Interventionsgruppen stärkere Effekte auftreten als in den Warte- bzw. Kontrollgruppen. Da diese unterschiedlichen Untersuchungsgruppen durch die Teilnehmer, die gegebenen Rahmenbedingungen und dem sozialen Umfeld in unterschiedlicher Weise beeinflusst werden, bietet sich wie oben schon beschrieben eine Kombination von quantitativen und qualitativen Verfahren an: diese ermöglichen eine komplexere Datenerhebung und damit verbunden eine bessere Interpretation der gefundenen Effekte (vgl. Greif in Vorber.b, Heine in Vorber.).

3.6 Fazit und Ziel dieser Arbeit

Es gibt unterschiedliche Evaluationsformen mit unterschiedlichen Schwerpunkten in Zielsetzung, Funktion, Design und Auswertung.

Die im Rahmen dieser Dissertation durchgeführte summative, vergleichende Evaluation ist eine Pilotstudie[31]: Als die erste evaluative Studie mit Vergleichsgruppen im Bereich Coaching[32] dient sie hauptsächlich dazu, erste Ansatzpunkte hinsichtlich Hypothesen und Untersuchungsdesign für ein zukünftiges, umfassendes Forschungsprogramm zu geben. Um aussagekräftige Ergebnisse für die Coachingpraxis generieren

[31] Voruntersuchung kleineren Maßstabs, durch die Leistungen und Kosten eines Gesamtprojekts erkundet werden (vgl. Brockhaus 2003).

[32] Im Rahmen dieser Untersuchung lag der Schwerpunkt im Bereich Einzel-Coaching.

zu können, wurde die externe Validität der internen vorgezogen und ein Feldexperiment durchgeführt (vgl. Kap. 3.5 und 5.5.3.1).

Folgende Ziele werden mit dieser Untersuchung verfolgt:

Wirksamkeitsprüfung eines Coaching-Programms basierend auf den Merkmalen der Ergebnisqualität von Heß u. Roth (2001) und dem in dieser Arbeit entwickelten systemischen Wirkmodells

Überprüfung der Coachfunktionen auf der Grundlage des systemischen Wirkmodells

Entwicklung und Erprobung der Instrumente zur Messung des Coachingerfolgs

Bevor die Evaluationsstudie im einzelnen dargestellt wird, wird ein theoretisch begründetes Wirkmodell im Coaching vorgestellt, welches die angenommen Prozesse im Coaching darstellt. Dies ist Grundlage für die erwarteten Hypothesen und Effekte, die in Kapitel 5 hergeleitet werden.

Kapitel 4

Das systemische Wirkmodell im Coaching

„Wenn Muster durchbrochen werden, entstehen neue Welten."

(Tilly Kupferberg)

4. Das systemische Wirkmodell im Coaching

Der Erfolg eines Coachings ist wie schon erwähnt gekennzeichnet durch folgende Ergebnismerkmale (vgl. Heß u. Roth 2001): zum einen entwickelt der Coachee eine neue Problemsicht und damit verbunden neue Handlungsmöglichkeiten, zum anderen ist er nach dem Coaching in der Lage, seine Probleme effektiver zu bewältigen als vorher.

Eine interessante Frage stellt sich in diesem Zusammenhang:

Welche Prozesse durchläuft der Coachee auf dem Weg vom ungelösten Problem bis zur effektiveren Problembewältigung? Und welche Rolle spielt der Coach in diesem Prozess?

Im Folgenden wird ein theoretisch begründetes Wirkmodell vorgestellt, welches die Veränderungsprozesse im Coaching erklärt. Hierzu wird zunächst die dem Wirkmodell zugrundeliegende personzentrierte Systemtheorie vorgestellt und der damit verbundene Begriff „Selbstreflexion" diskutiert.

4.1 Die Personzentrierte Systemtheorie von Kriz (1997)

Eine Möglichkeit, wie man Veränderungsprozesse beschreiben, analysieren und erklären kann, bietet der systemische Ansatz. Er bedient sich unterschiedlicher Denkansätze wie z.B. der Allgemeinen Systemtheorie (v. Bertalanffy 1995), Kommunikationstheorie (vgl. Watzlawick et al. 2000) oder dem

Konstruktivismus (vgl. Bateson, G. 1987). „Gemeinsam ist diesen der Versuch, organisierte Komplexität möglichst umfassend zu beschreiben" (v. Schlippe u. Schweitzer 1996, S.101). Der systemische Ansatz ist dadurch gekennzeichnet, dass lineare Ursache-Wirkungs-Modelle durch eine ganzheitlichere Betrachtung von Systemen ersetzt werden.

Ein System wird hier definiert „als ein Netz zusammengehöriger Operationen..., die sich von nicht-zusammengehörigen Operationen abgrenzen lassen" (Willke 2000, S. 51). Diese Unterschiedlichkeit wird durch Systemgrenzen verdeutlicht. Man kann selbstorganisierende und nicht selbstorganisierende Systeme unterscheiden. Nicht selbstorganisierende Systeme sind z.B. technische Anlagen wie Heizungen, Produktionsmaschinen.... Selbstorganisierende Systeme zeichnen sich hingegen durch eine besondere Eigendynamik aus, die sich z.B. aktiv durch ein bestimmtes Verhalten aufrechterhalten. Beispiele für solche Systeme zeigen sich z.B. in Familien oder Unternehmen. Sie verfügen über eine potenziell unendlich große Bandbreite von Möglichkeiten sich zu verhalten (vgl. v. Schlippe u. Schweitzer 1996). „Alles verändert sich, es sei denn, irgendwer oder - was sorgt dafür, dass es bleibt, wie es ist" (Simon 1990, S. 29).

Kriz richtet in seiner personzentrierten Systemtheorie im Gegensatz z.B. zum Ansatz von Luhmann (1993)[33] den Fokus

[33] Bei Luhmann stehen die Interaktionen im Vordergrund, nicht das Individuum: „Wir gehen davon aus, dass die sozialen Systeme nicht aus psychischen Systemen, geschweige denn aus leibhaftigen Menschen bestehen" (Luhmann 1993, S. 346). Soziale Systeme bilden sich auf der Basis eigener elementarer Operationen. „Bei diesen Operationen handelt

auf den Menschen, sein Erleben und seine Interaktionen[34]. Mit seiner Theorie beschreibt er das Verhalten von Personen und daraus resultierende Probleme in sozialen Systemen. Diese Theorie wird nun im einzelnen dargestellt und aus organisationspsychologischer Sicht ergänzt.

4.1.1 Komplexität und Chaos

Grundlegende Annahme der personzentrierten Systemtheorie von Kriz ist, dass alle Prozesse, die auf der Welt passieren genau genommen einmalig sind. Durch die hohe Komplexität und Dynamik, die ein System kennzeichnet, ist jeder einzelne Prozess ein anderer. Kein Morgen oder Abend ist wie ein anderer: die Lichtverhältnisse sind immer anders, jeden Morgen passieren unterschiedliche Dinge (Unfall, Kollege ist krank, Kaffee ist alle, Telefon klingelt, es schneit, Chef hat schlechte Laune...). Um sich in dieser Einmaligkeit zurecht finden zu können reduziert der Mensch die Komplexität (dieses „Chaos"), indem er Ordnung schafft: jeden Morgen wird teilweise der gleiche Ablauf vollzogen: zur Arbeit mit dem Bus, im Büro als erstes Computer anstellen, Kaffee kochen und Post sichten...).

> „Die Komplexität und Vagheit von zahlreichen Situationen erfordert es, bei der Konstituierung unserer Lebenswelt die Fülle der Außen- und Innenreize zu ordnen, zu vereinfachen, und so „stimmig" zu machen" (Kriz 2002, S. 13).

Um in komplexen Systemen wie Organisationen planen und handeln zu können, ist es somit für die betroffenen Mitarbeiter

es sich um Kommunikationen - und nicht um psychische Prozesse per se, also nicht um Bewusstseinsprozesse" (Luhmann 1993, S. 346).

[34] „Für mich liegt Luhmanns größter Fehler darin, dass er die Menschen auslässt" (Kriz 1997, S. 87).

bzw. Führungskräfte (den Systemmitgliedern) notwendig das „Chaos" für sich zu ordnen.

4.1.2 Ordnung durch Regeln

Ordnung wird erkennbar durch Regelmäßigkeiten und Wiederholungen in einem System: Systemmitglieder schaffen sich Ordnung, indem sie immer wiederkehrende Aufgaben und Abläufe, Verhaltensregeln oder Rituale im Unternehmen implementieren. Greif (1996b) definiert Unternehmen oder Organisationen „...als Systeme von Menschen, Aufgaben und Regeln. *Aufgaben* beschreiben *„was"* geschehen soll oder getan werden soll. *„Regeln"* beschreiben dagegen, *„wie"* etwas zu geschehen hat oder getan werden soll" (ebd. S. 64).

> Solche Beschreibungen und daraus resultierende Regelmäßigkeiten „...suggerieren uns eine gewisse Verlässlichkeit und Stabilität, sie ermöglichen zugleich Voraussagbarkeit und Planbarkeit und verringern somit Unsicherheit im Umgang mit der Welt" (Kriz 1997, S. 132).

Durch die eigene Schaffung und Erfindung von Regeln wird das Chaos strukturiert und die Komplexität reduziert.

Der Grad der Chaos-Strukturierung durch Aufstellen von Regeln hat nach Kriz folgende Vor- und Nachteile für das System und seine Mitglieder:

> „Je mehr wir uns auf die Einmaligkeit der Prozesse einlassen, desto weniger haben wir Kategorien zur Hand und können Prognosen aufgrund der „Regelmäßigkeiten" anstellen und desto eher sind wir damit der Angst vor Unberechenbarkeit und Kontrolllosigkeit ausgeliefert; desto weniger reduziert ist aber auch die Erfahrung, die nun eher die Wahrnehmung von Neuem, Überraschendem und Kreativem zulässt." (Kriz 1997, S. 136)

> „Je mehr wir, auf der anderen Seite, kategorisieren und Regelmäßigkeiten (er-)finden, desto planbarer, prognostizierbarer und damit sicherer wird unsere Welterfahrung; doch desto starrer, langweiliger, reduzierter und gleichförmiger erscheinen uns die so behandelten „Dinge"" (Kriz 1997, S.136).

Es scheint demnach für das Überleben eines Unternehmens wichtig zu sein, ein „gesundes" Gleichgewicht zwischen Ordnung und Chaos zu schaffen, um im Alltag einerseits schnell (durch klare Regeln und Abläufe), aber auch flexibel (mit Hilfe neuer, kreativer Wege) auf veränderte Rahmenbedingungen erfolgreich reagieren zu können.

4.1.3 Komplettierungsdynamik und Musterbildung

Da davon auszugehen ist, dass jeder Prozess einmalig ist, bedeutet die Erfindung von Regeln die Reduktion der Komplexität auf wenige Aspekte: „Dabei wird der Gesamtprozess reduziert, zeitlich zerlegt und die so erhaltenen Stücke in Klassen ... mittels Kategorisierungen sortiert" (Kriz 1997, S. 133). Der Mensch konzentriert sich somit nur auf die für ihn wesentlichen Aspekte (Kaffee kochen, Post sichten...) und blendet andere Prozesse (Lichtverhältnisse, Stimmungen in anderen Abteilungen...) aus.

Die Prozesse, die der Mensch durch seine Regelhaftigkeit „erfindet", werden „komplettiert": Teile, die nicht wahrgenommen werden, werden mit Hilfe von Gedächtnisstücken in einem mentalen Prozess aufgrund gemachter Erfahrungen und daraus resultierenden Attributionen[35] in einen sinnvollen Zusammenhang gebracht:

[35] Attributionen sind „Ursachenzuschreibungen, die Individuen für unterschiedliche Ereignisse vornehmen" (Försterling 1986, S.10).

d.h. Informationen, die der Mensch aufgrund der Komplexitätsreduktion vernachlässigt, werden mit Hilfe von Ordnern (wie Lebenserfahrung und Attributionen) in eine Ordnung gebracht. Dieser Prozess wird als „Komplettierungsdynamik" bezeichnet (vgl. Kriz 1997). Wahrgenommenes Material wird über Komplettierungsdynamiken zu Attraktoren verarbeitet, die Kriz auch „Sinn-Attraktoren" nennt. Diese Attraktoren stehen für stabile (bzw. „starre") Muster.

> „Je mehr unsere Welterfahrung von dieser Komplettierungsdynamik bestimmt wird, desto weniger sind wir für Neues offen, sondern erfahren zunehmend das Gleiche." (Kriz 1997, S.141)

Ein Beispiel[36]:

> Ein Geschäftsführer erzählt:
>
> „Ich weiß nicht, was ich machen soll. Mein Problem ist, dass ich nicht weiß, wie ich meine Mitarbeiter zu mehr eigenverantwortlichem Arbeiten bringen kann. Sehr häufig kommen sie zu mir und fragen mich, wie sie bestimmte Probleme lösen sollen. Ich denke dann immer, dass sie diese Probleme eigentlich selbst lösen können. Ich sage ihnen dann immer wie sie es machen sollen in der Hoffnung, dass sie das nächste Mal dann wissen wie es geht. Aber das funktioniert irgendwie nicht. Manchmal glaube ich, die wollen keine Verantwortung übernehmen."

In diesem Beispiel wird deutlich, dass der Geschäftsführer in seinem komplexen System (seiner Firma) Regelmäßigkeiten (das ständige Nachfragen der Mitarbeiter) erkannt hat. Fehlende Informationen (über z.B. die Motive der Mitarbeiter und Situationen) komplettiert er mit Hilfe seiner

---

Attributionstheorien beschäftigen sich mit „Kausalerklärungen, die Individuen für ihr eigenes Verhalten, das Verhalten anderer und für Ereignisse in der physikalischen Umwelt vornehmen" (ebd. 1986, S.11).

[36] Von der Autorin erfunden

Lebenserfahrung: er interpretiert das Verhalten der Mitarbeiter damit, dass sie keine Verantwortung tragen wollen. Er geht davon aus, dass er die Erwartungen der Mitarbeiter ihm gegenüber kennt. Diese Sichtweise bzw. dieses Bild hat sich aufgrund der Wiederholungen als stabiles Muster bei ihm eingeprägt. Für ihn ist der Ablauf immer derselbe. Unterschiede nimmt er nicht mehr wahr. Alle Mitarbeiter sind in seinem Muster gleich und verhalten sich auch immer nach bestimmten Regeln, die ihn stören. Sein eigenes Verhalten blendet er aus.

Ein Mitarbeiter des Geschäftsführers erzählt einem neuen Kollegen seine Sichtweise:

„Unser Chef ist ein sehr perfektionistischer Mensch. Mit Problemlösungen oder neuen Konzepten brauchst Du Dich nicht sehr bemühen, da er jede Idee sowieso noch mehrmals kritisch überdenkt. Außerdem will er über jeden kleinsten Schritt vor Ausführung informiert werden. Ihm ist es wichtig, alles zu kontrollieren. Das kostet mich immer sehr viel Zeit und meine Mitarbeiter sind sauer, weil sie so lange auf Entscheidungen warten müssen. Aber wir haben unseren Arbeitsablauf jetzt darauf eingestellt. Das solltest Du auch tun."

Aus Mitarbeitersicht stellt sich das Problem anders dar: Das Verhalten des Geschäftsführers ist hier im Vordergrund und wird in ein Muster gesteckt (perfektionistisch, kontrolliert alles, kritisch). Unterschiede im Verhalten werden nicht gesehen. Der Mitarbeiter weiß immer schon im Voraus, wie der Chef sich verhalten wird.

Der Geschäftsführer und der Mitarbeiter haben jeweils ihre eigene Vorstellung von der Wirklichkeit. Diese laufen in der Regel unbewusst ab.

Greif (in Vorber.) beschreibt diesen Prozess wie folgt: Die wahrgenommenen Informationen aktivieren vielfältige Verbindungen zu Emotionen und früher erlebten Episoden und zu denen im Langzeitgedächtnis gespeicherten Zielen und Absichten und dem Fakten- und Regelwissen.

Im Beispiel sehen beide die Ursache des Problems beim anderen, nicht bei sich selbst. Diese Sichtweisen erschweren eine Problemlösung.

4.1.3.1 Konsequenzen der Komplettierungsdynamik

Das Beispiel macht deutlich, welche Konsequenzen die Komplettierungsdynamik im Zusammenleben von Menschen in einem System haben kann:

- Subjektive Deutungen

Jede verbale und nonverbale Kommunikation, die ein Mensch wahrnimmt, wird von seinen persönlichen Wahrnehmungen und Deutungen geprägt. Dies hat zur Folge, dass in erster Linie auf die eigenen Erwartungen und Deutungen reagiert wird und nicht konkret auf das, was das Gegenüber mitgeteilt hat. Auf das Beispiel übertragen heißt das, dass z.B. der Geschäftsführer schon so voreingenommen in die Gespräche mit seinen Mitarbeitern geht, dass er die eigentlichen Gesprächsinhalte oder unterschiedlichen Situationen gar nicht richtig wahrnimmt, sondern nur seine Erwartungen und Deutungen sein Handeln beeinflussen: nach dem Motto „Ich weiß sowieso, was der Mitarbeiter von mir will."

- Nivellierung neuer Handlungen

Spontane neue Handlungen werden nicht als Veränderung genutzt, da sie durch die vorhandenen Deutungskategorien und Erfahrungen sofort nivelliert werden und in das bestehende Muster integriert werden. Es werden somit nur die Informationen aufgenommen, die die eigenen Erfahrungen unterstützen. Es wird primär auf die eigenen Erwartungen und Deutungen reagiert, die den anderen als real vorhanden unterstellt werden, und nicht auf deren Handlungen. Bezogen auf das Beispiel könnte das bedeuten, dass der Mitarbeiter ein Lob des Chefs oder eine sofortige Zustimmung einer Idee gar nicht wahrnimmt, da er von seinen Denkmustern zu stark vereinnahmt ist. Dies führt dazu, dass keine Unterschiede in bestimmten Situationen mehr wahrgenommen werden. Probleme werden somit als stabil erlebt: jeder Situation wird als gleich empfunden (vgl. v. Schlippe u. Schweitzer 1996). In der Attributionstheorie wird in diesem Zusammenhang von den Dimensionen stabil versus situationsabhängig (variabel) gesprochen (vgl. Försterling 1986).

- Fundamentaler Attributionsfehler

Jede Kommunikation muss somit stets durch das „Nadelöhr" persönlicher Wahrnehmungen und Sinndeutungen (vgl. Kriz 1997). Diese subjektiven Deutungen führen in konflikthaften Interaktionen (insbesondere bei Misserfolgen, auftretenden Fehlern) meistens zur typischen Schuldigensuche. Sich selbst sieht man häufiger in diesen Situationen in der Rolle des ausschließlich Reagierenden. Die Komplexität bei der Ursachensuche wird so reduziert, dass die Schuld für den Misserfolg oder für Fehler in anderen Personen gesehen wird: „Diese allgemeine Tendenz, Personen für etwas verantwortlich zu machen und die Bedeutung komplexer Kontextbedingungen als Ursache zu unterschätzen, wird in der Sozialpsychologie als „fundamentaler Attributionsfehler" bezeichnet" (vgl. Ross 1977). Es wird in diesem Zusammenhang von externaler Attribution gesprochen. Diese problembehafteten Situationen sind häufig dadurch gekennzeichnet, dass alle Beteiligten die

Schuld von sich weisen und die komplexen Zusammenhänge, und damit auch ihre eigenen Anteile an dem Problem ausblenden (= fehlende internale Attribution).

- Kontrollerleben

Vermehrte externale und stabile Attributionen nehmen Einfluss auf das Kontrollerleben der Person. In den Fällen, wo keine Eigenanteile (internale Attributionen) gesehen werden, entsteht eher eine passive Einstellung hinsichtlich des eigenen Einflusses auf die Situation: sie wird als eher unkontrollierbar erlebt, da durch die externale Attribution die Verantwortung zur Veränderung beim Gegenüber und nicht bei sich selbst gesehen wird.

Bezogen auf das Beispiel bedeutet dies, dass der Geschäftsführer die Schuld für sein Problem ausschließlich bei seinen Mitarbeitern sieht: sie wollen keine Verantwortung tragen. Die Mitarbeiter haben eine andere Sichtweise: sie sehen ihren perfektionistischen Chef, der jede Idee kritisch beleuchtet und über alles informiert werden möchte. Es wird deutlich, dass diese einseitigen, in diesem Fall externalen Attributionen[37], die insbesondere in Konflikten erkennbar sind, wenig Handlungsmöglichkeiten eröffnen, da sich jeder nur als Reagierender und nicht als Agierender sieht. Das Erkennen von Wechselwirkungen und damit auch der eigenen Anteile am Problem würde dagegen mehr Veränderungspotenzial enthalten, „...da subjektiv intentionale Handlungen leichter veränderbar erscheinen als subjektiv erlebte Reaktionen" (Kriz 1997, S.149).

[37] die Ursache wird anderen Personen zugeschrieben - Zuschreibungen auf eigene Personen werden internale Attributionen genannt (vgl. Försterling 1986)

4.1.3.2 Fazit

Vorteil der Komplettierungsdynamik ist, dass Menschen weniger Zeit und Kapazität zur Informationsaufnahme benötigen. In Problemsituationen, auf die schnell reagiert werden muss, kann man sich schneller orientieren und Lösungen generieren. Nachteil kann sein, dass wichtige Informationen ausgeblendet werden, die aber für eine erfolgreiche Problembewältigung berücksichtigt werden müssten. Folge wäre, dass es sich in dem Fall um Scheinlösungen handelt, die Wurzel des Problems nicht erkannt wird und somit an anderer Stelle erneut auftaucht.

In der betrieblichen Praxis zeigt sich dieses Phänomen häufig in Fehlersituationen. Greif u. Kurtz (1999) sprechen in diesem Zusammenhang vom „Schwarzen-Peter-Spiel":

Bei Misserfolgen werden Schuldige gesucht: wer den „Schwarzen Peter" hat versucht, ihn schnell an einen anderen abzugeben. Das Spiel geht solange, „...bis am Ende einer übrig bleibt, der ihn nicht mehr weitergeben kann..." (Greif u. Kurtz 1999, S. 58). Informationen werden reduziert auf die Frage wer Schuld hat. Komplexe Zusammenhänge, wie z.B. dysfunktionale Prozessabläufe oder andere Regeln werden häufig nicht betrachtet. Folgen sind je nach Situation Bestrafungen einzelner Personen (öffentliche Kritik, Verwarnung, Versetzung, Kündigung...). Bei Kündigung wird die Stelle neu besetzt mit der Folge, dass das Problem in einem anderen Zusammenhang wieder auftritt: die Person wurde ausgetauscht, die eigentlichen Ursachen wie mangelnde Kommunikation zwischen zwei Abteilungen oder unklare Prozessabläufe sind nicht behoben und wirken sich an anderer Stelle erneut negativ aus. Die Kündigung war somit eine schnell getroffene Entscheidung, die sich am Ende als Scheinlösung herausstellt.

4.2 Problementstehung aus systemischer Sicht

„Ein Problem ist etwas, das von jemandem einerseits als unerwünschter und veränderungsbedürftiger Zustand angesehen wird, andererseits aber auch als prinzipiell veränderbar." (v. Schlippe u. Schweitzer 1996, S. 103).

Ein Problem entsteht aus den Interaktionen in einem System. Ein System hat nicht ein Problem, sondern ein Problem schafft ein System. Somit liegen die Ursachen des Problems z.B. nicht in einer Person. Schuldigensuche ist nicht angebracht (vgl. Kap 4.1.3.1), da Probleme oder Konflikte Folgen von Vernetzungen bestimmter Bedingungen wie z.B. subjektiven Deutungen oder dysfunktionalen Regeln sind.

Probleme entstehen aus systemischer Sicht demnach wie folgt (nach v. Schlippe u. Schweitzer 1996):

- Problementstehung – Problemerfindung

Eine Person beobachtet ein bestimmtes Verhalten bei anderen oder bei sich selbst und empfindet es als störend.

Beispiel: Der Geschäftsführer stellt fest, dass seine Mitarbeiter ihn sehr häufig bei Problemen, die sie nach seinem Empfinden alleine bearbeiten sollten, um Rat fragen. Den Mitarbeiter stört, dass seine Arbeit häufig kritisiert wird und seine Ideen keine Berücksichtigung finden.

- Entstehung eines problemdeterminierten Kommunikationssystems

Diese Beobachtung wird durch Kommunikation im System verbreitet. Dies führt dazu, dass die Aufmerksamkeit immer mehr auf dieses Problem gezogen wird. Die Wahrnehmung engt sich ein. Es werden nur noch die Aspekte wahrgenommen, die das Problem unterstützen. Stabile Muster entstehen. Ursachen werden immer mehr als stabil beurteilt. Es werden keine Unterschiede im Verhalten der Mitarbeiter gemacht.

Beispiel: Der Chef ist sensibilisiert und achtet genau darauf, ob sich das Verhalten wiederholt. Seine Aufmerksamkeit richtet sich nur noch auf Handlungen der Mitarbeiter, die seine Theorie bestärken. Der Mitarbeiter bearbeitet seine Aufgaben nur noch mit halb so viel Engagement, da er davon ausgeht, dass seine Ideen sowieso nicht gehört werden.

- Problemerklärung

Es wird eine Erklärung für das Problem gesucht. Entweder wird die Erklärung in der Vergangenheit gesucht (ist somit nicht veränderbar), bei einzelnen Personen (individuelle Schuldzuschreibung) oder die Schuld und Lösungsmacht wird einer außenstehenden dritten Partei zugeschrieben. Die gefundene Ursache ist zwar nachvollziehbar, hilft aber nicht dabei, einen Ausweg aus diesem Problem zu finden. Externale Attributionen stehen im Vordergrund – Eigenanteile (internale Attributionen) werden nicht gesehen.

Beispiel: Der Geschäftsführer gibt seinen Mitarbeitern die Schuld (sie wollen keine Verantwortung tragen...). Der Mitarbeiter sieht die Schuld ausschließlich beim Chef (kritisch, er will alles kontrollieren).

- Problemstabilisierendes Handeln

Das Verhalten der beteiligten Personen stabilisiert das Problem zunehmend. Die Lösung des Problems wird immer schwieriger.

Beispiel: Der Geschäftsführer mischt sich immer mehr ein, gibt immer mehr Vorschläge und der Mitarbeiter macht immer mehr Dienst nach Ansage.

Ein Problem ist in systemischer Sicht prinzipiell veränderbar, indem die starren Muster (subjektiven Deutungen/Attributionen und daraus resultierende Handlungen) aufgebrochen werden[38]. Hierfür ist es wichtig, alle beteiligten Personen und Kommunikationen zu erkennen und diese in den Lösungsprozess mit einzubeziehen.

4.3 Fazit

Nach genauerer Betrachtung des systemischen Ansatzes von Kriz (1997) und den organisationspsychologischen Ergänzungen[39] werden zwei Aspekte in bezug auf Organisationen besonders deutlich:

Durch formale und informelle Regeln wird einerseits Ordnung geschaffen, andererseits sind Veränderungen nur mit viel Aufwand und Schwierigkeiten durchzusetzen. Je mehr Regeln, desto starrer und eingeschränkter ist die Organisation hinsichtlich Veränderungen. Die durch Regeln scheinbar geschaffene Sicherheit kann im schnellen dynamischen Wandel des Marktes kontraproduktiv sein, da das Unternehmen sich nicht schnell genug an die veränderten Umweltbedingungen anpassen kann.

Aufgrund der subjektiven Deutungen der Führungskräfte und Mitarbeiter sind Konflikte sehr wahrscheinlich. Je mehr die Mitglieder in ihren Denkmustern verharren, desto schwieriger

[38] hierauf wird konkret im Kapitel 4.4.2 eingegangen.

[39] vgl. Greif (1996b) (2002), Greif u. Kurtz (1999)

ist es, Probleme zwischen Personen oder Gruppen zu lösen. Produktives miteinander Arbeiten wird durch starre Muster und Schuldzuschreibungen verhindert.

Schließt sich nun die Frage an, wie Führungskräfte und Mitarbeiter mit Veränderungen und damit einhergehenden Problemen effektiv umgehen können, ohne die geschaffene Ordnung im Chaos völlig aufzugeben, aber trotzdem flexibel zu bleiben. Im folgenden wird die Selbstreflexion allgemein und im speziellen aus systemischer Sicht als Basis für Veränderungen dargestellt und diskutiert.

4.4 Selbstreflexion als Grundlage für Veränderung

Menschen unterscheiden sich von Tieren darin, dass sie ein Bewusstsein über sich selbst haben und damit in der Lage sind, über sich selbst nachzudenken. Diese Fähigkeit der „Selbstreflexion" wird als eine der grundlegenden Voraussetzungen für Veränderungen und Lernen gesehen. Durch das Wahrnehmen und Reflektieren des eigenen Verhaltens können z.B. in Problemsituationen Fehler im eigenen Verhalten erkannt und neue Lösungswege entwickelt werden (vgl. Greif in Vorber.). Im Folgenden wird diskutiert, was unter Selbstreflexion zu verstehen ist, wie Selbstreflexionsprozesse ablaufen sowie welche Funktion Coaching bei der Unterstützung von Selbstreflexion und Veränderung hat.

4.4.1 Was heißt Selbstreflexion?

Der Begriff Selbstreflexion setzt sich aus zwei in der Psychologie zentralen Begriffen zusammen - „Selbst“ und „Reflexion“. Um das Wort „Selbstreflexion“ besser definieren zu können und zu verstehen, was sich dahinter verbirgt, erscheint es sinnvoll, sich zunächst mit den beiden Wortbestandteilen auseinander zu setzen und diese danach zusammenzuführen.

4.4.1.1 Der Reflexionsbegriff

Bildungssprachlich wird laut Brockhaus (1992, S. 176) Reflexion als „Nachdenken, Überlegung, Vertiefung in einen Gedankengang“ definiert. In der Philosophie und Psychologie wird diese Definition aus dem Brockhaus fachbezogen spezifiziert.

Der Reflexionsbegriff in der Philosophie

Wirft man einen Blick in die philosophischen Wörter- und Handbücher, so wird schnell deutlich, dass der Begriff „Reflexion“ in den meisten dieser Bücher definiert und behandelt wird. Beispielhaft wird hier eine Beschreibung zur Reflexion von Wagner (1973) vorgestellt:

> „Zunächst und zumeist ist unser Denken in die Welt der Dinge hineingerichtet, interessiert an Dingen, Verhältnissen, Zuständen, Vorgängen; es weiß sozusagen von nichts anderem und will auch kaum von anderem wissen. Aber merkwürdigerweise kann es, sobald es nur will oder Anlass dazu hat, aus diesem gleichsam natürlichen Verhalten heraus- und einen Schritt zurücktreten“ (Wagner 1973, S: 1205).

Zuerst steht nach Wagner (1973) ein bestimmter Gegenstand, Zustand oder ein Ereignis im Vordergrund. Der Mensch ist aber in der Lage, vom Interesse am Gegenstand alleine abzulassen und sich sein Verhalten oder die Ereignisse von außen anzuschauen. Dieses Heraus- und Zurücktreten stellt sich in Form eines „viergliedrigen Gefüges" dar:

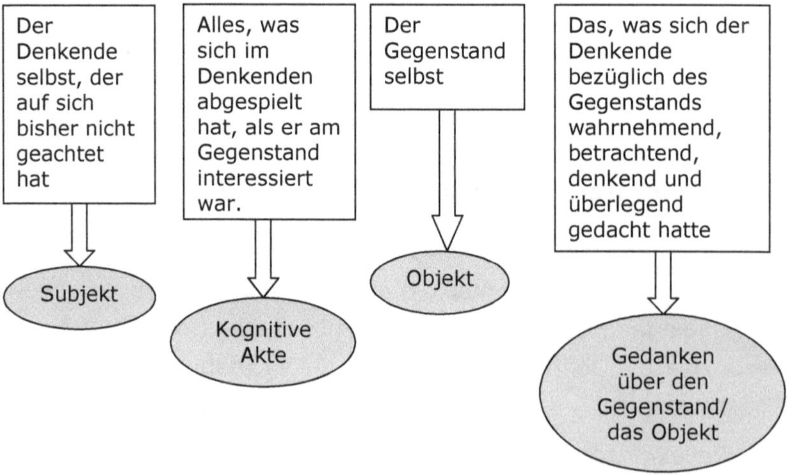

Abb. 9: Viergliedriges Gefüge der Reflexion (nach Wagner 1973)

„Sobald dem Denken nicht einfach mehr der Gegenstand allein gegenübersteht, sondern dieses viergliedrige Gefüge, ist das Denken von bloßer Gegenstandsbezogenheit zur Reflexion übergegangen" (Wagner 1973, S. 1205). Plötzlich rücken neben dem Gegenstand andere Aspekte in den Vordergrund, die schon „...immer im Spiel, aber nicht bedacht..." wurden (ebd., S. 1205f.): und zwar das Subjekt, die kognitiven Akte, die Gedanken über den Gegenstand, sowie der Gegenstand, das Objekt selbst.

Ein Beispiel soll den Reflexionsprozess nach Wagner veranschaulichen: Ein Geschäftsführer kritisiert bei jeder Gelegenheit das Verhalten seines Mitarbeiters. Das Verhalten des Mitarbeiters ist das Objekt, der Geschäftsführer das Subjekt. Das Denken des Geschäfsführers (des Subjekts) ist nach außen gerichtet: auf das Objekt (das Mitarbeiterverhalten). Darauf folgt dann eine entsprechende Reaktion des Subjekts (Kritik). Das rein nach außen gerichtete Denken verwandelt sich in dem Moment in einen Reflexionsprozess, in dem sich z.B. der Mitarbeiter über die ständige Kritik beschwert. Der Geschäftsführer richtet in diesem Moment sein Denken nicht mehr nur auf das Objekt, sondern ist veranlasst worden aus seinem natürlichen, gewohnten Verhalten herauszutreten und darüber nachzudenken. Neben dem Mitarbeiterverhalten treten nun noch andere Aspekte in den Vordergrund: der Geschäftsführer selbst (Subjekt), das, was in ihm vorgeht während der Situationen wie Stress, Ärger, Zeitdruck (kognitive Inhalte) sowie seine Gedanken über das Mitarbeiterverhalten an sich (Gedanken über das Objekt: welche Verhaltensaspekte bezieht er mit ein, welche vernachlässigt er...).

Der Reflexionsbegriff in der Psychologie

In dem psychologischen Standard-Wörterbuch von Dorsch (1998) wird Reflexion wie folgt beschrieben.

> „das Sich-Zurückwenden des Denkens und des Bewusstseins auf sich selbst. Allgemein hat Reflexion die Tendenz des Sich - Innewerdens" (Dorsch 1998, S: 726).

Es wird hier deutlich, dass sich die Form des Denkens im Reflexionsprozess verändert und die denkende Person mehr in den Vordergrund rückt („auf sich selbst", „Sich-Innewerden"). Allerdings wird in der Psychologie häufig der verwandte Begriff Selbstreflexion in diesem Zusammenhang verwendet. Dieser wird nun im folgenden aus verschiedenen Perspektiven beleuchtet und in Abgrenzung zum Reflexionsbegriff diskutiert.

4.4.1.2 Der Selbstreflexionsbegriff in der Psychologie

Der Selbstreflexionsbegriff hat seinen Ursprung in der Psychologie. Autoren wie Dörner (1979) und Reither (1979) sind hier u.a. Vorreiter gewesen. Sie haben die Selbstreflexion im Zusammenhang mit Problemlöseprozessen analysiert. In Versuchen haben sie Probanden Planspiele durchführen lassen, in denen komplexe Zusammenhänge erkannt werden mussten, um gestellte Probleme gut lösen zu können (vgl. Dörner 1997). Tisdale (1998) hat Selbstreflexionsprozesse im Rahmen solcher Planspiele genauer untersucht. Er definiert Selbstreflexion wie folgt:

> „Selbstreflexion ist die Betrachtung und kritische Analyse eines Protokolls der eigenen Aktivitäten, unter Zuhilfenahme von Prozessen der Rekapitulation und Rekonstruktion" (Tisdale 1998, S. 7).

Rekapitulation meint in diesem Zusammenhang, dass der Mensch ein gedankliches Protokoll über das eigene Denken, Wollen, Fühlen und Handeln anlegt. Er muss in der Lage sein, sich Vergangenes bewusst zu machen. Wenn das Protokoll der eigenen Aktivitäten „Lücken" aufweist, die durch Vergessensprozesse entstanden sind, so nutzt der Mensch Erfahrungswerte und Wahrscheinlichkeiten, um diese Informationslücken zu schließen.

Wichtig in diesem Zusammenhang ist die kritische Analyse der eigenen Aktivitäten: Das alleinige Erkennen der Tatsache, dass man sich bei einem Problem „im Kreise dreht" reicht noch nicht aus, um von Selbstreflexion sprechen zu können. Das Erkennen der Unangemessenheit des eigenen Verhaltens für das angestrebte Ziel in der Situation ist entscheidend, um von einem Selbstreflexionsprozess sprechen zu können (vgl. Tisdale 1998 u. Opwis 1992). Für Tisdale stellt sich Selbstreflexion als ein rationaler, rein kognitiver Prozess dar. Emotionen werden von ihm nicht berücksichtigt.

Selbstreflexion nach Greif (in Vorber.)

Im Gegensatz hierzu hat Greif (in Vorber.) ein ganzheitlicheres Verständnis darüber, was Selbstreflexion ist. Neben den Kognitionen spielen seiner Meinung nach die Emotionen sowie das Selbstkonzept[40] bei der Selbstreflexion eine entscheidende Rolle.

> „Individuelle Selbstreflexion ist ... ein bewusstes Nachdenken einer Person über Merkmale, Verhaltensstandards und Handlungen, die sie nach ihrem Selbstkonzept subjektiv als charakteristisch einschätzt oder als wichtig nach dem idealen Selbstkonzept oder bewusstes intuitives Assoziieren von Erfahrungen und Emotionen, die damit verbunden sind" (Greif in Vorber., S.350).

Eigene charakteristische Merkmale und Verhaltensweisen, die einer Person für ihr eigenes Handeln wichtig erscheinen sind nach Greif (in Vorber.) Gegenstand der Selbstreflexion. Jeder Mensch hat ein ideales Selbstkonzept, wie er sich gerne verhalten würde. Der Abgleich des Ideals mit dem real gezeigten Verhalten ist mit Selbstreflexion gleichzusetzen. Wenn eine Person es sich z.B. zum Ziel gesetzt hat, jede Woche dreimal Sport zu treiben, weil es ihrer Meinung nach das ideale Verhalten zur Erhaltung der eigenen Gesundheit darstellt, aber dies nur 1 mal die Woche umsetzt (Handlung, Verhaltensstandard), so weicht sie von ihrem Ideal ab und reflektiert über die Verfehlung des idealen Selbstkonzeptes.

---

[40] vgl. Kap. 4.4.1.3

Zur Erklärung dafür, dass Emotionen bei der Selbstreflexion wichtig und funktional sind, zieht Greif (in Vorber.) die PSI-Theorie von Kuhl (2001) heran.

Exkurs: Die PSI-Theorie von Kuhl (2001)[41]

Kuhl postuliert vier psychische Systeme, die miteinander interagieren und somit das Denken, Fühlen und Handeln eines Menschen steuern.

Intentions- bzw. Absichtsgedächtnis:

Es dient der Aufrechterhaltung von bewussten Absichten, der Abschirmung und dem Planen.

Intuitives Verhaltenssteuerungssystem:

Es dient den intuitiven Verhaltensroutinen

Extensionsgedächtnis:

Es vereint das intuitive Wissen einer Person, welches sie durch Lebenserfahrungen gesammelt hat. Es verschafft einen Überblick über eine Gesamtsituation. Es ermöglicht viele Aspekte gleichzeitig zu erkennen und schnell komplexe Entscheidungen zu treffen, ohne wichtige Details zu vernachlässigen.

Objekterkennungssystem:

Es konzentriert sich auf einzelne Details.

Auf der Seite der Handlungssteuerung gibt es einen Antagonismus zwischen dem Intentionsgedächtnis und dem intuitiven Verhaltens- und Steuerungssystems. Hierbei sind die positiven Gefühle von Bedeutung: es wird angenommen, dass positive Affekte die Umsetzung einer Absicht ermöglichen. Voraussetzung hierfür ist allerdings, dass Absichten ins Intentionsgedächtnis transferiert worden sind. Der zweite Antagonismus besteht auf der Ebene der Erfahrungsbildung zwischen dem Extensionsgedächtnis und dem Objekterkennungssystem. Hierbei spielen die negativen Affekte eine wichtige Rolle:

[41] Die PSI-Theorie wird hier verkürzt dargestellt. Der Schwerpunkt liegt auf den Annahmen, die für dieses Kapitel von Bedeutung sind. PSI steht für Person-System-Interaktion

Durch das Auftreten von Fehlern wird das Erfahrungswissen gehemmt und das Objekterkennungssystem wird aktiviert, um die Ursache des Fehlers eruieren zu können. Je nach Situation macht es Sinn, auf gemachte Erfahrungen zu bauen oder diese in Frage zu stellen und fehlerhaftes Verhalten zu analysieren. Das Umschalten zum Objekterkennungssystem erfolgt durch negative Affekte (Angst, Unsicherheit).

Die Kernaussage dieser Theorie besagt, „...dass das flexible und situationsangepasste Wechseln zwischen den vier psychischen Systemen die Fähigkeit verlangt, zwischen verschiedenen Gefühlslagen zu wechseln." Der Begriff „Selbststeuerung" bezeichnet diesen aktiven Umgang mit Gefühlen. Eine hohe Selbststeuerungskompetenz zeigt sich dadurch, dass eine Person sehr flexibel ihre Gefühlslagen wechseln kann und sich somit gut an gegebene Situationen anpassen und diese erfolgreich bewältigen kann.

Nach Kuhl basiert das Selbstkonzept der Person auf dem Extensionsgedächtnis, den gesammelten Erfahrungen und den damit eng verbundenen Gefühlen (vgl. Greif in Vorber.). Daraus folgt, dass die Auseinandersetzung mit den eigenen charakteristischen Merkmalen, Verhaltensstandards oder dem idealen Selbstkonzept eng mit einer Verarbeitung der damit verbundenen Gefühle und Erfahrungen einhergeht. Diese Komplexität in der Selbstreflexion ist nur durch eine hohe Integrationsleistung zu erreichen, indem sich die emotionale Bewertung und das analytische Denken abwechseln. Eine gleichzeitige Verarbeitung ist aufgrund der Komplexität nicht leistbar, da nach Kuhl das Aufmerksamkeitssystem des Menschen nur eine begrenzte Arbeitskapazität hat. Das bedeutet u.a. auch, dass durch Selbstreflexionsprozesse das Aufmerksamkeitssystem so in Anspruch genommen wird, dass Handlungen in den Hintergrund geraten. Die Selbstreflexion ist mit dem Zustand der Lageorientierung gleichzusetzen: eine Person schafft sich einen Überblick über die Lage einer Situation. Im Gegensatz hierzu steht bei der Handlungsorientierung das Handeln im Vordergrund.

Bezogen auf die Selbststeuerungskompetenz bedeutet dies, dass Personen mit einem hohen Maß an Kompetenz, zwischen lage- und handlungsorientierten Phasen je nach gegebenen Umständen wechseln können.

Selbstaufmerksamkeit als Voraussetzung für Selbstreflexion

Greif (vgl. Greif 2000) unterscheidet die Selbstreflexion von dem verwandten Begriff „Selbstaufmerksamkeit" (vgl. Duval u. Wicklund 1972).

Selbstaufmerksamkeit wird definiert als „eine Fokussierung der Aufmerksamkeit des Individuums auf das ideale Selbstbild oder wichtige eigene Standards und darauf bezogene eigenen Merkmale oder Verhaltensweisen" (Greif in Vorber., S. 367.).

Selbstaufmerksamkeit wird z.B. durch Probleme, Videoaufnahmen oder Spiegel in Gang gesetzt. Sie bezeichnet einen momentanen Zustand: eine Person nimmt sich selbst in einer konkreten Situation bewusst wahr. Selbstaufmerksamkeit ist somit der Selbstreflexion vorgeschaltet. Sie bezeichnet einen Zustand wohingegen die Selbstreflexion ein darauf aufbauender komplexer gedanklicher und intuitiver Prozess der Informationsverarbeitung darstellt.

Nicht jede Selbstaufmerksamkeit löst allerdings Selbstreflexionsprozesse aus (vgl. Greif in Vorber.). Eine Situation, mit der man mit sich selbst zufrieden ist oder die mit positiven Gefühlen einhergeht, löst selten Selbstreflexionsprozesse aus. Selbstreflexionsprozesse werden hingegen eher dann aktiviert, wenn die Person Differenzen zwischen dem Ideal und den eigenen Merkmalen und gezeigten Verhaltensweisen entdeckt. Diese wahrgenommene Diskrepanz löst negative Gefühle aus, und die Person beginnt zu reflektieren, was genau das Problem ist und was sie tun muss, um diese Diskrepanz zu bewältigen. Zur Veranschaulichung wird im Folgenden ein Beispiel dargestellt:

> Ein Abteilungsleiter führt eine Besprechung mit seinen Mitarbeitern mit dem Ziel durch, unangenehme Aufgaben an die Beteiligten zu verteilen.
>
> Fall 1: Die Besprechung verläuft ohne Konflikte - der Abteilungsleiter hat sein Ziel erreicht: die Mitarbeiter werden die unangenehmen Aufgaben ohne Probleme erledigen. In dieser Situation stellt sich beim Abteilungsleiter ein Glücksgefühl ein, er wird sich neuen Aufgaben widmen und sich in ähnlichen Situationen gleich verhalten.
>
> Fall 2: Die Besprechung ist konfliktbeladen. Die Mitarbeiter weigern sich, die unangenehmen Aufgaben zu übernehmen. Die Besprechung muss abgebrochen werden. In dieser Situation wird der Abteilungsleiter negative Emotionen empfinden und sich bewusst werden, dass er sein Ziel, sein Ideal verfehlt hat. Er konnte sich nicht durchsetzen. Die unzufriedenstellende Situation, die er durch Selbstaufmerksamkeit wahrnimmt, löst bei ihm Selbstreflexionsprozesse aus: er analysiert die Besprechung alleine oder gemeinsam mit einem Kollegen und reflektiert über sein eigenes Verhalten in der Situation. Ihm wird bewusst, dass er sich sehr autoritär verhalten und seine Mitarbeiter nicht einbezogen hat. Er nimmt sich für die nächste Besprechung vor, sich kooperativer zu verhalten.

Die Selbstaufmerksamkeit und damit aufbauende Selbstreflexion hat bei dem Abteilungsleiter einen Lern- und Veränderungsprozess ermöglicht. Er verhält sich seinen Mitarbeitern gegenüber anders und kommt mit seinen neuen Verhaltensweisen seinen Zielen näher.

4.4.1.3 Die unklare Bedeutung des Begriffs „Selbst"

In der bisherigen Darstellung wird deutlich, dass der Wortteil „Selbst" in „Selbstreflexion" einen wichtigen Stellenwert in der Abgrenzung zur „Reflexion" zu haben scheint. Dieses Wort wird insbesondere in der Psychologie sehr häufig in unterschiedlichen Zusammenhängen genutzt (z.B. Selbstorganisation, Selbstsicherheit, Selbstständigkeit), was zu Missverständnissen und Begriffsverwirrungen führen kann (vgl. Kriz 2002). Im folgenden wird der Begriff „Selbst" von zwei Seiten beleuchtet und seine Bedeutung in der Selbstreflexion dargestellt.

Das Selbst als Persönlichkeitskonstrukt

In der Psychologie ist „Selbst" ein Oberbegriff für die Vorstellung, die eine Person von sich als Person (privates Selbst) hat oder die andere von ihr haben (soziales Selbst). Das daraus resultierende Selbstkonzept oder Selbstbild zeichnet sich durch zwei Hauptkomponenten aus: die *kognitive* Komponente, die das Wissen, das man von sich selbst hat (Selbstwahrnehmung) sowie die *affektive* Komponente wozu das Selbstwertgefühl oder das Selbstvertrauen zählen (vgl. Oerter 1987). Dem wahrgenommenen Selbstkonzept steht das ideale Selbstkonzept gegenüber: es spiegelt das ideale oder wünschenswerte Bild über sich wider. Ziel ist es, dem idealen Selbstkonzept so weit als möglich zu entsprechen (vgl. Greif in Vorber., siehe Kap. 4.4.1.2).

Das Selbst im Sinne von Eigenständigkeit

Zum anderen wird der Begriff „Selbst" dann benutzt, wenn es darum geht relativ autonome Prozesse zu beschreiben (vgl. Greif 1996b, S.54). Das Konzept der Selbstorganisation gehört in diesen Zusammenhang: Eine Person, die sich selbst organisiert, handelt frei, eigenständig und autonom. Es wird hier nicht das Selbst im Sinne eines Persönlichkeitskonstruktes organisiert, sondern man organisiert sich selbst (vgl. Theorie des selbstorganisierten Lernens von Greif 1996b).

Auf die Selbstreflexion übertragen stellt sich die folgende Frage: Wird bei der Selbstreflexion das Selbst reflektiert oder handelt es sich dabei um einen eigenständigen, autonomen Prozess im Sinne der Selbstorganisationstheorie?

Greif legt den Schwerpunkt bei der Selbstreflexion auf das Selbstkonzept, welches für ihn zentraler Bestandteil der Selbstreflexion ist: Für ihn findet bei der Selbstreflexion ein Abgleich zwischen z.B. eigenen Verhaltensstandards und dem eigenen idealen Selbstkonzept statt. Mit dem Begriff „Selbst" verbindet Greif demnach das „Selbst" als Persönlichkeitskonstrukt.

Im Rahmen dieser Arbeit werden beide Aspekte mit dem Begriff „Selbst" abgedeckt. Selbstreflexion hat etwas mit dem Auseinandersetzen des eigenen Selbst im Sinne des Persönlichkeitskonstruktes wie auch mit Selbstorganisation zu tun, da der Vorgang der Selbstreflexion in erster Linie autonom, eigenständig passiert. Zwar kann die Selbstreflexion durch Außenstehende angeregt werden, den Prozess an sich führt die Person allerdings eigenständig durch.

4.4.1.4 Selbstreflexion und Reflexion: Worin liegt der Unterschied?

Es wurden oben die Begriffe Reflexion und Selbstreflexion aus unterschiedlichen Blickwinkeln beschrieben. Vergleicht man die Darstellungen von Wagner (1973) und Dorsch (1998) mit der von Tisdale (1998) scheint es keinen entscheidenden Unterschied zwischen Reflexion und Selbstreflexion zu geben. In beiden Fällen geht es darum, über sich und seine Gedanken nachzudenken - kognitive Prozesse stehen im Vordergrund.

Betrachtet man allerdings die allgemeine Reflexionsdefinition wie sie im Brockhaus zu finden ist („Reflexion ist Nachfragen und Hinterfragen"), so wird die Abgrenzung beider Begriffe deutlicher. Bei der Selbstreflexion geht es insbesondere darum, sich selbst gedanklich in den Vordergrund zu holen, und über sich nachzudenken. Nachfragen oder Hinterfragen wäre zu allgemein gehalten: hierunter fällt z.B. auch das Hinterfragen von weltpolitischen Entscheidungen, die nicht gezwungenermaßen direkt etwas mit der eigenen Person zu tun hat.

In der Darstellung von Greif (vgl. Kap. 4.4.1.2) wird der Unterschied zwischen Selbstreflexion und Reflexion noch deutlicher: bei der Selbstreflexion steht das Selbstkonzept im Vordergrund: nur das Nachdenken über für das Selbstkonzept relevante Merkmale, Ziele, Emotionen und Verhaltensweisen ist mit Selbstreflexion gleichzusetzen. „Das bloße Nachdenken über irgendwelche für das Selbstkonzept peripheren Merkmale oder Ziele wäre demnach keine Selbstreflexion, sondern lediglich eine „bewusste Reflexion" (Greif in Vorber., S. 349). Das Durchdenken von für das Selbstkonzept „unwichtigen" Handlungen wie z.B. der tägliche Gang zum Briefkasten ist ebenfalls keine Selbstreflexion, sondern sollte nach Greif eher als „Planen" bezeichnet werden. „Wichtige" Handlungen sind im Gegensatz hierzu „alle von der Person auf das ideale Selbstkonzept (Ich-Ideal oder idealisiertes Selbstbild) bezogene Merkmale und Handlungen" (Greif in Vorber., S. 349).

4.4.2 Selbstreflexion aus systemischer Sicht

Angelehnt an die systemische Theorie von Kriz werden durch Selbstreflexion aus reagierenden, hauptsächlich einseitig attribuierenden Personen, Agierende, die neben den beteiligten Personen zusätzlich sich und das Umfeld in ihre Attributionen mit einbinden. Am Beispiel des Geschäftsführers bedeutet das:

aus der externen Attribution

> „Weil meine Mitarbeiter keine Verantwortung tragen, mache ich ihnen immer Vorschläge in der Hoffnung, dass es das nächste Mal besser klappt."

entsteht durch Selbstreflexion z.B. die internale Attribution (auf sich selbst bezogen):

> „Allerdings bin ich natürlich auch ein sehr pingeliger, nach Perfektion strebender Mensch und am liebsten erledige ich Aufgaben selbst, bevor es andere tun. Dann weiß ich wenigstens, dass die Arbeit so ausgeführt wird, wie ich es für richtig halte."

Eine neue Handlungsstrategie vom Geschäftsführer könnte nun sein, mit seinen Mitarbeitern ein Gespräch zu führen, in dem klare Regeln und Verantwortlichkeiten festgelegt werden und die Rolle jedes Einzelnen geklärt wird.

Selbstreflexion aus systemischer Sicht bedeutet demnach, dass die Person sich mit ihren eigenen subjektiven Deutungen, die für die Person in dem entsprechenden Zusammenhang wichtig erscheinen, den damit verbundenen Gefühlen sowie den daraus resultierenden Handlungen und deren Konsequenzen auseinandersetzt. Dieser Prozess wird insbesondere dann ausgelöst, wenn Situationen als unangenehm oder schwierig empfunden werden.

Für Kriz (1990) bedeutet Selbstreflexion das Betrachten der eigenen Prozesse. Dies ermöglicht dem Menschen, sich von sich selbst zu distanzieren und auf sich selbst, sein eigenes Denken, Fühlen und Handeln von außen zu schauen. Es findet ein Perspektivenwechsel in zweierlei Hinsicht statt. Das „...auf sich selbst aus der Position eines anderen zurückblicken" (Kriz 1990, S. 101). Kriz spricht in diesem Zusammenhang von der Perspektive vom „Dort" auf das „Hier" und vom „Dann" auf das „Jetzt": z.B. werden Emotionen aus Vergangenheit (z.B. Trauer) und Zukunft (z.B. Furcht) auf die Gegenwart bezogen (was bedeutet das Vergangene bzw. die Zukunft für das Jetzt, die Gegenwart?). Man schaut sich bei den eigenen Interaktionen mit anderen zu. Überblick und Abstand erlauben es bei der Selbstreflexion, sich den Prozess „von außen" anzuschauen (Schweitzer u. v. Schlippe 1998).

Wenn eine Person durch Selbstreflexion die Muster im Problemsystem erkennt und sich plötzlich „musterstörend" verhält, muss das System sich auch anders verhalten. So entsteht Veränderung. Durch die Selbstreflexion der Konsequenzen eigenen Handelns „...werden im Menschen Lernprozesse in Gang gesetzt, die es ihm erlauben, zielgerichtet Veränderungen in seinem Verhalten herbeizuführen (Offermanns 1998, S. 9).

Neben der Betrachtung der eigenen Person, ist es aus systemischer Sicht mindestens genauso wichtig, dass das Verhalten und die subjektiven Deutungen anderer Beteiligter, die Entwicklung des Systems sowie die Strukturen des Systems (z.B. Regeln, Aufgaben und Umweltbedingungen) bei der Selbstreflexion berücksichtigt werden. Grund hierfür ist die Annahme, dass Probleme nicht nur eine Ursache haben, sondern durch die Wechselwirkungen unterschiedlicher Systemkomponenten entstehen. König u. Volmer (2000) haben diese systemische Betrachtungsweise an dem Beispiel „Vorgesetzter - Mitarbeiter" veranschaulicht (siehe Abb. 10).

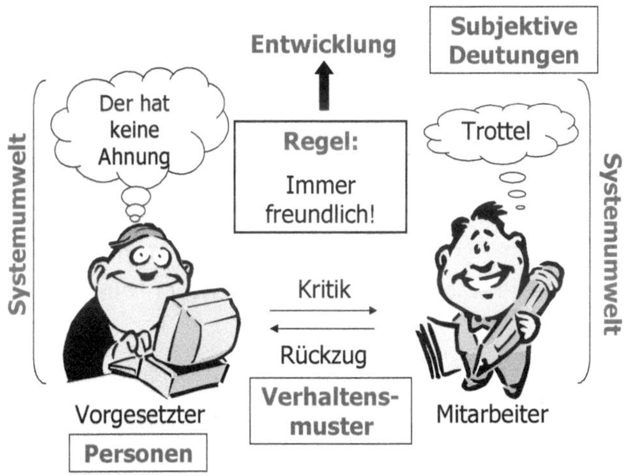

Abb. 10: Soziale Systeme (nach König u. Volmer 2000)

An diesem Beispiel wird deutlich, dass ein bestehender Konflikt zwischen Vorgesetztem und Mitarbeiter nicht nur wie in der Praxis häufig üblich an den Personen festgemacht werden kann, sondern dass es verschiedene Systemkomponenten gibt, die diesen Konflikt beeinflussen: die subjektiven Deutungen der beteiligten Personen, bestehende Regeln und typische Verhaltensmuster, die Systemumwelt (z.B. Arbeitsbedingungen) und natürlich die Personen selbst. Dieses System hat häufig eine bestimmte Entwicklung hinter sich. Diese Systemkomponenten sollten Bestandteil der Selbstreflexion sein, um das Problem ganzheitlich erfassen und verstehen zu können. Nach der Analyse ist es möglich, an den einzelnen Systemkomponenten zu „drehen": Jede Bewegung wirkt sich auf den Konflikt aus und führt zu Veränderung. In der Praxis wird häufig im Sinne der Schuldigensuche gehandelt und es wird an den Personen „gedreht": eine Person, z.B. der Vorgesetzte wird ausgetauscht. Häufig zeigt sich dann in der Praxis, dass das Problem zu einem späteren Zeitpunkt auch mit der neuen Führungskraft wieder auftritt. Durch ganzheitliche Betrachtung des Systems würde auffallen, dass z.B. die Regel „Immer freundlich" dysfunktional ist oder das die Arbeitsbedingungen so schlecht sind, dass sie die Zusammenarbeit negativ beeinflussen. Diese Analyse würde dann zu anderen Lösungsmöglichkeiten führen und möglicherweise das Problem eher lösen, als wenn eine Person ausgetauscht würde.

Diese ganzheitliche, komplexe Betrachtung erlaubt es dem Reflektierenden die bestehenden Muster, in denen er sich befindet zu erkennen und geeignete Handlungsalternativen zu entwickeln. Dieser wichtige Aspekt wird z.B. in Greif´s Definition (vgl. Kap. 4.4.1.2) nicht berücksichtigt, allerdings auch nicht ausgeschlossen.

Unter Berücksichtigung der hier aufgeführten systemischen Aspekte lässt sich folgende Definition für Selbstreflexion ableiten:

Selbstreflexion ist das Auseinandersetzen mit den für einen selbst wichtigen eigenen subjektiven Deutungen (z.B. Gedanken oder Motive), den damit verbundenen Gefühlen sowie den daraus resultierenden Handlungen und deren Konsequenzen unter Berücksichtigung des Verhaltens und der subjektiven Deutungen anderer Personen sowie der bestehenden Strukturen (Regeln, Aufgaben, Umweltbedingungen), die einen umgeben.

4.4.3 Selbstreflexion und kognitive Strukturiertheit

Durch Selbstreflexion entwickeln sich neue, komplexere Sichtweisen bezogen auf das reflektierte Thema. Hiermit hängt eng die Theorie der kognitiven Strukturiertheit von Schroder et al. (1975) zusammen. Er spricht in diesem Fall von der „Differenziertheit" als ein wichtiges Konstrukt zur Erfassung von Komplexität beim Problemlösen. Unter Differenziertheit wird „...die Anzahl der Beurteilungs- und Unterscheidungskategorien, die einem kognitiven System in einem bestimmten Bereich zur Verfügung stehen" (Seiler 1973, S.28) verstanden. Ein geringer Grad an Differenziertheit würde bedeuten, dass eine Person eher eine pauschale und einseitige Sichtweise bezogen auf ein Thema hat- dies zeigt sich z.B. darin, dass die Ursache eines Problems unabhängig von Situationsunterschieden immer einer bestimmten Person zugeordnet wird. Ein hoher Grad an Differenziertheit zeichnet sich dadurch aus, dass eine Person viele unterschiedliche Aspekte in ihr Problemdenken mit einbezieht; z.B. Personen, bestimmte Verhaltensweisen oder Situationsunterschiede.

Durch Selbstreflexionsprozesse ist der Grad der Differenziertheit zu beeinflussen: je selbstreflektierter eine Person an ihr Thema herangeht, desto mehr unterschiedliche Aspekte wird sie erkennen - der Grad der Differenziertheit und somit der Komplexität nimmt zu. Dies sollte Ziel der Selbstreflexion sein, da ohne ein gewisses Maß an Differenziertheit keine neuen Spielräume für die Entwicklung von Handlungsmöglichkeiten gegeben sind.

Die zweite Dimension in der Theorie der kognitiven Strukturiertheit ist die Integriertheit. Darunter versteht man „die Anzahl der möglichen alternativen Verknüpfungen dieser Kategorien oder die alternativen Gesichtspunkte, nach denen sie gewichtet und zu einem Gesamturteil verbunden werden" (Seiler 1973, S. 28). Die Integriertheit ist die wichtigste Dimension der kognitiven Strukturiertheit, da von ihr abhängt, inwieweit eine Person alternative Gesichtspunkte miteinander vergleichen und abwägen kann. Die einzelnen Aspekte, die in einer Situation wahrgenommen werden, werden miteinander verknüpft und bewertet. Durch das Abwägen werden relevante von weniger relevanten Aspekten getrennt. Dadurch wird Ordnung geschaffen und dies hat wiederum eine Komplexitätsreduktion zur Folge. Eine Erklärung hierfür bietet Kuhl (2001, vgl. auch Kap. 4.4.1.2): das Aufmerksamkeitssystem ist nur begrenzt aufnahmefähig und um in einen handlungsorientierten Zustand zu kommen, werden freie Ressourcen benötigt - dies wird durch Komplexitätsreduktion ermöglicht.

4.4.4 Der Selbstreflexionsprozess

Argyris und Schön (1978) haben sich mit Selbstreflexionsprozessen beim Lernen in und von Organisationen beschäftigt. Für sie erzeugt die Selbstreflexion über das eigene Handeln eine neue Ablaufstruktur beim Lernen (vgl. Greif 1996c, S. 286). Sie unterscheiden drei Lernebenen, die sich durch den Grad der Selbstreflexion unterscheiden. Die einfachste Form des Lernens ist das Single-Loop-Learning.

> Beispiel: Wenn ein Mitarbeiter am Band Schrauben in einer bestimmten Zeit zu sortieren hat, und er merkt, dass er nicht genügend Zeit hat, beginnt er einfach schneller zu arbeiten. Die Reaktion ist ausschließlich darauf ausgerichtet, je nach Zeitdruck langsamer oder schneller zu arbeiten.

Die nächst höhere Ebene des Lernens, bei der Selbstreflexionsprozesse stattfinden ist das Double-Loop-Learning: durch die Selbstreflexion wird der Handlungsablauf an einer Stelle durch eine zusätzliche Rückkopplung erweitert. In dieser zusätzlichen Gedankenschleife reflektiert die Person über ihr Verhalten, ihre subjektiven Deutungen und Gefühle unter Berücksichtigung anderer beteiligter Personen und Situationsbedingungen, die sie umgeben. Bezogen auf das Beispiel bedeutet das, dass der Mitarbeiter innehält und sein eigenes Verhalten und die Situation in einer zusätzlichen Gedankenschleife reflektiert. Hierbei bezieht er möglicherweise Rahmenbedingungen, seine eigene Motivation oder die Arbeitsvorbereitung anderer Mitarbeiter mit ein. Ergebnis des Prozesses könnte sein, dass er eine Pause macht, weil er erschöpft ist oder er macht Vorschläge wie die Arbeitsabläufe besser gestaltet werden können. Die einfache Reaktion auf eine Problemsituation (Single-Loop-Learning) wird demnach durch eine zusätzliche Rückkopplung erweitert. Dadurch besteht die Möglichkeit neue Lösungsansätze zu entwickeln und dazuzulernen.

Auf das Beispiel Geschäftsführer - Mitarbeiter (vgl. Kap. 4.1.3) bezogen, könnte der Selbstreflexionsprozess wie folgt aussehen: Der Geschäftsführer kann sich Gedanken darüber machen, welchen Anteil er an dem Problem hat. Bisher ausgeblendete Informationen wie das eigene Verhalten werden bei der Selbstreflexion in den Vordergrund gerückt. Der Geschäftsführer kann sich in die Lage des Mitarbeiters versetzen, um dessen Sichtweise besser zu verstehen. Fragen wie „Wie würde ich mich als Mitarbeiter in der Situation fühlen?" oder „Was könnte ich anders machen, damit die Mitarbeiter mehr Eigenverantwortung tragen?" sind selbstreflexions- und somit lern- und veränderungsförderlich. Voraussetzung für diesen Prozess ist, dass die Lernenden offen und bereit sind, ihre Prozesse und Strukturen zu hinterfragen und zu verändern (vgl. Greif in Vorber.).

Die nächste Stufe beim Lernen ist das Deutero-Lernen, bei dem das Single- und Double-Loop-Learning analysiert, reflektiert und verbessert wird. Der Selbstreflexionsprozess wird auf einer nächsthöheren Ebene hinsichtlich seiner Effektivität und seiner Ergebnisse bewertet und möglicherweise werden Verbesserungen bei entdeckten Schwachpunkten erarbeitet. Dies könnte z.B. bedeuten, dass dem Geschäftsführer deutlich wird, dass er besser im Austausch mit anderen Personen auf Lösungen kommt als wenn er alleine Probleme angeht. Diese Erfahrung hätte in Zukunft die Folge, dass er zur Problembewältigung häufiger das Gespräch mit Kollegen suchen würde.

4.4.5 Selbstreflexionskompetenz oder –fähigkeit?

Stellt sich zum Abschluss die Frage, ob Selbstreflexion eine Kompetenz oder Fähigkeit des Menschen ist. Im Gegensatz zu „Fähigkeit" ist „Kompetenz" ein Begriff, der in der Psychologie im Sinne veränderbarer, situationsspezifischer Verhaltensmuster zur erfolgreichen Bewältigung von Aufgaben oder Situationen definiert wird.

> „Unter einer Fähigkeit versteht man im allgemeinen stabile, situationsunabhängige Eigenschaften eines Menschen. Wer die Situationsspezifität betonen möchte, sollte deshalb vorziehen, statt von ...fähigkeiten von ... Kompetenz zu sprechen" (Greif 1996d S.163)

Selbstreflexion wird als veränderbarer, situationsspezifischer Prozess angesehen, der durch spezielle Interventionen wie z.B. Coaching gefördert werden kann (vgl. Rauen 2002a). Somit wird im folgenden von Selbstreflexionskompetenz gesprochen.

4.5 Das systemische Wirkmodell: Vom Problem zur Veränderung

Basierend auf den bisher dargestellten Annahmen, lässt sich folgendes Wirkmodell herleiten.

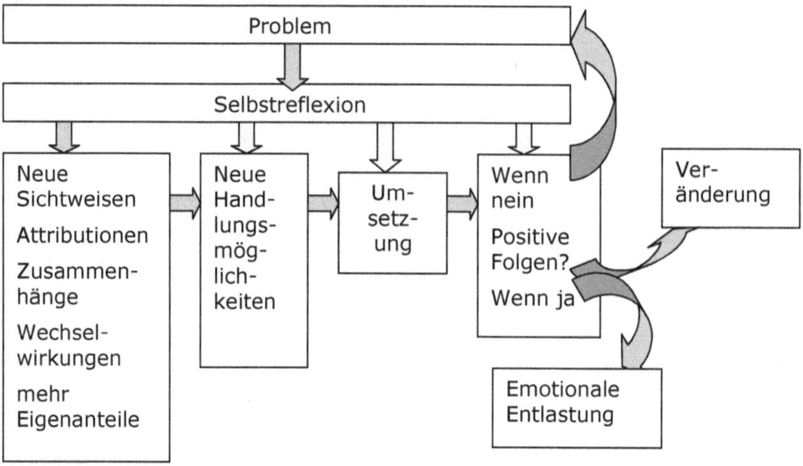

Abb. 11: Das systemische Wirkmodell

Das vom Idealfall ausgehende Wirkmodell ist wie folgt zu verstehen:

Am Anfang steht ein Problem, das eine Person wahrnimmt. Dieser als unangenehm empfundene Problemzustand regt die Selbstreflexion an, da der Wunsch besteht dieses Problem erfolgreich zu bewältigen. Dadurch entstehen neue Sichtweisen. Durch diese neue Problemsicht entstehen neue Handlungsmöglichkeiten, welche durch eine weitere Selbstreflexion bewertet und dann schließlich umgesetzt werden. Während der Umsetzung kann ein weiterer Selbstreflexionsprozess hilfreich sein, wenn es der Person z.B. schwer fällt, neu entwickelte Handlungsmöglichkeiten in die Tat umzusetzen („Was hindert mich an der Umsetzung?"). Nach der Umsetzung folgt die Selbstreflexion der Konsequenzen oder Folgen aus dem eigenen Handeln. Sind die Folgen positiv, tritt Veränderung ein. Durch die positive Erfahrung stabilisiert sich die neue Handlung im System. Die positive Erfahrung der Problembewältigung geht parallel mit einer emotionalen Entlastung einher: negative Affekte werden durch positive Affekte ersetzt - Zufriedenheit stellt sich ein[42]. Treten die erwarteten positiven Konsequenzen nicht ein, beginnt der Problembewältigungsprozess von vorne.

4.5.1 Funktionen des Coaches im Rahmen des systemischen Wirkmodells

Der im Wirkmodell dargestellte, ideale Prozess ist in der praktischen Umsetzung mit Schwierigkeiten verbunden. Mögliche Hürden in diesem Prozess und die damit verbundenen Funktionen des Coaches werden im Folgenden dargestellt:

- Fehlende Zeit für Selbstreflexion: Geschützten Raum zur Selbstreflexion geben

Trotz der positiven Folgen von Selbstreflexion wird dieser Prozess im Alltag häufig unbewusst oder bewusst gemieden, da sie im Allgemeinen als unangenehm empfunden wird. Grund hierfür ist, dass durch das Nachdenken über sich selbst auch nach Erfolgen immer auch negative Empfindungen oder selbstkritische Gedanken aktiviert werden können (vgl. Greif

[42] Zur Rolle der Emotionen, siehe Kapitel 4.4.1.2

2000). Zweite Schwierigkeit ist in der beruflichen Praxis häufig, dass z.B. Führungskräfte sich vor wichtigen Entscheidungen nicht die Zeit zur Selbstreflexion nehmen. Die Reduktion der Informationen auf wichtige Aspekte (Komplexitätsreduktion vgl. Kap. 4.4.1.3) hat im alltäglichen Verhalten viele Vorteile, da man schnell in bestimmten Situationen handeln kann. Allerdings kann diese Komplexitätsreduktion in schwierigeren und neuen Problemsituationen dazu führen, dass schnelle, unbedachte Entscheidungen getroffen werden, die sich am Ende als Fehlentscheidung herausstellen. Folge ist dann meist, dass die Fehlentscheidung für sie nicht mehr nachvollziehbar ist und Schuldige gesucht werden (vgl. Greif u. Kurtz 1999). Um so wichtiger ist es bei komplexen und turbulenten Veränderungssituationen sich Zeit zum Reflektieren zu nehmen. Die erste Funktion des Coaches ist demnach einen zeitlichen Rahmen zu schaffen, in dem Selbstreflexion ohne Ablenkung von anderen Dingen geschehen kann.

- Einseitige Problemsicht: Förderung der Selbstreflexion

Desweiteren liegt die Funktion des Coaches nach Greif (in Vorber.) im Vergleich zu anderen Beratungsprozessen darin, die gecoachten Personen zu intensiveren, differenzierteren und systematischeren Reflexionen zu aktivieren. Dieser Prozess wird durch bestimmte Methoden, wie z.B. systemisches Fragen, Symbolarbeit oder Visualisierungstechniken und konstruktives Feedback angeregt[43]. Diese Interventionen ermöglichen dem Coachee, eine differenziertere Sichtweise über sein Thema zu gewinnen. Der Coachee wird in einen assoziativen Zustand gebracht, in dem er die Komplexität seines Themas erschließen

[43] zu Coachingmethoden siehe v.Schlippe u. Schweitzer (1996), König u. Volmer (2002), Radatz (2000)

kann. Es werden mehr Wechselwirkungen, mehr Einflussfaktoren und Zusammenhänge erkannt. Seiler (1973) spricht in diesem Fall von Differenziertheit als ein wichtiges Konstrukt zur Erfassung von Komplexität beim Problemlösen (vgl. Kap. 4.4.3). Ohne einem gewissen Grad an Differenziertheit eröffnen sich keine neuen Spielräume für alternative Handlungsmöglichkeiten. Coaching hat die Funktion durch Förderung der Selbstreflexionsprozesse die Differenziertheit der Coachees zu fördern, um die Entwicklung neuer Handlungsspielräume sowie ihre erfolgreiche Umsetzung zu ermöglichen.

- Grübeln versus unüberlegtes Handeln – Ausgleich zwischen Selbstreflexion und Handeln

Dritte wichtige Funktion des Coaches ist die Unterstützung des Coachees von der Selbstreflexion ins konkrete Handeln zu kommen. Es gibt unterschiedliche Persönlichkeiten, die sich in der Art ihres Problemumgangs unterscheiden. Aufgabe des Coachs ist es, lageorientierte Personen, die sehr viel reflektieren und vor lauter Komplexität das pragmatische Handeln aus dem Auge verlieren[44] ins Handeln zu bringen – sozusagen die Selbstreflexion zu stoppen und sie anzuleiten, konkrete Handlungsschritte zu erarbeiten. Bei Personen, die sehr spontan und handlungsorientiert sind, was insbesondere bei Managern zu beobachten ist (vgl. Greif u. Kurtz 1999), ist es Aufgabe des Coachs, diese in ihrem Handlungsdrang zu stoppen und zur Selbstreflexion zu animieren. Funktion des Coachings ist es handlungs- und lageorientierte Phasen so

[44] Kuhl unterscheidet in seiner PSI-Theorie Handlungs- versus Lageorientierung (vgl. Kap. 4.4.1.2)

auszugleichen, dass sie zu einem effektiven Problembewältigungsprozess führen.

- Ideen werden im Alltag nicht umgesetzt – Nachhaltigkeit durch Umsetzungsvereinbarungen

Vierte wichtige Funktion des Coaches ist die Unterstützung des Coachees in der Umsetzung der erarbeiteten Handlungsmöglichkeiten. Die Lösung zu kennen führt nicht automatisch dazu, dass sie umgesetzt wird. Häufig führt der Alltagsstress oder der fehlende Mut dazu, die Problemlösung aktiv anzugehen. Der Coach schafft eine soziale Verpflichtung beim Coachee: Konkrete Umsetzungsvereinbarungen zwischen Coachee und Coach sowie das Nachhaken des Coaches, ob die Vereinbarung eingehalten wurde, schaffen Verbindlichkeit und Motivation beim Coachee, die sich vorgenommenen Aufgaben auch umzusetzen. Dadurch wird die nachhaltige Selbstveränderung (vgl. Greif in Vorber.) unterstützt.

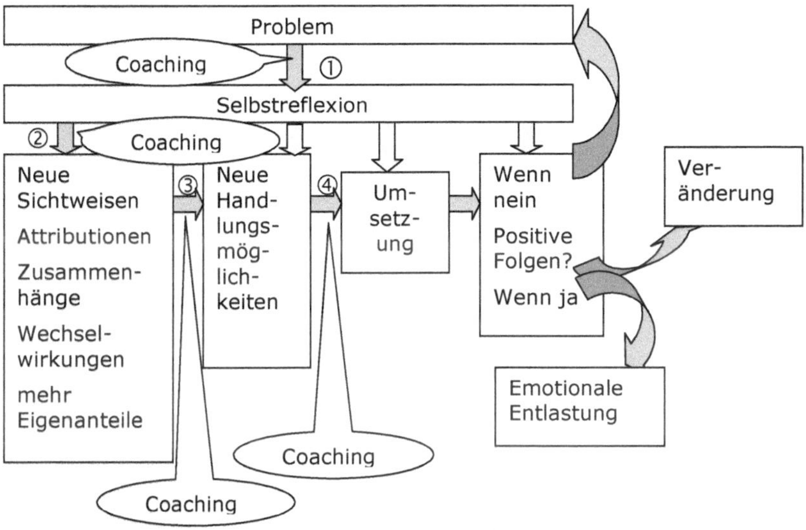

Abb. 12: Die vier Coachfunktionen im systemischen Wirkmodell

Die vier Coachfunktionen sind zusammengefasst:

① Geschützten Rahmen zur Selbstreflexion bieten

② Aktivierung der Selbstreflexion durch reflexionsfördernde Methoden

③ Ausgleich zwischen lage- und handlungsorientierten Phasen schaffen

④ Unterstützung in der Umsetzung durch Vereinbarungen und Nachhalten

Kapitel 5

Die Evaluationsstudie – Forschungsfragen, Hypothesen, Methoden und Design

„Die Welt ist für uns stets eine Antwort, die von der Frage abhängt, die wir an sie stellen."

(Stanislaw Brzozowski)

5. Die Evaluationsstudie – Forschungsfragen, Hypothesen, Methoden und Design

5.1 Allgemeines

Wie schon in Kapitel 3.6 erwähnt verfolgt diese Studie drei Ziele:

- Wirksamkeitsprüfung eines Coaching-Programms basierend auf den Merkmalen der Ergebnisqualität von Heß u. Roth (2001) und dem in dieser Arbeit entwickelten systemischen Wirkmodells
- Überprüfung der Coachfunktionen auf der Grundlage des systemischen Wirkmodells
- Die damit einhergehende Entwicklung und Erprobung von Instrumenten zur Messung des Coachingerfolgs.

Dieser Arbeit liegt, wie im vorherigen Kapitel erläutert, der systemische Ansatz von Kriz (1997) als theoretisches Gebäude zugrunde (vgl. Kap. 4.1). Es wird angenommen, dass die Coachingprozesse und letztendlich der -erfolg mit Hilfe der systemischen Theorie analysiert werden können. In der systemischen Theorie werden die Komplexität von Situationen, die subjektiven Deutungen von Systemmitgliedern, vorherrschende Strukturen und subjektive Wirklichkeiten in Interaktionen als Basis menschlichen Handelns gesehen.

Es sei darauf hingewiesen, dass diese Studie der Beginn eines Forschungsprogramms im Bereich Coaching ist. Wie schon in

Kapitel 1.2 erwähnt, wird ein noch recht unerforschtes Gebiet wissenschaftlich erschlossen. Diese Studie hat somit einen Pilotcharakter und dient der Überprüfung von Hypothesen sowie der Exploration neuer Hypothesen für weitere Untersuchungen. Des weiteren dient sie dazu, die neu entwickelten Instrumente kritisch hinsichtlich ihrer Messtauglichkeit zu überprüfen.

Diese Evaluationsstudie enthält qualitative und quantitative Anteile: Die Veränderungen durch Coaching z.B. hinsichtlich der Sichtweisen einer Problemstellung werden mit Hilfe eines Interviews (P-S-I, vgl. 5.4.1) sowie der emotionalen Befindlichkeit (BEF-3, vgl. Kap. 5.4.2) erhoben und quantitativ ausgewertet. Diese quantitative Auswertung ermöglicht es, die verschiedenen Untersuchungsgruppen statistisch zu vergleichen und mögliche Treatmenteffekte darzustellen. Des weiteren wird in dieser Studie auch ein quantitativer, validierter Fragebogen eingesetzt, der der ergänzenden explorativen Datengenerierung dient (vgl. Kap. 5.5.2.2). Mit Hilfe eines halbstrukturierten Abschlussinterview (vgl. Kap. 5.4.3), welches in Form einer Inhaltsanalyse qualitativ ausgewertet wird, werden Faktoren, die den Coachingerfolg beeinflussen oder repräsentieren, erhoben, in den vorhandenen Kontext eingebettet und verbunden mit den quantitativen Ergebnissen interpretiert.

Im folgenden werden die Forschungsfragen der Evaluation mit ihren Vorannahmen theoretisch hergeleitet und ihre Operationalisierung vorgestellt. In einem weiteren Schritt wird das Untersuchungsdesign (Vergleichs-Gruppen-Design) dargestellt.

5.2 Herleitung der Hypothesen

5.2.1 Überprüfung der Coachfunktionen auf der Grundlage des systemischen Wirkmodells

Um der Frage nach den Funktionen des Coaches im Coaching nachgehen zu können, liegt es nahe die entscheidende Variable „Coach" zu variieren. Dadurch kann untersucht werden, welchen Einfluss der Wegfall des Coaches auf die Ergebnisse, demnach auf die Wirksamkeit hat. Als Vergleich zu einem Coaching mit Coach (Einzel-Coaching - EC) bietet sich demnach ein angeleitetes Selbst-Coaching ohne Coach (ASC) an.

Ein angeleitetes Selbstcoaching (ASC) ist eine Variante von Coaching, bei der der Berater dem Beratenen individuell auf sein Thema zugeschnittene Coachingunterlagen zur Verfügung stellt und ihn lediglich bei der zeitlichen Umsetzung der vereinbarten Sitzungen Unterstützung bietet. Die inhaltliche Gestaltung der Sitzungen liegt ausschließlich beim Beratenen.

5.2.1.1 Die Funktionen des Coachs im Coaching

Das Coaching greift an vier verschiedenen Stellen in den Coachingprozess ein (vgl. Kap. 4.5.1) ein:

- ***Geschützten Rahmen zur Selbstreflexion bieten***
  Zwischen Coachee und Coach werden in der Regel konkrete Termine vereinbart, an denen die Coachingsitzungen stattfinden. Die Terminvereinbarung schafft eine gewisse Verbindlichkeit, die den Coachee darin unterstützt, sich Zeit und Raum zur Selbstreflexion zu nehmen. Es wird davon ausgegangen, dass ein Termin mit

einem Coach in der Regel eher eingehalten wird als ein Termin, den man sich selbst gesteckt hat. Die Verbindlichkeit dem Coach gegenüber erscheint höher als die zu sich selbst. Zum anderen wird man in der Sitzung selbst nicht vom Tagesgeschäft abgelenkt. Führt man die Sitzungen ohne Coach in Form eines ASC durch, so ist Selbstdisziplin stark gefordert, um sich einerseits nicht ablenken zu lassen (Telefon,...), andererseits die Sitzungsdauer effektiv auszunutzen sowie strukturiert und zielorientiert zu arbeiten.

- ***Aktivierung der Selbstreflexion durch reflexionsfördernde Methoden***

  Eine Funktion des Coaches ist es, durch verhaltensnahes Feedback und reflexionsfördernde Methoden (wie z.B. systemisches Fragen, Symbolarbeit oder Systemvisualisierung) die Entwicklung neuer Sichtweisen beim Coachee zu fördern. Ohne Berater (ASC) findet kein anregender Dialog statt, neutrales Feedback durch einen Coach fehlt. Zwar kann der Coachee auch ohne Berater mit Hilfe von Literatur oder Leittexten[45] mit Reflexionsfragen in Form eines ASCs an seinem Thema arbeiten. Es fehlt aber das Gegenüber, das Rückmeldung und Anregungen aus einer anderen Perspektive bietet. Daher ist davon auszugehen, dass in einem EC mehr neue Sichtweisen entwickelt werden als in einem ASC.

[45] „Leittexte dienen zur praktischen Handlungsanleitung" (Greif 1996a, S. 262). Sie sind kurz (max. 3 Seiten) und beschreiben Arbeitsschritte und Regeln für bestimmte Aufgaben (z.B. Zielformulierung im Coaching).

- ***Ausgleich von handlungs- und lageorientierten Phasen***

  Selbstreflexion (Phase der Lageorientierung) und Handeln (Handlungsorientierung) sind Prozesse, die aufgrund der begrenzten Kapazitäten des Aufmerksamkeitssystems kaum gleichzeitig ablaufen können. Funktion des Coaches ist es, darauf zu achten, dass sich beide Prozesse ausgleichen. Ohne Coach könnte es passieren, dass Personen, bei denen Handlungs- oder Lageorientierung mehr ausgeprägt sind, zu einseitig in der Problembearbeitung sind: entweder kommt die lageorientierte oder die handlungsorientierte Phase zu kurz. Bei eher lageorientierten Personen würde das bedeuten, dass sie aus dem Reflektieren nicht ins konkrete Handeln kommen – also keine Lösungen entwickeln und umsetzen, wohingegen die eher handlungsorientierten aufgrund weniger Selbstreflexionsphasen wichtige Aspekte übersehen und weniger zufrieden mit ihren Handlungen sind.

- ***Unterstützung in der Umsetzung durch Vereinbarungen und Nachhalten***

  Die vierte Funktion des Coaches liegt darin, den Coachee darin zu unterstützen, dass er seine entwickelten Handlungsmöglichkeiten auch in der Praxis umsetzt. Durch Umsetzungsvereinbarungen, regelmäßiges Nachfragen des Coachs sowie die Selbstreflexion in Bezug auf das umgesetzte Verhalten wird der Praxistransfer unterstützt. Durch die Verbindlichkeit wird die Motivation des Coachees gefördert, seine Vorhaben auch wirklich umzusetzen. Ohne Coach fehlt diese Kontrolle, so dass Vereinbarungen mit sich selbst z.B. aufgrund von Bequemlichkeit oder fehlendem Mut schnell wieder ins Hintertreffen geraten.

5.2.2 Die Wirksamkeitsprüfung

Die Wirksamkeitsprüfung hat zum Ziel, Effekten der Treatments (EC, ASC) zu überprüfen. Im Rahmen dieser Prüfung steht die Ergebnisqualität im Vordergrund (vgl. Kapitel 3.3.3). Basierend auf dem systemischen Wirkmodell werden die Qualitätskriterien bezogen auf das Ergebnis von Heß und Roth (2001) für diese Arbeit wie folgt definiert, ergänzt und angepasst:

- *Zunahme an Bewusstheit und Verantwortung sowie Einstellungsänderung*

  Diese Kriterien werden bezogen auf das systemische Wirkmodell mit der Entwicklung neuer Sichtweisen gleichgesetzt. Bewusstheit und Einstellungsänderung sind eng verbunden mit der Veränderung der Attributionen und dem Erkennen von Wechselwirkungen. Der Punkt Verantwortung findet sich wieder in dem Erkennen von Eigenanteilen und Kontrolle (vgl. Kap. 3.3.3).

- *Erweiterung und Flexibilisierung des Handlungsrepertoires*

  Erweiterung und Flexibilisierung ist zu ergänzen hinsichtlich der eingeschätzten Folgen der Handlungen. Ein Coaching zeichnet sich dadurch aus, dass sich nicht nur neue, sondern auch erfolgsversprechendere Handlungsmöglichkeiten (positive Folgen) entwickeln.

- *Emotionale Entlastung*

  Ziel im Coaching ist die emotionale Entlastung des Coachees. Das Thema wird bestenfalls als weniger belastend erlebt als vor dem Coaching.

- *Zielerreichung*
  Die Zielerreichung bezieht sich auf die konkreten Ziele, die am Anfang des Coachings zwischen Coach und Coachee vereinbart wurden. Durch das Coaching sollte eine hohe Zielerreichung ermöglicht werden.
- *Zufriedenheit*
  Hierunter ist die Zufriedenheit des Coachees bezogen auf den Coachingprozess, seine Inhalte und Ergebnisse zu verstehen. Die Zufriedenheit des Coachees ist ein entscheidendes Qualitätskriterium für das Coaching.

Ein weiterer Qualitätsaspekt, der bei vielen Teilnehmern bei Coachings oder Trainings im Vordergrund steht, ist der empfundene praktische Nutzen für den Coachee. (vgl. Böning 2002).

Folgende Kriterien, von denen sich in den folgenden Kapiteln die abhängigen Variablen ableiten lassen, werden somit bezogen auf die Ergebnisqualität im Rahmen der Wirksamkeitsüberprüfung festgelegt:

Kriterien der Ergebnisqualität
Zufriedenheit des Coachees
Zielerreichung
Praktischer Nutzen für den Coachee
Entwicklung neuer Sichtweisen
Entwicklung neuer und erfolgsversprechenderer Handlungsmöglichkeiten
Emotionale Entlastung des Coachees

Abb. 13: Kriterien der Ergebnisqualität

An dieser Stelle werden Kriterien wie Kosten/Nutzen der Maßnahme und die damit verbundene Zufriedenheit des Auftraggebers nicht aufgeführt: im Rahmen dieser Studie werden aufgrund des Aufwands und der schwierigen Erfassung des finanziellen Nutzens von Coaching[46] diese Kriterien nicht berücksichtigt.

Die Forschungsfragen und Hypothesen zur Wirksamkeitsüberprüfung leiten sich somit aus den oben definierten Kriterien ab und werden im folgenden dargestellt.

5.3 Forschungsfragen und Hypothesen

5.3.1 Forschungsfrage 1: Inwieweit unterscheiden sich EC und ASC in der Zufriedenheit, der Zielerreichung und der Einschätzung des praktischen Nutzens aus Sicht der Coachees?

Es wird davon ausgegangen, dass der ASC-Prozess aufgrund der fehlenden bzw. eingeschränkten Coachfunktionen nicht so erfolgreich ist wie das EC. Es ist davon auszugehen, dass die Coachees in einem EC sich in der Bewältigung ihres Problems erfolgreicher einschätzen als Coachees in einem ASC, da sie aufgrund der Nachhaltigkeit im Prozess eher ihre neuen Ideen auch in die Praxis umsetzen. Der praktische Nutzen wird

[46] Generell ist es die Berechnung des finanziellen Nutzens von Personalentwicklungsmaßnahmen sehr schwierig, da die Maßnahmen sich nur mittelbar auf betriebswirtschaftliche Kennzahlen auswirken und somit ein direkter Zusammenhang schwierig zu ermitteln ist (vgl. König u. Volmer 2002).

demnach im EC als höher eingeschätzt. Zum anderen liegt es nahe, dass der Grad der Zielerreichung dadurch bei den EC-Coachees höher ist als bei den ASC-Coachees und sie damit insgesamt zufriedener sind. Desweiteren wird davon ausgegangen, dass das ASC eine hohe Selbstmotivierung und Selbstdisziplin von den Coachees abverlangt, ohne Unterstützung durch einen Coach die Sitzungen effektiv, ohne Ablenkungen durchzuführen und mit sich selbst vereinbarte Vorhaben in der Praxis zielorientiert umzusetzen. Daraus leiten sich folgende Hypothesen bezogen auf die Ergebnisqualitätskriterien „Zufriedenheit", „Zielerreichung" und „Praktischer Nutzen" ab:

- *Hypothese 1:*
  Die EC-Coachees sind insgesamt zufriedener mit dem Coaching als die ASC-Coachees.
- *Hypothese 2:*
  Den Grad der Zielerreichung schätzen die EC-Coachees subjektiv höher ein als die ASC-Coachees.
- *Hypothese 3:*
  Die EC-Coachees schätzen den praktischen Nutzen von EC höher ein als die ASC-Coachees den praktischen Nutzen von ASC.

5.3.2 Forschungsfrage 2: Inwieweit werden durch Coaching neue Sichtweisen hinsichtlich des bearbeiteten Problems entwickelt?

Im Coaching werden individuelle Problemstellungen mit dem Ziel der effektiven Bewältigung bearbeitet. Vor Beginn des Coachings wird systemisch betrachtet die Erklärung für ein bestehendes Problem häufig in der Vergangenheit gesucht (ist somit nicht veränderbar), bei einzelnen Personen (individuelle Schuldzuschreibung) oder die Schuld und Lösungsmacht wird einer außenstehenden dritten Partei zugeschrieben. Die gefundene Ursache ist zwar nachvollziehbar, hilft aber nicht dabei, einen Ausweg aus diesem Problem zu finden. Grund hierfür ist, dass die subjektiven Deutungen in der Regel externale Attributionen (vgl. Kap. 4.1.3.1) widerspiegeln, die dazu führen, dass man weniger Handlungsmöglichkeiten sieht und weniger Kontrolle über das Problem erlebt. In dieser Phase finden Denkprozesse statt, allerdings in einer weniger konstruktiven, veränderungsfördernden Form als bei der Selbstreflexion. Es kann sogar zu einer noch lähmenderen Problemsicht kommen als vorher. Hilflosigkeit und mangelnde Kontrollüberzeugung sind mögliche Folgen (vgl. Försterling 1986): Es entsteht eine Art Teufelskreis. Durch die bestehenden Sichtweisen wird das Problem nicht gelöst. Häufig wird das eigene Verhalten nicht geändert, sondern eher verstärkt, da die Ursache woanders gesehen wird (vgl. Kap. 4.2). Die bestehenden Sichtweisen werden eher verstärkt als verändert.

Was macht im Gegensatz hierzu veränderungsfördernde Selbstreflexion aus?

Ein Selbstreflexionsprozess ist dann effektiv, wenn sich neue Sichtweisen bzw. Wirklichkeitskonstruktionen (vgl. v. Schlippe u. Schweitzer 1996) entwickeln.

Wenn nun nach dem systemischen Wirkmodell angenommen wird, das EC die Selbstreflexion fördert, so müsste ein erfolgreiches EC die Entwicklung neuer Sichtweisen zur Folge haben:

Die zweite Forschungsfrage lautet demnach:

Inwieweit werden durch Coaching neue Sichtweisen hinsichtlich des bearbeiteten Problems entwickelt?

Basierend auf dem systemischen Wirkmodell wird vermutet, dass die Entwicklung neuer Sichtweisen mit der Veränderung der Attributionen gleichzusetzen ist (vgl. Kap. 4.4.2)

Attributionen lassen sich qualitativ nach folgenden drei Dimensionen unterscheiden (vgl. Försterling 1986)[47]:

- Internal versus external
  Attributionsforscher (z.B. Heider 1977) unterscheiden zwischen Ursachenfaktoren, die in der Person liegen (internale Attribution) und solchen, die in der Umwelt liegen (externale Attribution). Bei der Darstellung des systemischen Ansatzes von Kriz ist deutlich geworden, dass es drei Faktoren gibt, die das Geschehen in einem System steuern: die eigene Person, andere Personen oder Gruppen sowie das Umfeld (Rahmenbedingungen wie

47 Die vierte Unterscheidungsdefinition „global versus spezifisch" wurde aus systemischer Sicht betrachtet als für dieser Arbeit weniger relevant eingeschätzt und somit nicht berücksichtigt.

Marktsituation, Regeln, Strukturen, personelle oder finanzielle Ressourcen...). Deswegen erscheint es sinnvoll externale Attributionen nochmals nach Personen/Gruppen und Umfeld zu unterteilen.

- Stabil versus situationsabhängig
  Nach Weiner (1979) lassen sich Attributionen zusätzlich darin unterscheiden, ob sie über die Zeit als unveränderlich oder veränderbar eingeschätzt werden: d.h. entweder ist die Ursache stabil (z.B. stabile Eigenschaften werden einer Person zugeschrieben) oder von der Situation (ein Verhalten wird nur bestimmten Situationen zugeschrieben) abhängig.
- Kontrollierbar versus unkontrollierbar
  Des weiteren ist nach Rosenbaum (1972) das Kontrollerleben ein entscheidendes Attributionsmerkmal: bestimmte Ursachen werden als von der eigenen Person als beeinflussbar eingeschätzt, andere werden als nicht beeinflussbar angesehen.

Es wird angenommen, dass sich die Attributionen durch Coaching in diesen drei Dimensionen verändern (vgl. Kap. 4.4.2).

Aus systemischer Sicht stellt sich die Problemwahrnehmung vor dem Coaching wie folgt dar (vgl. Kap. 4.2):

- Die subjektiven Deutungen spiegeln in der Regel externale Attributionen wider,
- Die Ursachen werden als eher stabil aufgrund der gebildeten stabilen Problemmuster eingeschätzt. Es werden nur noch die Aspekte wahrgenommen, die das

Problem unterstützen. Situationsbedingte Unterschiede werden nicht gezielt wahrgenommen.

- Die externale Sichtweise führt dazu, dass man weniger Handlungsmöglichkeiten sieht und somit weniger Kontrolle über das Problem erlebt.

Durch gezielte Selbstreflexion im Coaching wird davon ausgegangen, dass sich die Attributionen wie folgt ändern:

- *Hypothese 4:*
  Im EC nimmt der Anteil der wahrgenommenen internalen Attributionen über die Zeit mehr zu als im ASC und in der KG[48]*, d.h. es werden mehr Eigenanteile am Problem erkannt.*
- *Hypothese 5:*
  Im EC nimmt bei den Coachees der Anteil der wahrgenommenen Wechselwirkungen über die Zeit mehr zu als im ASC und in der KG. Ursachen werden nicht nur internal oder external zugeordnet, sondern es werden mehr Wechselwirkungen wahrgenommen (internal und external).
- *Hypothese 6:*
  Im EC nimmt der Anteil der wahrgenommenen situationsabhängigen Ursachen über die Zeit mehr zu als im ASC und in der KG, d.h. die Ursachen werden weniger als stabil, sondern mehr als von der Situation abhängig wahrgenommen.

[48] KG = Kontrollgruppe, siehe Kapitel 5.5.2.5 und 5.5.3

- *Hypothese 7:*
  Im EC nimmt der Anteil wahrgenommener Kontrolle bezogen auf die Ursachen über die Zeit mehr zu als im ASC und in der KG.

Beispiel: Problem: Ich habe keine Zeit, die eigentlich wichtigen Aufgaben zu erledigen. Wahrgenommene Problemursachen vor dem Coaching: Die Kollegen stören mich ständig		
Attributionsdimensionen	**Vor dem Coaching**	**Nach dem Coaching**
External /internal	Die Ursache wird ausschließlich den Kollegen, also external zugeschrieben. „Das liegt an den Kollegen, weil sie zu wenig über die anstehenden Aufgaben wissen."	Die Ursache wird den Kollegen als auch der eigenen Person zugeschrieben. Es wird im Gegensatz zu vorher ein Eigenanteil sowie eine damit einhergehende Wechselwirkung erkannt. „Das liegt an den Kollegen, weil sie zu wenig über die anstehenden Aufgaben wissen. Es liegt aber auch an mir, weil ich ihnen nicht die nötigen Informationen zur Verfügung stelle, die sie benötigen."

Attributionsdimensionen	**Vor dem Coaching**	**Nach dem Coaching**
Stabil/situationsabhängig	Das Verhalten der Kollegen wird mittlerweile als stabil eingestuft. „Das ist ständig so".	Das Verhalten der Kollegen wird nun als variabel eingestuft. „Die Kollegen stören eigentlich nur dann, wenn es um Produktionsfragen geht, bei Logistikfragen brauchen sie meine Hilfe nicht".
Kontrollierbar/unkontrollierbar	Es wird kein Einfluss wahrgenommen. „Ich kann da nichts machen – was soll ich nur tun?".	Es wird Kontrolle erlebt. „Ich kann etwas tun: Ich kann den Kollegen die Informationen geben, die sie brauchen."

Tab. 4: Attributionen vor und nach dem Coaching

Wie schon in Kapitel 4.4.2 dargestellt, sollte Ziel der Selbstreflexion sein, dass die Coachees eine differenziertere, komplexere Sicht über ihr Thema bekommen, um daraus neue Handlungsmöglichkeiten entwickeln zu können. Mehr Differenziertheit würde bedeuten, dass die Anzahl der wahrgenommenen Aspekte bezogen auf das Thema durch Coaching zunehmen. Der Coachee nimmt mehr mögliche Ursachen wahr, entwickelt mehr Handlungsmöglichkeiten und erkennt auch mehr Konsequenzen aus seinem Verhalten: die Komplexität nimmt zu.

Nach diesem Erklärungsansatz wird angenommen, dass die Anzahl der genannten Aspekte, die für den Coachee aus seiner subjektiven Sicht die Situation erklären durch das EC zunimmt. Der Grad der Differenziertheit bzw. die Wahrnehmung von Komplexität nimmt zu.

- *Hypothese 8:*
  Die Anzahl der wahrgenommenen Aspekte bezogen auf das Coachingthema nimmt im EC über die Zeit mehr zu als im ASC und in der KG.

5.3.3 Forschungsfrage 3: Inwieweit werden durch Coaching erfolgsversprechendere Handlungsmöglichkeiten bezogen auf das Problem entwickelt?

Nach dem dargestellten Wirkmodell führen veränderte Sichtweisen (siehe Forschungsfrage 2) zur Entwicklung neuer, erfolgreicherer Handlungsmöglichkeiten in bezug auf das Coachingthema. Durch einen effektiven Selbstreflexionsprozess entstehen neue Ideen, die als erfolgreicher und positiver erlebt werden als die Handlungen vor dem EC.

Mit Problemsituationen kann unterschiedlich umgegangen werden. In der Konfliktforschung unterscheidet man fünf verschiedene Handlungskategorien wie man mit Konflikten umgehen kann. Grundlage hierfür ist das Kategoriensystem von Regnet (1992) zur Klassifizierung von Konfliktbewältigungsmaßnahmen in Organisationen sowie die

Konfliktstile von Berkel (1999). Folgende Kategorien wurden herausgearbeitet:

- Rückzug, Flucht

  Vermeidung, gar nichts tun, Konflikte unter den Teppich kehren (vgl. Berkel 1999)

- Kompromiss

  Jeder rückt von seinen Maximalanforderungen ab (vgl. Berkel 1999)

- (Gemeinsame) Problemlösung

  Kreative Zusammenarbeit, trotz Widerständen und Rückschlägen eine beiderseits optimale Lösung finden wollen (vgl. Berkel 1999)

- Nachgeben

  Sich unterwerfen, auf eigene Ziele verzichten, Meinungsverschiedenheiten nicht hochspielen, glätten, harmonisieren (vgl. Berkel 1999)

- Machtstrategie

  Durchsetzen, erzwingen, entweder ich oder du, Drohung und Macht einsetzen, die Pokerstrategie verwirklichen (vgl. Berkel 1999)

Dieses Kategoriensystem erscheint auch als Vorlage für Problembewältigungshandlungen im allgemeinen als geeignet, da Konflikte eine typische Problemart darstellen. Unter der Kategorie „gemeinsame Problemlösung" wird allerdings im Rahmen dieser Arbeit auch die Problemlösung ohne konkrete Beteiligung anderer verstanden, da es Handlungen geben kann, die nicht direkt mit anderen Beteiligten zu tun haben (z.B. bei Themen wie Stress oder Zeitmanagement die Handlung „emails mit Outlook verwalten"...).

Alle Handlungen, die nicht der Kategorie „(gemeinsame) Problemlösung" zugeordnet werden, sind in der Regel eher Maßnahmen, die als weniger erfolgreich in ihren Konsequenzen eingeschätzt werden. Alle führen dazu, dass das vorherrschende Problem vorerst bewältigt wird, allerdings nicht im Interesse aller Beteiligten. Im Sinne der Konflikttheorie führen Rückzug/Flucht und Nachgeben dazu, dass der Handelnde selbst mit seinen Interessen zu kurz kommt. Machtstrategie führt dazu, dass zwar der Handelnde seine Interessen durchsetzt, nicht aber die Interessen anderer Beteiligter berücksichtigt. Der Kompromiss hingegen ist wie der Name schon sagt auf dem Weg der gemeinsamen Problemlösung, kann aber noch nicht als optimaler Interessensausgleich gesehen werden (es werden negative Konsequenzen auf beiden Seiten mitgetragen) (vgl. Berkel 1999).

- *Hypothese 9:*
  Im EC werden mehr problemlösungsorientierte Handlungen über die Zeit entwickelt als im ASC und in der KG.

Ein weiterer Ansatz wird in der Bewertung der damit verbundenen Konsequenzen gesehen. Jede Handlung hat Konsequenzen zur Folge, die als positiv, negativ oder eher neutral eingeschätzt werden können. Aus systemischer Sicht macht es Sinn die Bewertung der Konsequenzen aus drei verschiedenen Blickwinkeln zu bewerten: aus Sicht des Coachees, aus Sicht der direkt Beteiligten (z.B. Mitarbeiter) und aus Sicht des Unternehmens als Gesamtsystem. Eine Handlung ist demnach dann erfolgreich, wenn sie dem ganzen System - Coachee, Beteiligte und Unternehmen nützt und nicht nur einem einzelnen.

- *Hypothese 10:*
  Im EC werden mehr positive Konsequenzen bezogen auf alle Blickwinkel (Coachee, Beteiligte, Unternehmen) in Relation zur Gesamtanzahl der wahrgenommenen Konsequenzen über die Zeit geäußert als im ASC und in der KG.

Ein weiterer Indikator für die Entwicklung erfolgsversprechenderer Handlungsmöglichkeiten ist die subjektive Einschätzung des Coachees, wie erfolgreich er sich im Umgang mit seinem Thema vor und nach dem Coaching sieht.

- *Hypothese 11:*
  Im EC schätzt der Coachee sich über die Zeit selbst erfolgreicher im Umgang mit seinem Thema ein als im ASC und in der KG.

5.3.4 Forschungsfrage 4: Inwieweit führt Coaching zu einer emotionalen Entlastung des Coachees bezogen auf sein Coachingthema?

Durch die Bearbeitung des Coachingthemas ist ein Ziel die emotionale Entlastung des Coachees (vgl. Kap. 5.2.2). Zu Beginn eines Coachingprozesses ist häufig das zu bearbeitende Thema mit negativen Affekten besetzt, was als belastend empfunden wird. Ein Veränderungsdruck entsteht. Durch das Coaching wird ein anderer, weniger belastender Umgang mit dem Thema möglich. Negative Affekte werden durch neue Lösungsmöglichkeiten von positiven Emotionen abgelöst. Das

Thema wird als weniger belastend erlebt als vor dem Coaching (vgl. Kap. 4.5).

- *Hypothese 12:*
  Im EC fühlt sich der Coachee im Vergleich zu ASC und KG über die Zeit emotional mehr entlastet als im ASC und in der KG.

5.3.5 Fazit

Aus den Hypothesen ergeben sich somit folgende abhängige Variablen für diese Untersuchung:

- **Forschungsfrage 1**
  - Zufriedenheit
  - Zielerreichung
  - Praktischer Nutzen
- **Forschungsfrage 2 - Entwicklung neuer Sichtweisen:**
  - Anzahl internaler Attributionen / wahrgenommener Eigenanteile
  - Anzahl der wahrgenommenen Wechselwirkungen
  - Anzahl der wahrgenommenen Situationsunterschiede
  - Anzahl der Ursachen mit wahrgenommenen Kontrollerleben
  - Anzahl der wahrgenommenen Aspekte
    (Anzahl der beschriebenen Karten im P-S-I)

- **Forschungsfrage 3 - Entwicklung neuer, erfolgsversprechenderer Handlungsmöglichkeiten**
  - Anzahl wahrgenommener Problemlösungen
  - Anzahl wahrgenommener positiver Konsequenzen
  - Einschätzung des erfolgreichen Umgangs mit dem Thema
- **Forschungsfrage 4 - Emotionale Entlastung**
  - Emotionale Entlastung (BEF-3)

5.4 Methode und Operationalisierungen – die Evaluationsinstrumente

Um die abhängigen Variablen messen zu können, wurden folgende Erhebungsinstrumente zur Evaluation eingesetzt:

5.4.1 Das Problem-Struktur-Interview (P-S-I)

Das Problem-Struktur-Interview wurde im Rahmen dieser Arbeit entwickelt. Es dient dazu, die subjektiven Sichtweisen des Coachees hinsichtlich seines Coachingthemas transparent zu machen. Als Grundlage dieses Interviews dient die Erforschung subjektiver Theorien, die folgendes Menschenbild voraussetzt: Die Kernannahme ist, dass „Menschen nicht als mechanistisch reagierend und durch Umweltreize determiniert" verstanden werden, sondern als „potentiell autonom, aktiv konstruierend und reflexiv" (Groeben et al. 1988, S.13). Dieses Menschenbild entspricht dem des systemischen Ansatzes, wie er in Kapitel 4 schon erläutert wurde. Der Mensch nimmt sein Umfeld wahr und gibt durch den Prozess der Komplettierungsdynamik z.B. bestimmten Situationen bestimmte subjektive Deutungen. Hier findet sich auch die

Attributionstheorie wieder, die davon ausgeht, dass der Mensch subjektive Annahmen über die Ursache bestimmter Situationen entwickelt (vgl. auch Kelley 1971).

5.4.1.1 Der Begriff „Subjektive Theorie"

König definiert den Begriff subjektive Theorie als „komplexes Aggregat von Kognitionen der Selbst- und Weltsicht, das die Funktion der Erklärung, Prognose und Technologie erfüllt" (König 1995, S. 13). Was mit dem „komplexen Aggregat von Kognitionen gemeint ist, lässt sich nach König u. Volmer (2000, S. 140ff.) mit Hilfe der Inhalte subjektiver Theorien definieren.

Inhalte subjektiver Theorien	**Beispiel**
Subjektive Konstrukte Begriffe, die für die Darstellung eines Gegenstandsbereichs aus Sicht der Person relevant sind	Für einen Vorgesetzten sind wichtige Konstrukte bezogen auf sein Team „gemeinsames Ziel" oder „Zusammenarbeit"
Subjektive Diagnosehypothesen Es handelt sich hierbei um Beschreibungen und Bewertungen	„Es besteht keine Aufstiegsmöglichkeit in unserer Firma" (Beschreibung) „Die Vorgesetzten kümmern sich zu wenig um ihre Mitarbeiter." (Bewertung)
Subjektive Erklärungshypothesen (Wenn - dann, weil - deshalb, um - zu)	„Wenn man Mitarbeitern mehr Geld gibt, arbeiten sie besser." „Weil der Vorgesetzte keine Orientierung gegeben hat, ist die Fluktuation in der Abteilung so hoch."

Inhalte subjektiver Theorien	**Beispiel**
Subjektive Strategien subjektive Annahmen über geeignete Mittel zur Erreichung von Zielen.	„Ich kümmere mich mehr um meine Mitarbeiter, um ihre Zufriedenheit zu erhöhen.
Subjektive Ziele die Ziele, die für die Person wichtig sind.	„Mir ist wichtig, dass die Abteilung besser zusammenarbeitet."

Tab. 5: Inhalte subjektiver Theorien

Experten (Scheele u. Groeben 1988, Krause u. Dann 1986, König 1995) teilen die Auffassung, dass „das Konstrukt „subjektive Theorien" relativ überdauernde - wenn auch veränderbare - mentale Wissensbestände beinhaltet, denen eine - zumindest implizite - Argumentationsstruktur zuerkannt wird und die daher auch dementsprechend darstellbar ist" (Krause u. Dann 1986, S. 4). Demnach ist davon auszugehen, dass durch intensive Interventionen wie Coaching die Veränderung von subjektiven Theorien und deren Darstellung möglich ist.

5.4.1.2 Die Inhalte subjektiver Theorien und die Verbindung zum systemischen Wirkmodell

Die subjektiven Konstrukte und Diagnosehypothesen stehen in engem Zusammenhang mit den Attributionen, die eine Person in einer Problemsituation vornimmt. Damit sind zum einen die wahrgenommenen Ursachen eines Problems auf beschreibender Ebene sowie die Zuschreibung der Ursachen (internal/external, stabil/variabel, kontrollierbar/unkontrollierbar) auf bewertender Ebene gemeint. Die Erklärungshypothesen spiegeln wahrgenommene Wechselwirkungen und Zusammenhänge zwischen verschiedenen Konstrukten wider. Die subjektiven Strategien und Ziele finden sich indirekt im Ergebnis in den wahrgenommenen Handlungsmöglichkeiten und Konsequenzen wieder.

5.4.1.3 Struktur-Lege-Verfahren als Methode zur Erforschung subjektiver Theorien

Ursprünglich wurden subjektive Theorien mit klassischen Befragungsinstrumenten erhoben (vgl. z.B. Kelley 1971). Diese Art der Erhebung von subjektiven Theorien ist aber nicht geeignet, da „ein Fragebogen mit geschlossenen Fragen...grundsätzlich immer nur die Zustimmung zu von außen vorgegebenen Konstrukten erfassen, wobei nicht als gesichert gilt, dass es sich dabei tatsächlich um Konstrukte handelt, die auch die betreffende Person für die Situation heranziehen würde.“ (König 1995, S. 14).

Besser geeignete Methoden zur Erforschung subjektiver Theorien sind Struktur-Lege-Verfahren. Sie werden definiert als „graphische Verfahren, mit deren Hilfe Schaubilder der subjektiven Theorien erstellt werden“ (Dann 1992, S. 3). Das Verfahren sieht vor, dass Inhalte subjektiver Theorien (z.B. relevante Konstrukte) auf Karten festgehalten werden, um dann mit Hilfe weiterer Karten Relationen zwischen den genannten Konstrukten darzustellen.

Die Struktur-Lege-Technik und der Change Explorer

Zwei Verfahren dienten als Grundlage für das Problem-Struktur-Interview: die Struktur-Lege-Technik (Scheele u. Groeben 1988) und der Change Explorer (Greif et al. 2002). Beide Vorgehen sehen so aus, dass mit Hilfe von

Interviewleitfragen die subjektive Theorie bzw. das subjektive Erklärungsmodell einer Person zu einem bestimmten Thema herausgearbeitet und die genannten Konstrukte, Beschreibungen, Bewertungen und Hypothesen mit Hilfe von Karten visuell dargestellt werden.

5.4.1.4 Kommunikative Validierung und Handlungsvalidierung

Ein wichtiges Validitätskriterium bei diesem qualitativen Verfahren ist die kommunikative Validierung: Darunter wird die „Übereinstimmung zwischen Interviewer und Interviewpartner über die Rekonstruktion der subjektiven Theorie" (König 1995, S. 19) verstanden. Sie wird in der Durchführung dadurch erreicht, dass nach dem Interview Interviewer und Interviewter getrennt voneinander die genannten Konstrukte in eine Struktur bringen und diese in einem zweiten Gespräch diskutieren. Ziel ist es, einen Konsens über die richtige Deutung zu erreichen (Dialog-Konsens-Methode). Diese Art des Vorgehens erfordert eine hohe Kompetenz des Interviewers, um Effekte wie z.B. „soziale Erwünschtheit" auszuschließen.

Zweites Validitätskriterium ist die Handlungsvalidierung: hiermit ist die „Übereinstimmung zwischen subjektiver Theorie und entsprechendem Handeln" (König 1995, S. 20) gemeint. Dies kann z.B. überprüft werden, indem die subjektiven Theorien durch eine Intervention verändert werden und anschließend überprüft wird, ob sich diese Veränderungen auch im Handeln zeigen.

5.4.1.5 Anforderungen und Aufbau des Problem-Struktur-Interview (P-S-I)

Das im Rahmen dieser Arbeit entwickelte Problem-Struktur-Interview basiert wie schon erwähnt u.a. auf der Struktur-Lege-Technik (SLT), ist aber im Vorgehen verändert worden. Die Gründe hierfür liegen insbesondere darin, dass die klassische SLT zeitlich sehr aufwendig ist: Es finden zwei Gespräche zwischen Interviewer und Interviewtem statt, die jeweils bis zu 2 Stunden dauern. Zwischen den Gesprächen müssen beide Gesprächspartner die Strukturen aus ihrer Sicht für das zweite Gespräch vorbereiten. Dies dauert in der Regel weitere 2 Stunden (vgl. Scheele u. Groeben 1988). Außerdem ist die Bedeutung der verschiedenen Karten, mit denen Zusammenhänge zwischen Konstrukten verdeutlicht werden, sehr umfangreich und für Laien ohne besondere Einarbeitung schwierig anzuwenden.

Dieser zeitliche Aufwand wäre den Teilnehmern der Studie nicht zuzumuten gewesen, da Führungskräfte in der Regel zeitlich sehr eingebunden sind. Ziel musste es demnach sein, ein Instrument zu entwickeln, dass von seinem Vorgehen her einfach und in einem zeitlich akzeptablen Rahmen durchzuführen ist, aber in gleicher Weise die Darstellung der subjektiven Theorie bzw. Sichtweisen des Coachees bezogen auf sein Thema ermöglicht. Der Aufbau des in der Praxis erprobten Change Explorers (Greif et al. 2002), diente hier als Vorlage.

Anforderungen an das P-S-I

Folgende Anforderungen soll das Problem-Struktur-Interview (P-S-I) erfüllen:

- Das P-S-I soll die subjektiven Sichtweisen des Coachees hinsichtlich seines individuellen Coachingthemas visuell, anschaulich darstellen.
- Die mit Hilfe der Interviewfragen erhaltenen Aussagen soll in eine formal einheitlich geregelte, übersichtliche und für die Coachees leicht verständliche Strukturdarstellung überführt werden.
- Das P-S-I soll das Erkennen von Veränderungen der subjektiven Sichtweisen nach einer Intervention (hier Coaching) und eine Auswertung dieser ermöglichen.
- Das P-S-I soll trotz der unterschiedlichen individuellen Themen, eine Vergleichsauswertung über Gruppen ermöglichen.
- Durch eine professionelle Interviewdurchführung sollt Beeinflussungen des Coachees ausgeschlossen werden. D.h., dass der Interviewer mit seiner eigenen Meinung zurückhält, keine Diskussionen geführt werden und Aussagen des Teilnehmers nicht in Frage gestellt werden. Ausschließlich Verständnisfragen sind erlaubt.
- Das P-S-I soll Rechtfertigungsverhalten des Coachees vermeiden. Der Interviewer soll deutlich kommunizieren, dass es keine Bewertung des eigenen Verhalten durch den Interviewer oder andere Personen gibt. Außerdem soll der Interviewer so sensibel sein, Anzeichen, die auf eine

Rechtfertigung hindeuten zu erkennen und darauf entsprechend zu reagieren.

- Das P-S-I soll bei ökonomisch vertretbarem Aufwand eine hohe Durchführungsobjektivität aufweisen. Es sollte so standardisiert sein, dass es keine Variationen in der Durchführung des Interviews zulässt.
- Das P-S-I soll den Validitätskriterien „kommunikative Validierung" und „Handlungsvalidierung" gerecht werden.

Der Aufbau des P-S-I

Ziel des P-S-I ist die visuelle Erfassung der subjektiven Sichtweisen des Coachees zum seinem individuellen Coachingthema. Hierbei handelt es sich in der Regel um ein Problem, mit dem sich der Coachee in der beruflichen Praxis auseinandersetzen muss, da er es als Behinderung der Erreichung seiner beruflichen Ziele empfindet. Die Problemsituation erfordert Handlungen vom Coachee. Welche Handlungen er ausführt ist abhängig von seinen Attributionen und den subjektiv erwarteten Konsequenzen.

Es wird angenommen, dass Problemsituationen wie schon häufiger erwähnt mit problembezogenen Attributionen, bestimmten Handlungen und daraus resultierenden Konsequenzen verbunden sind (vgl. systemisches Wirkmodell). Diese Aspekte gilt es durch Coaching zu verändern, um das Problem erfolgreich bewältigen zu können.

Das P-S-I muss somit die Erfassung des Themas, der wahrgenommenen Ursachen (Inhalte) und damit verbundene Attributionen (Bewertungen), der daraus resultierenden Handlungen und Konsequenzen beinhalten sowie Zusammenhänge zwischen diesen einzelnen Aspekten verdeutlichen. Die subjektiven Strategien als ein Aspekt der subjektiven Theorien nach König werden durch die Abfrage der Handlungen erfasst. Auf die Erhebung der subjektiven Ziele wurde verzichtet, da sie nicht Bestandteil einer Hypothese sind. Dadurch wurde das Interview zeitlich noch ökonomischer.

Inspiriert durch die handlungsorientierte Struktur-Lege-Technik „ILKHA"[49] (Krause u. Dann 1986) wurde das P-S-I wie folgt aufgebaut und durchgeführt[50].

- *Erläuterung des P-S-I*

  Am Anfang des Interviews wird der Coachee zur Orientierung über Ziel und Vorgehen im Interview informiert. Der Interviewer macht deutlich, dass es nicht darum geht, die Aussagen des Coachees nach „richtig" oder „falsch" zu bewerten. Nachfragen des Interviewers haben ausschließlich das Ziel alle relevanten Punkte zu erfassen und zu verstehen. Das Interview wird auf Tonband festgehalten, um die Aussagen des Coachees im Nachhinein exakt auswerten zu können. Vor Beginn holt der Interviewer das Einverständnis des Coachees zur Tonbandaufnahme ein.

- *Definition des Coachingthemas*

  Zunächst wird das Coachingthema, zu dem die subjektiven Sichtweisen erfasst werden sollen, eingegrenzt und definiert. Es wird bewusst das Wort Problem durch Thema ersetzt, da der Begriff „Problem" in den Köpfen häufig sehr

[49] Mit Hilfe von ILKHA werden handlungsnah die subjektiven Theorien von Lehrern in aggressiven Unterrichtssituationen erhoben. Es wird zu konkreten Situationen nach Situationsbedingungen (Gründen), Handlungen, Zielen und Handlungsergebnissen gefragt.

[50] Interviewleitfaden siehe Anhang 2.3.3 (CD-Rom)

negativ besetzt ist und zu Widerständen führen kann („Ich habe kein Problem!"). Wichtig ist, dass der Interviewer den Coachee dazu auffordert sein Thema in einem Satz zu formulieren.

Beispiel (I = Interviewer; C = Coachee):

I: Mit welchem Thema möchten Sie sich im Coaching beschäftigen?

C: Ich schaffe nie die Aufgaben, die mir wirklich wichtig sind.

Dieser Satz wird sichtbar für beide Gesprächspartner aufgeschrieben. Sollte der Coachee mehrere Themen ansprechen, wird ein Ranking nach Wichtigkeit für den Coachee aufgestellt. Das wichtigste Thema wird dann im Interview weiterbehandelt.

- *Erfassen der wahrgenommenen Ursachen*

  Im nächsten Schritt wird der Coachee danach gefragt, was aus seiner Sicht die Ursachen für sein Thema sind.

Beispiel:

I: Was sind ihrer Meinung nach die Ursachen dafür, dass sie nie die Aufgaben schaffen, die ihnen wirklich wichtig sind?

C: Eine Ursache dafür ist, dass mein Chef mich ständig stört.

Der Interviewer schreibt jede einzelne Ursache auf eine blaue Karte und kennzeichnet diese in der unteren Kartenecke mit U_1, U_2,...U_n. Das Geschriebene wird mit dem Coachee immer abgestimmt. Wichtig ist, dass der Interviewer die Begriffe benutzt, die der Coachee benutzt hat und nicht sein eigenes Konstruktsystem mit einbringt. Es wird so lange nachgefragt bis dem Coachee keine Ursachen mehr einfallen. Beim wiederholten Nachfragen verdeutlicht der Interviewer, dass er nicht nachfragt, weil er meint, es müsste noch mehr Ursachen geben, sondern dass es ihm lediglich um die Vollständigkeit geht. Dieser Hinweis ist wichtig, damit der Coachee sich nicht beeinflusst fühlt oder sich sozial erwünscht verhält. Verständnisfragen seitens des Interviewers sind erlaubt. Diskussionen sollten strickt vermieden werden.

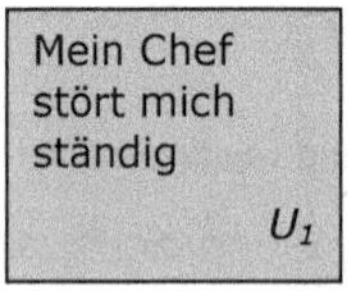

Abb. 14: Beschriftung einer Ursachenkarte (Beispiel)

Die blauen Karten werden auf einem DIN A 3 -Blatt untereinander gelegt.

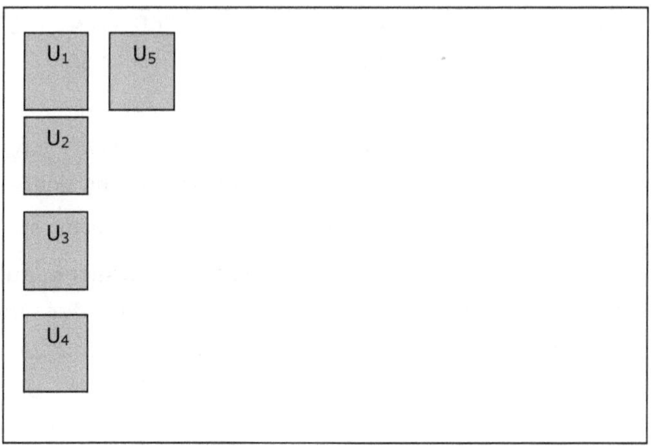

Abb. 15: Legen von Ursachenkarten auf dem DIN A3-Blatt

- *Erfassen der Handlungen*

  Nachdem die Ursachen aus Sicht des Coachees vollständig benannt worden sind, wird nach den konkreten Handlungen gefragt, wie der Coachee mit dem Thema umgeht.

  Beispiel:

  I: Wie gehen Sie konkret mit diesem Thema im Alltag um? Was tun sie?

  C: Ich mache Überstunden.

  Die genannten Handlungen werden in den Worten des Coachees durch den Interviewer auf grüne Karten geschrieben und mit H_1, H_2,...H_n gekennzeichnet. Auch hier gelten wieder die gleichen Hinweise wie beim Erfragen der Ursachen.

Ich mache Überstunden *H_1*

  Abb. 16: Beschriftung einer Handlungskarte (Beispiel)

  Die grünen Karten werden neben die blauen Karten untereinander gelegt. Sie dürfen nur in einer Reihe liegen, da neben den grünen Karten die jeweiligen Konsequenzen im nächsten Schritt daneben gelegt werden. Sollte der Platz auf dem Blatt nicht ausreichen, wird ein zweites Blatt als Ergänzung darunter gelegt.

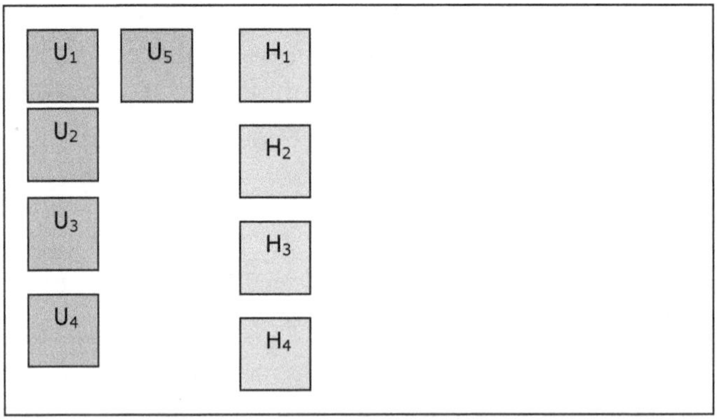

Abb. 17: Legen von Handlungskarten auf dem DIN A3-Blatt

- *Erfassen der Konsequenzen*

  Zu jeder einzelnen Handlung wird nun nach den Konsequenzen gefragt, die diese Handlung nach Meinung des Coachees nach sich zieht. Die genannten Konsequenzen schreibt der Interviewer auf gelbe Karten und kennzeichnet sie so, dass sie den einzelnen Handlungen zuzuordnen sind (H_{11}, H_{12},...H_{21}, H_{22},...H_{n1}, H_{nn}). Auch hier gelten die Hinweise wie bei Punkt 3 und 4.

  Beispiel:

  I: Was für Konsequenzen hat die Handlung ihrer Meinung nach?

  C: Ich habe wenig Zeit für die Familie.

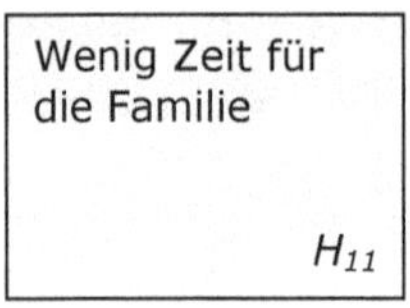

Abb. 18: Beschriftung einer Konsequenzkarte (Beispiel)

Die gelben Karten werden neben die dazugehörigen grünen Karten (Handlungen) der Reihenfolge nach gelegt.

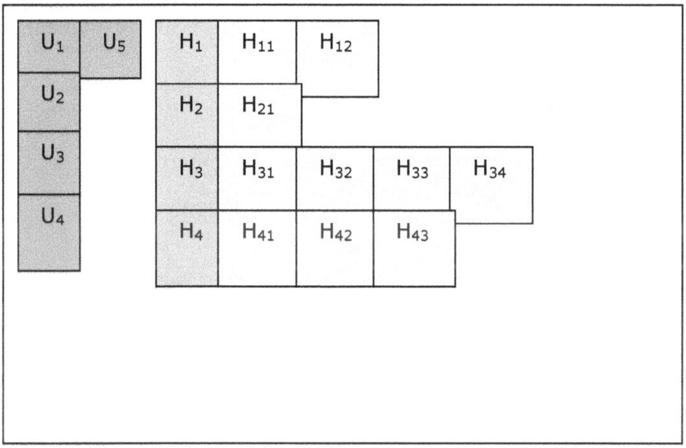

Abb. 19: Legen von Konsequenzkarten auf dem DIN A3-Blatt

Bis zu diesem Punkt fand das Interview auf rein inhaltlicher Ebene statt. In den bezogen auf die Forschungsfrage 2 hergeleiteten Hypothesen (siehe Kap. 5.2.3) wird angenommen, dass sich durch Coaching die Attributionen (internal/external, stabil/variabel, kontrollierbar/unkontrollierbar) verändern. Nächster Schritt ist demnach die Erfassung der Ursachenattributionen des Coachees.

- *Erfassen der Ursachenattributionen*[51]

  Jede genannte Ursache wird nun vom Coachee nach folgenden Kriterien bewertet.

  Internal/external

Die Ursache liegt	Internaler/externaler Anteil
in mir und/oder	internal (Eigenanteil)
in anderen Personen/Gruppen und/oder	external (auf Personen oder Gruppen bezogen)
im Umfeld	external (umgebende Rahmenbedingungen, Strukturen z.B. Arbeitszeit, finanzielle Ressourcen)

Tab. 6: internale / externale Attributionsmöglichkeiten

51 Hypothese 4: Im EC nimmt der Anteil der wahrgenommenen internalen Attributionen über die Zeit mehr zu als im ASC und in der KG: d.h. es werden mehr Eigenanteile am Problem erkannt.
Hypothese 5: Im EC nimmt bei den Coachees der Anteil der wahrgenommenen Wechselwirkungen über die Zeit mehr zu als im ASC und in der KG. Ursachen werden nicht nur internal oder external zugeordnet, sondern es werden mehr Interaktionen wahrgenommen (internal und external).
Hypothese 6: Im EC nimmt der Anteil der wahrgenommenen situationsabhängigen Ursachen über die Zeit mehr zu als im ASC und in der KG: d.h. die Ursachen werden weniger als stabil, sondern mehr als von der Situation abhängig wahrgenommen.
Hypothese 7: Im EC nimmt der Anteil wahrgenommener Kontrolle bezogen auf die Ursachen über die Zeit mehr zu als im ASC und in der KG.

Stabil / situationsabhängig

Stabil	Situationsabhängig
Die Ursache wird als stabil wahrgenommen. Es werden keine Situationsunterschiede gesehen.	Es werden Situationsunterschiede wahrgenommen.
Beispiel: „Das Verhalten zeigt mein Chef mir gegenüber immer."	Beispiel: „Mein Chef zeigt das Verhalten mir nur gegenüber, wenn wir unter Zeitdruck stehen."

Tab. 7: Attributionsmöglichkeiten stabil/situationsabhängig

Kontrollierbar / unkontrollierbar

- Ich habe Einfluss auf die Ursache.[52]
- Ich habe keinen Einfluss auf die Ursache.

Der Interviewer notiert die Aussagen des Coachees in einer Protokollvorlage (siehe Anhang 2.3.2, CD-Rom).

[52] Gilt auch, wenn der Coachee nur bedingt Einfluss erlebt: Entscheidend ist, dass er überhaupt irgendeine Form von Kontrolle bezogen auf die Ursache erlebt.

- *Bewerten der genannten Handlungen*[53]

  Wie schon in Kapitel x dargestellt, lassen sich Handlungen als Reaktion auf ein Problem nach folgenden Kategorien zuordnen.

Rückzug / Flucht	Kompromiss	(Gemeinsame) Problemlösung	Nachgeben	Macht-strategie	Sonstiges

Tab. 8: Handlungskategorien im P-S-I

Der Coachee wird aufgefordert seine genannten Handlungen einer der Kategorien zuzuordnen. Der Interviewer protokolliert die Aussagen in der Protokollvorlage.

- *Bewerten der Konsequenzen*[54]

  Der Coachee bewertet die genannten Konsequenzen nach

  - Positiv +
  - Negativ -
  - neutral +/-

[53] Hypothese 9: Im EC werden mehr problemlösungsorientierte Handlungen über die Zeit entwickelt als im ASC und in der KG.

[54] Hypothese 10: Im EC werden mehr positive Konsequenzen bezogen auf alle Blickwinkel (Coachee, Beteiligte, Unternehmen) in Relation zur Gesamtanzahl der wahrgenommenen Konsequenzen über die Zeit geäußert als im ASC und in der KG.

Er wird dabei aufgefordert drei verschiedene Sichtweisen einzunehmen und für jede Sichtweise die Bewertung vorzunehmen.

- aus Sicht des Coachees
- aus Sicht derer, die am Problem beteiligt sind (z.B. Mitarbeiter)
- aus Sicht des Unternehmens

Der Interviewer schreibt die Bewertungen auf die entsprechende gelbe Karte (drei Bewertungen pro Karte).

- *Struktur legen*

  Aufgabe des Coachees ist es nun, die Karten so zu legen und mit Pfeilen zu verbinden, dass sein Thema als ein Bild selbsterklärend vor ihm liegt. Die Pfeile stellen die Zusammenhänge dar, die zwischen den Karten gesehen werden[55]. Es können einseitige und zweiseitige Pfeile gezeichnet werden. Wo die Karten auf dem Blatt liegen sollen, bestimmt der Coachee alleine. Es besteht die Gefahr, dass der Coachee nicht genau weiß, wie er die Aufgabe lösen soll. Hier hilft es Mut zu machen und ihn aufzufordern einfach anzufangen („Bislang hat jeder am Anfang so geschaut wie sie, aber es haben alle tolle Bilder entwickelt, das schaffen Sie auch - einfach anfangen, der

[55] Im Gegensatz zur klassischen SLT wird auf den Kartensatz mit unterschiedlichen Pfeilen verzichtet. Grund hierfür ist, dass der Einsatz dieser Karten ein hohes Abstraktionsniveau von den Interviewten erfordert und viel Zeit zur Vermittlung der einzelnen Karten benötigt würde. Zum anderen schien das Zeichnen einfacher Pfeile zwischen den Karten als ausreichend, um die subjektiv wahrgenommenen Zusammenhänge darzustellen.

Rest ergibt sich von selbst"). Diese Aufgabe führt der Coachee alleine durch. Nachdem er fertig ist, erläutert er dem Interviewer die Struktur. Der Interviewer stellt Verständnisfragen, um die Struktur nachvollziehen zu können.

Eine Struktur kann z.B. wie folgt aussehen:

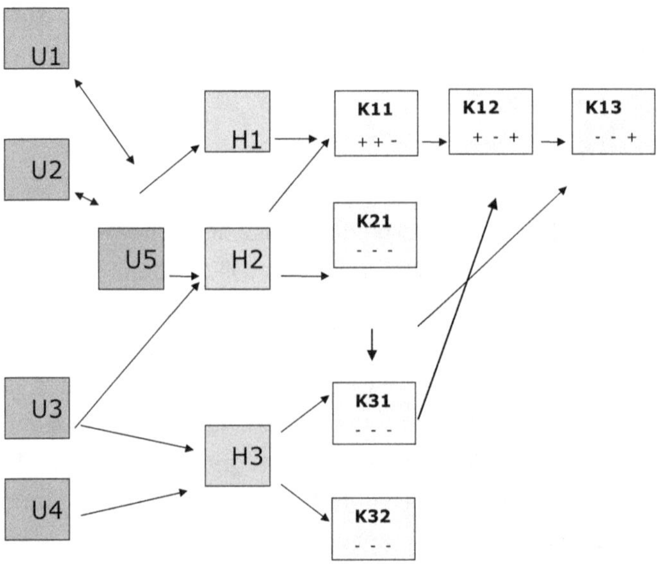

Abb. 20: Beispiel einer P-S-I Struktur

- *Subjektive Einschätzung „Erfolgreicher Umgang mit dem Coachingthema"*[56]

  Der Coachee wird aufgefordert mit Hilfe folgender Skala einzuschätzen, wie erfolgreich er sich im Umgang mit seinem Thema sieht.

überhaupt nicht erfolgreich	Nicht erfolgreich	teils/teils	erfolgreich	völlig erfolgreich
1	2	3	4	5

Tab. 9: Skala Erfolgreicher Umgang mit dem Coachingthema

- *Veränderungsmessung mit dem P-S-I*

  Um Veränderungen in den Sichtweisen des Coachees messen zu können, wird das P-S-I zu zwei Messzeitpunkten durchgeführt (vor und nach dem Coaching). Nach dem Coaching wird das Thema, mit dem die Struktur vor dem Coaching erarbeitet wurde, wieder aufgegriffen und die jetzigen Sichtweisen nach dem Coaching zu dem Thema nach dem gleichen Verfahren erhoben. Die beiden Strukturen „vorher" und „nachher" werden dann gemeinsam mit dem Coachee verglichen und reflektiert.

[56] Hypothese 11: Im EC schätzt der Coachee sich über die Zeit selbst erfolgreicher im Umgang mit seinem Thema ein als im ASC und in der KG.

Dabei stellt der Interviewer folgende Fragen:

- Was fällt Ihnen auf, wenn Sie die beiden Strukturen vergleichen?
- Was hat sich verändert, was ist gleich geblieben?
- Worauf führen Sie die Veränderungen zurück?
- Welchen Anteil hat Ihrer Meinung nach das Coaching bezogen auf die Veränderungen?

5.4.1.6 Datenaufbereitung des P-S-I zur Vorbereitung der quantitativen Auswertung

Die Einschätzungen der Teilnehmer bezogen auf die abhängigen Variablen im P-S-I wurden für die quantitative Auswertung wie folgt aufbereitet:

- *Hypothese 4: Anzahl der internalen Attributionen*

  Im Problem-Struktur-Interview (P-S-I) wurden die Teilnehmer gebeten, die Attributionen zu den einzelnen Ursachen, die sie bei ihrem Problem wahrnehmen, zu benennen. Für die Hypothese 4 wurde für jedes Interview (t1 und t2 getrennt[57]) die Anzahl der Ursachen, bei denen Eigenanteile wahrgenommen wurden, in Relation zur Gesamtanzahl der Ursachen gesetzt.

  Beispiel: Ein Teilnehmer hat im P-S-I zu t1 insgesamt 5 Ursachen benannt. Davon attribuierte er 3 Ursachen auf sich (Doppelnennungen internal und external inbegriffen). Der für die weitere Auswertung entscheidende Wert ergab: 3/5 = 0,6.

[57] t1 = Zeitpunkt 1; t2 = Zeitpunkt 2

Zeitpunkt t1	**Attribution internal**	**Attribution external**	
Ursachen	**Eigene Person**	**Andere Personen/Gruppen**	**Umfeld**
U1	**x**		
U2		x	
U3	**x**	x	
U4	**x**	x	x
U5			

Tab. 10: Beispiel Protokollblatt zu t1 bezogen auf Anzahl der Eigenanteile

Zu t2 attribuierte er schließlich 5 von 6 Ursachen internal: 5/6 = 0,83.

Zeitpunkt t2	**Attribution internal**	**Attribution external**	
Ursachen	**Eigene Person**	**Andere Personen/Gruppen**	**Umfeld**
U1	**x**		
U2	**x**		
U3	**x**	x	
U4	**x**	x	x
U5	**x**		x
U6			

Tab. 11: Beispiel Protokollblatt zu t2 bezogen auf Anzahl der Eigenanteile

Somit ergaben sich für einen Teilnehmer folgende Werte:

t1 = 0,6

t2 = 0,83

Die Anzahl der wahrgenommenen Eigenanteile hat bei diesem Teilnehmer in Relation zur Gesamtanzahl der genannten Ursachen von t1 zu t2 zugenommen.

Durch dieses Vorgehen erhält man von jedem Teilnehmer zwei Messwerte (internale Attribution) zu zwei verschiedenen Zeitpunkten.

- *Hypothese 5: Wahrnehmung von Wechselwirkungen*

  Die Datengenerierung ist ähnlich wie bei Hypothese 4. Die Werte einer Person für t1 und t2 entstehen so, dass die Anzahl der wahrgenommenen Wechselwirkungen in Relation zur Gesamtanzahl der genannten Ursachen gesetzt wird. Wechselwirkungen sind dann gegeben, wenn eine Ursache internal und gleichzeitig auch external (andere Personen/Gruppen und oder Umfeld) attribuiert wird.

  Beispiel: Ein Teilnehmer hat zu t1 und t2 folgende Attributionen vorgenommen.

  Zu t1 hat er von fünf Ursachen bei 2 Ursachen gleichzeitig internal und external attribuiert. Demnach ergibt sich folgender Wert für das weitere Vorgehen:

  t1 = 2/5 = 0,4

Zeitpunkt t1	**Attribution internal**	**Attribution external**	
Ursachen	**Eigene Person**	**Andere Personen/Gruppen**	**Umfeld**
U1	x		
U2		x	
U3	**x**	**x**	
U4	**x**	**x**	**x**
U5			

Tab. 12: Beispiel Protokollblatt zu t1 bezogen auf Anzahl der Wechselwirkungen

Zu t2 attribuierte er schließlich 3 von 6 Ursachen internal: 3/6 = 0,5.

Zeitpunkt t2	**Attribution internal**	**Attribution external**	
Ursachen	**Eigene Person**	**Andere Personen/Gruppen**	**Umfeld**
U1	x		
U2	x		
U3	**x**	**x**	
U4	**x**	**x**	**x**
U5	**x**		**x**
U6			

Tab. 13: Beispiel Protokollblatt zu t2 bezogen auf Anzahl der Wechselwirkungen

Somit ergaben sich für einen Teilnehmer folgende Werte:

t1 = 0,4

t2 = 0,5

Die Anzahl der Wechselwirkungen hätte in diesem Fall von t1 zu t2 anteilig an der Gesamtanzahl der genannten Ursachen zugenommen.

Durch dieses Verfahren erhält man wie bei Hypothese 4 für jeden Teilnehmer pro Zeitpunkt einen Wert.

- *Hypothese 6:Wahrnehmung von Situationsabhängigkeit*
  Die Teilnehmer wurden im P-S-I gebeten, die genannten Ursachen darin zu bewerten, ob sie als stabil oder situationsabhängig wahrgenommen werden. Auch hier wurde die Anzahl der wahrgenommenen situationsabhängigen Ursachen in Relation zur Gesamtanzahl der Ursachen gesetzt.

  Beispiel:

  Ein Teilnehmer bewertet zu t1 von 2 von 5 Ursachen als situationsabhängig. Demnach ergibt sich für t1 folgender Wert: t1 = 2/5 = 0,4.

  Zu t2 nahm er 4 von 4 Ursachen als situationsabhängig wahr. Für t2 ergibt sich der Wert: t2 = 4/4 = 1

Zeitpunkt t1 **Ursachen**	**stabil**	**situationsabhängig**
U1	x	
U2	x	
U3		**x**
U4	x	
U5		**x**

Tab. 14: Beispiel Protokollblatt zu t1 bezogen auf wahrgenommene Situationsunterschiede

Zeitpunkt t2 **Ursachen**	**stabil**	**situationsabhängig**
U1		x
U2		x
U3		x
U4		x

Tab. 15: Beispiel Protokollblatt zu t2 bezogen auf wahrgenommene Situationsunterschiede

Bei diesem Teilnehmer hat die Anzahl der wahrgenommenen Situationsunterschiede im Relation zur Gesamtanzahl der genannten Ursachen von t1 zu t2 zugenommen.

Auch hier erhält man pro Teilnehmer für jeden Zeitpunkt zwei Werte.

- *Hypothese 7: Kontrollerleben*

Die Teilnehmer wurden im P-S-I danach befragt, inwieweit sie bei jeder genannten Ursache den Eindruck haben, Kontrolle zu erleben. Die Anzahl der Ursachen bei denen Kontrollerleben da war wurde in Relation zur Gesamtanzahl der genannten Ursachen gesetzt.

Beispiel:

Zu t1 nimmt ein Teilnehmer bei 2 von 4 Ursachen eigene Kontrolle darüber wahr. Daraus ergibt sich zu t1 der Wert: t1 = 2/4 = 0,5.

Zu t2 nimmt er Kontrolle bei 3 von 4 Ursachen wahr. Daraus ergibt sich der Wert t2 = 3/4 = 0,75.

Zeitpunkt t1 Ursachen	Kontrolle ja	Kontrolle nein
U1	x	
U2	x	
U3		x
U4		x

Tab. 16: Beispiel Protokollblatt zu t1 bezogen auf wahrgenommenes Kontrollerleben

Zeitpunkt t2 Ursachen	Kontrolle ja	Kontrolle nein
U1	x	
U2	x	
U3	x	
U4		x

Tab. 17: Beispiel Protokollblatt zu t2 bezogen auf wahrgenommenes Kontrollerleben

Daraus ergeben sich folgende Werte für den Teilnehmer:

t1 = 0,5

t2 = 0,75

Die Wahrnehmung von Kontrollerleben hat von t1 zu t2 in diesem Fall zugenommen.

- *Hypothese 8: Wahrnehmung von Komplexität*

Um die Hypothese 8 testen zu können wurden die beschriebenen Karten (Ursachen, Handlungen und Konsequenzen) im P-S-I zu den beiden Zeitpunkten pro

Teilnehmer gezählt. Diese Häufigkeitsdaten gingen in die statistische Auswertung ein.

- *Hypothese 9: Wahrnehmung von Problemlösungen*

Im P-S-I wurden die genannten Handlungen von den Teilnehmern in ein Kategoriensystem unterschiedlicher Problembewältigungsmaßnahmen eingeordnet. Die erfolgsversprechendste Maßnahme nach der Theorie ist die „Problemlösung" (vgl. Kap. 5.3.3). Die Anzahl der Handlungen, die als Problemlösung wahrgenommen wurden, wurden in Relation zur Gesamtanzahl der genannten Handlungen gesetzt. Dieser Wert ging in die Berechnungen ein.

Beispiel:

Ein Teilnehmer nennt zu t1 5 Handlungen, wovon er 2 Handlungen als Problemlösung wahrnimmt: Dies ergibt einen Wert von 2/5 = 0,2.

t1	Rückzug/ Flucht	Kompromis s	(gemeinsame) Problemlösung	Nach geben	Macht-strategie
H1			**x**		
H2			**x**		
H3		x			
H4				x	
H5					x

Tab. 18: Beispiel Protokollblatt zu t1 bezogen auf die Wahrnehmung von Problemlösungen

Zu t2 werden 3 von 4 Handlungen als Problemlösung wahrgenommen: es ergibt sich ein Wert für t2 von 3/4 = 0,75.

t2	**Rückzug /Flucht**	**Kom-promiss**	**(gemeinsame) Problemlösung**	**Nach-geben**	**Macht-strategie**
H1	x				
H2			**x**		
H3			**x**		
H4			**x**		

Tab. 19: Beispiel Protokollblatt zu t2 bezogen auf die Wahrnehmung von Problemlösungen

Daraus ergeben sich für den Teilnehmer die Werte:

t1 = 0,2

t2 = 0,75

- *Hypothese 10: Wahrnehmung positiver Konsequenzen*

Für jeden Teilnehmer wurden zu beiden Zeitpunkten die positiven Bewertungen (+) für jeden Blickwinkel einzeln ausgezählt und in Relation zur Gesamtanzahl der genannten Konsequenzen gesetzt. Daraus ergaben sich vier Werte für jeden Zeitpunkt:

- Gesamtanzahl der positiven Bewertungen (alle Blickwinkel zusammen)

- Anzahl der positiven Bewertungen
  - aus Sicht des Teilnehmers (erstes Zeichen pro Karte)
  - aus Sicht der Beteiligten (zweiten Zeichen pro Karte)
  - aus Sicht des Unternehmens (drittes Zeichen pro Karte)

Beispiel:

t1:

K11	K12	K13	K21
+ + -	+ - +	- - +	- - -

Gesamtwert positive Bewertungen = 5/4 = 1,25

Wert aus Sicht des Teilnehmers = 2/4 = 0,5

Wert aus Sicht der Beteiligten = 1/4 = 0,25

Wert aus Sicht des Unternehmens = 2/4 = 0,5

t2:

K11	K12	K21
+ + +	+ + +	+ - +

Gesamtwert positive Bewertungen = 8/3 = 2,66

Wert aus Sicht des Teilnehmers = 3/3 = 1

Wert aus Sicht der Beteiligten = 2/3 = 0,75

Wert aus Sicht des Unternehmens = 3/3 = 1

Daraus ergeben sich acht Werte pro Teilnehmer.

- *Hypothese 11: Einschätzung erfolgreicher Umgang mit dem Coachingthema*

  Am Ende des P-S-I sollte jeder Teilnehmer auf einer Skala von 1 - 5 einschätzen, wie erfolgreich er sich im Umgang mit seinem Thema sieht. Über die Gruppen wurden Mittelwerte gebildet, die in die statistische Auswertung einflossen.

5.4.1.7 Kritische Betrachtung des Problem-Struktur-Interviews (P-S-I) hinsichtlich der Kriterien „kommunikative Validierung" und „Handlungsvalidierung"

Wie schon in Kapitel 5.4.1.4 erwähnt, sind bei der SLT als qualitative Methode zwei Validitätskriterien zu erfüllen: „kommunikative Validierung" und „Handlungsvalidierung".

Die kommunikative Validierung findet im P-S-I durch folgende Aspekte ausreichend statt:

- Der Coachee beschreibt zuerst seine Ursachen, Handlungen und Konsequenzen. Der Interviewer stellt Verständnisfragen und spiegelt die Aussage in seinen eigenen Worten wider und bittet um Bestätigung oder Berichtigung („habe ich das richtig verstanden, dass...?").
- Interviewer und Coachee einigen sich gemeinsam auf die Worte, die auf die Karten geschrieben werden. Der Interviewer benutzt bei der Beschreibung der Karten ausschließlich die Wörter des Interviewten.
- Die Bewertungen der Ursachen, Handlungen und Konsequenzen nimmt der Interviewte selbst vor. Der Interviewer hält die Äußerungen im Protokoll fest.

- Der Interviewer stellt am Anfang des Interviews klar, dass es ausschließlich um die subjektive Sichtweise des Interviewten geht.

Die Handlungsvalidierung, die sich als „Übereinstimmung zwischen subjektiver Theorie und entsprechendem Handeln definieren" lässt (König 1995, S. 20), ist im P-S-I nur zum Teil gegeben. Die Coachees nennen im Interview Handlungen, die sie nach Aussage der Coachees auch in der Praxis umgesetzt haben. Diese Aussagen sind subjektiv. Objektive Kriterien wie Beobachtungsverfahren in der Praxis waren aus ökonomischen Gründen nicht möglich. Die Befragung dritter Personen, wie Vorgesetzter oder Mitarbeiter wäre möglich gewesen, allerdings kann die Objektivität dieser Aussagen nicht gewährleistet werden. Dem Kriterium der Handlungsvalidierung wurde insofern entsprochen, dass im Interview durch gezieltes Nachfragen und Auffordern der Coachees konkrete Beispiele zu nennen, schnell deutlich wird, ob die Handlungen in der Praxis auch ausprobiert und umgesetzt wurden. Die sehr vertrauensvolle Atmosphäre in den Interviews führte zudem dazu, dass die Coachees sehr offen waren und auch Fehler, missglückte Versuche oder Umsetzungsschwierigkeiten nannten. Dass die Coachees im Interview nach dem Prinzip der „sozialen Erwünschtheit" geantwortet haben, kann zwar nicht völlig ausgeschlossen werden, wird aber aufgrund der oben genannten Argumente als gering eingeschätzt.

5.4.2 Der BEF-3 von Kuhl (1999)

Zur Überprüfung der Hypothese 12 ist der von der Forschergruppe um Kuhl (Universität Osnabrück) entwickelte Befindlichkeitsfragebogen BEF – 3 (Kuhl 1999) geeignet. Dieses

Instrument stellt eine Weiterentwicklung existierender Emotionswörterlisten (z.B. Janke und Debus, 1978) dar. Sie beinhalten Adjektivlisten, die die momentane emotionale Befindlichkeit erheben[58]. Mit dem BEF-3 wird im Rahmen dieser Arbeit die emotionale Befindlichkeit bezogen auf das Coachingthema (Wenn ich an mein Coachingthema denke, ...) erhoben. Der Fragebogen wurde nach dem P-S-I ausgefüllt.

Zur Datenaufbereitung

Zur Erfassung der emotionalen Entlastung haben die Teilnehmer zu t1 und t2 den Befindlichkeitsfragebogen (BEF-3) ausgefüllt. Es gibt zwei Sorten von Items: Adjektive, die positive Befindlichkeit ausdrücken (wie z.B. freudig) und Adjektive, die negative Befindlichkeit zum Ausdruck bringen (z.B. hilflos). Die Itemwerte der beiden Skalen wurden je Teilnehmer pro Zeitpunkt aufaddiert. Die Differenz dieser beiden Werte (t1) (positiv und negativ) galt als Gesamtwert für einen Zeitpunkt. Die Gesamtwerte wurden dann statistisch ausgewertet.

[58] siehe Anhang 2.2.1 (CD-Rom)

Auszug aus dem BEF-3 als Beispiel:

Wenn ich mich mit meinem Coachingthema auseinander setze bzw. daran denke, fühle ich mich...	Überhaupt nicht	etwas	ziemlich	sehr
t1	1	2	3	4
Freudig	(x)	( )	( )	( )
hilflos	( )	(x)	( )	( )
interessiert	( )	( )	(x)	( )
angespannt	( )	( )	(x)	( )
träge	( )	( )	( )	(x)
ruhig	( )	(x)	( )	( )

Tab. 20: Beispielitems aus dem BEF-3

- Positive Befindlichkeit (freudig, interessiert, ruhig) = 1 + 3 + 2 = 6
- Negative Befindlichkeit (hilflos, angespannt, träge) = 2 + 3 + 4 = 9

Somit ergibt sich zu t1 für dieses Beispiel ein Gesamtwert von 6 - 9 = - 3. Ein Minuswert bedeutet, dass die Befindlichkeit in der Gesamtheit negativ ausgeprägt ist. Ein Pluswert bedeutet, dass positive Aspekte überwiegen.

Der Gesamtwert für t2 wurde genauso berechnet.

5.4.3 Das allgemeine Abschlussinterview

Das allgemeine Abschlussinterview mit den EC- und ASC-Coachees dient der qualitativen und quantitativen Erfassung der Zufriedenheit der Coachees, der subjektiven Einschätzung der Zielerreichung und des praktischen Nutzens (Hypothesen 1, 2 und 3). Es handelt sich hierbei um ein halbstrukturiertes Leitfadeninterview: die unten aufgeführten Fragen sind der Leitfaden des Interviews - angepasst an den Interviewverlauf und die Aussagen der Teilnehmer sind weitere Fragen ergänzend möglich. Die quantitativen Werte wurden mittels einer fünfstufigen Skala (siehe Anhang), die qualitativen Daten mit Hilfe der Fragen im Abschlussinterview erhoben.

Desweiteren hat das Abschlussinterview das Ziel, positive und verbesserungswürdige Aspekte im EC und ASC zu erheben und darauf aufbauend Vorschläge zur Optimierung des Programms entwickeln zu können. Die hier gewonnenen Daten dienen zur weiteren Hypothesengenerierung und Ergänzung der P-S-I-Ergebnisse.

Das Abschlussinterview findet in Form von Einzelgesprächen nach dem EC bzw. ASC mit dem entsprechenden Coachee statt. Das Abschlussinterview wird wie das P-S-I für Auswertungszwecke auf Tonband aufgezeichnet.

Fragen	Hypothese (H)/Zweck
Wie zufrieden sind Sie mit dem EC bzw. ASC? (Bewertung auf der Skala 1-5[59]) Was war gut? Was ist verbesserungswürdig? (Nachfragen, falls nicht genannt: Anzahl, Dauer, Abstände der Sitzungen, Material, Coachingprozess/-inhalte)	H 1 Zufriedenheit
Inwieweit haben Sie ihr Coachingziel erreicht? (Bewertung auf der Skala von 0 – 100% - Zwischenwerte erlaubt).	H 2 Zielerreichung
Wie erfolgreich war für Sie das EC bzw. ASC hinsichtlich der Erarbeitung von neuen, erfolgsversprechenderen Handlungsmöglichkeiten? (Bewertung auf der Skala 1-5)	H 3 Praktischer Nutzen
Würden Sie ein EC bzw. SC noch einmal machen? Wenn ja, weshalb? Wenn nein, was spricht aus ihrer Sicht dagegen?	H 1
Würden Sie ein EC bzw. ASC weiterempfehlen? Wenn ja, weshalb? Wenn nein, was spricht aus ihrer Sicht dagegen?	H 1
Wie hoch schätzen Sie den praktischen Nutzen von EC bzw. ASC ein? (Bewertung auf der Skala 1-5)	H 3
Welche Punkte (Anregungen, Kritik) gibt es aus Ihrer Sicht, die noch nicht angesprochen wurden, aber aus Ihrer Sicht noch nennenswert wären? (Interviewer und Coachee überprüfen noch einmal, ob zu allen wichtigen Aspekten was gesagt wurde – z.B. Anzahl, Dauer, Abstände der Sitzungen, Erstkontakt bis zum Kontrakt, Material, Coachingprozess/-inhalte)	H 1, 2, 3 allgemein

[59] Die Skalen sind im Anhang 2.1.2 (CD-Rom) zu finden

Fragen	Hypothese (H)/Zweck
Nur für EC-Coachees: Wie wichtig war ihrer Meinung nach im EC die Beziehung zwischen Ihnen und ihrem Coach? - (Bewertung auf der Skala 1-5)	H 1
Wie hoch schätzen Sie den Beitrag der Methoden im Coaching (für EC: Fragen, Anregungen, Visualisierung; für ASC: Leittexte[60]) zum Erfolg des Coachings ein? (Bewertung auf der Skala)	H 1

Tab. 21: Das Abschlussinterview

Die Skalenwerte zur Zufriedenheit, Zielerreichung und zum praktischen Nutzen wurden über die Gruppen gemittelt und gingen so in die statistische Auswertung ein.

5.5 Das Untersuchungsdesign

5.5.1 Das Evaluationsobjekt

5.5.1.1 Das Programm: Einzel-Coaching (EC)

Im Rahmen dieser Forschungsarbeit wurde unter Berücksichtigung der Struktur- und Prozessqualitätskriterien nach Heß u. Roth (2001) (vgl. Kap. 3.3.3) folgendes Einzel-Coaching-Programm für Führungskräfte und Nachwuchsführungskräfte entwickelt:

Voraussetzung für die Teilnahme war Freiwilligkeit seitens der Coachees und der Wille, sich persönlich weiter zu entwickeln. Das Programm umfasste sechs Sitzungen à ca. 1 Stunde. Der

[60] Siehe Kapitel 5.5.1.2

Abstand zwischen den Sitzungen wurde zwischen dem jeweiligen Coach und dem Coachee individuell festgelegt. Das Coaching war kostenpflichtig und wurde von professionellen Coachs (vgl. Kap. 5.5.2.1) durchgeführt.

Die Gewinnung der Coachees wurde wie folgt standardisiert:

Durch telefonische Akquisition und persönliche Beziehungsnetzwerke wurde Kontakt zu Personalabteilungen in Unternehmen unabhängig von der Branche aufgenommen. Bei Interesse fand ein Vorgespräch in der Firma statt: Gesprächspartner waren die Projektleiterin, eine/r der Coachs sowie Firmenvertreter (i.d.R. Personalabteilung, Personalentwicklung). Inhalte dieses Gesprächs waren:

- Vorstellung der Forschungsarbeit (Folien, siehe Anhang)
  In Form von Folien wurden die Ziele der Forschungsarbeit, die angedachte Zielgruppe, das Coaching-Programm an sich (Anzahl und Dauer der Sitzungen, mögliche Inhalte...) sowie die Vorteile für die Firmen vorgestellt.
- Klärung von organisatorischen Rahmenbedingungen und Vereinbarungen

  Desweiteren wurde über mögliche Coachees und deren Ansprache diskutiert und das weitere Vorgehen vereinbart.

Danach wurden potenzielle Coachees von Seiten der Personalabteilung angesprochen: Voraussetzung war die freiwillige Entscheidung an der Teilnahme der Studie. Es wurden klare Absprachen hinsichtlich der Diskretion vereinbart: Der Coach sowie die Projektleiterin sicherten den Coachees völlige Diskretion zu. Informationen über Coachinginhalt wurden seitens der Coachs und der Projektleiterin an die Personalabteilung sowie den Vorgesetzten grundsätzlich nicht weitergegeben. Ein Vorgespräch zwischen Coach und Teilnehmer hatte das Ziel, sich kennen zu lernen, mögliche Themen im Coaching zu diskutieren und Grundlage für eine bewusste Entscheidung für oder gegen das Coaching bzw. den Coach/Coachee zu treffen. Die Entscheidung fand nicht in dem Vorgespräch, sondern erst später statt (i.d.R. eine Woche später), um den Beteiligten genügend Zeit zur bewussten Entscheidung zu geben.

Das Coaching wurde mit einem Kontrakt, in dem Dauer, Umfang, Ort, Geheimhaltungspflicht, Honorar und Umgang mit Absagen geregelt wurden, zwischen Coach, Projektleiterin und Coachee begonnen.

Die Coaching-Mappe

Unter dem Gesichtspunkt der Prozessqualität von Heß u. Roth (2001) (vgl. Kap. 3.3.3) wurde des weiteren der Coachingprozess wie folgt standardisiert: Jeder Coachee erhielt eine in dieser Arbeit entwickelte Coaching-Mappe, die einheitliche Rahmenbedingungen im Coachingprozess schaffen sollte. Sie beinhaltete (siehe Anhang 1):

Coachingmappe

Allgemeine Informationen zum Inhalt der Mappe

Auftragsvereinbarung zwischen Coach und Coachee

In dieser Auftragsvereinbarung wurden Honorar, Geheimhaltungspflicht, Umgang mit Absagen, Anzahl der Sitzungen und Abstand zwischen den Sitzungen schriftlich festgehalten und vereinbart.

Blatt zum Festhalten des Coaching-Ziels

Auf diesem Formblatt wurde das vereinbarte Ziel des Coachings festgehalten, um es in der Abschlusssitzung auf Zielerreichung überprüfen zu können.

Übersicht über die Coachingtermine

Hier konnte der Coachee seine Coachingtermine festhalten.

Vorbereitungsblätter für die Sitzungen

Der Coachee konnte seine Coachingsitzungen mit Hilfe dieses Formblattes systematisch vorbereiten.

Vordrucke: Umsetzungsvereinbarung für den Abschluss der Sitzungen

Nach jeder Sitzung wurde zwischen Coachee und Coach eine Vereinbarung darüber getroffen, was der Coachee sich bis zur nächsten Sitzung vornehmen möchte.

5.5.1.2 Das Vergleichsprogramm: Angeleitetes Selbst-Coaching (ASC)

Als Vergleich zum Einzel-Coaching wurde speziell für diese Arbeit ein Selbst-Coaching-Programm entwickelt, welches nun im Folgenden vorgestellt wird:

Das angeleitete Selbst-Coaching (ASC) ist eine Variante von Coaching, bei der der Berater dem Beratenen individuell auf sein Thema zugeschnittene Coachingunterlagen zur Verfügung stellt und ihn bei der Einhaltung der selbst geplanten Sitzungen Unterstützung bietet. Der Berater gibt keine Unterstützung bei der inhaltlichen Themenbearbeitung.

Bei diesem angeleiteten Selbst-Coaching handelt es sich demnach nicht um ein klassisches Selbst-Coaching, wie man es aus dem Alltag und aus der Populärliteratur kennt (z.B. Eichhorn 2001, Janka 1999, Kellner 2001): Der Unterschied liegt darin, dass beim angeleiteten Selbst-Coaching der Coachee nicht völlig auf sich alleine gestellt ist, sondern Unterstützung durch einen Coach erhält:

Exkurs: Ist das Angeleitete Selbst-Coaching überhaupt ein Coaching im wissenschaf-lichen Sinn?

Betrachtet man sich die charakteristischen Merkmale von Coaching, wie sie in der Definition (vgl. Kap. 2.2.7) dargestellt sind, so treffen diese auch auf das ASC zu.

Coachingdefinition:

Coaching ist eine freiwillige, zeitlich begrenzte, methodengeleitete, individuelle Beratung, die den oder die Beratene(n) darin unterstützt berufliche Ziele zu erreichen. Ausgenommen ist die Behandlung psychischer Störungen.

Die Merkmale freiwillig, zeitlich begrenzt, methodengeleitet und individuell finden sich auch im ASC wieder. Die Teilnahme ist freiwillig, umfasst 6 Sitzungen, wird durch Literatur und Leittexte methodisch geleitet. Die Individualität zeigt sich in der individuellen Zusammenstellung der Unterlagen bezogen auf das Coachingthema des Coachees. Ziel ist auch hier die Unterstützung der beruflichen Zielerreichung.

Im angeleiteten Selbst-Coaching ist die Rollenverteilung „Coachee" und „Coach" allerdings anders definiert als im klassischen Coaching. „angeleitet" bedeutet, dass der Coachee mit Hilfe der Unterlagen und der organisatorischen Unterstützung seitens des Coachs einen Rahmen hat, der ihn durch das Selbst-Coaching leitet. Die Aufgaben des Coachs beschränken sich in diesem ASC-Programm allerdings lediglich darauf, dem Coachee geeignete Coachingunterlagen zur Verfügung zu stellen und ihn durch regelmäßiges Erinnern in der Selbstdisziplin, die Sitzungen auch wirklich durchzuführen zu unterstützen[61]. Der Coachee ist in der inhaltlichen Gestaltung der Sitzungen sowie für den Lernerfolg selbst verantwortlich. Hier kommt der Begriff „Selbst" ins Spiel, der hier im Zusammenhang von selbstorganisiertem Lernen zu sehen ist (vgl. Kap. 4.4.1.3).

[61] Diese Form der Unterstützung sollte im Rahmen dieser Studie gewährleisten, dass die sechs Sitzungen wirklich durchgeführt werden. Dies war für das Beantworten der Fragestellungen bezogen auf die Wirksamkeitsüberprüfung in dieser Untersuchung wichtig.

Der ASC-Prozess

Der ASC-Prozess sieht wie folgt aus:

1. Erstgespräch

   In einem Erstgespräch konkretisieren Coach[62] und Coachee das individuelle Coachingthema und vereinbaren Honorar, Anzahl und Dauer der Sitzungen. Außerdem werden beide Rollen klar definiert.

2. Zusammenstellen von geeigneten Coachingunterlagen

   Auf Grundlage des Erstgesprächs stellt der Coach in einem zweiten Schritt die Coachingunterlagen zusammen. Diese beinhalten:

Minimale Informationstexte: Sie dienen dazu „grundlegendes fachliches und überfachliches Wissen zu vermitteln" (Greif 1996a, S.259). Diese Texte sind kurz, prägnant und übersichtlich gestaltet (max. 4 - 6 Seiten). Sie beinhalten die wichtigsten Grundlagen zu einem abgrenzbaren Thema (z.B. Einführung zum Projektmanagement, Führen von Mitarbeitergesprächen). *Minimale Leittexte:* „Leittexte dienen zur praktischen Handlungsanleitung" (Greif 1996a, S. 262). Sie sind kurz (max. 3 Seiten) und beschreiben Arbeitsschritte und Regeln für bestimmte Aufgaben (z.B. Zielformulierung im Coaching). Sie ermöglichen dem Leser, sich schnell zu orientieren und geben Hilfestellung bei der Bearbeitung bestimmter Aufgaben.

[62] Im Rahmen dieser Arbeit fungierte die Autorin als Coach im ASC.

Im ASC bieten die Leittexte Unterstützung für den selbstgestalteten Coachingprozess. Für jede Coachingphase (vgl. Seite x) gibt es einen Leittext, der den Coachee durch den Prozess durchführt (z.B. Zielfindung oder Umsetzungsvereinbarung). Die Leittexte basieren auf systemischen Coachinginterventionen (systemisches Fragen, Systemkarte ...)

Literatur:

Zum Coachingthema wird geeignete Literatur zusammengestellt – in der Regel erhält der Coachee 1 – 2 Bücher, die ihm neben den anderen Quellen zusätzliche Informationen und ggf. Übungen geben.

Feedbackbogen:

Nach jeder Sitzung wurde vom ASC-Teilnehmer ein Feedbackfragebogen ausgefüllt, der eine Metareflexion der Sitzung ermöglichen sollte. Bei dem Bogen handelt sich um den Klientenstundenbogen von Nischk et al (2000) sowie dem BEF-3 (vgl. Kapitel 5.4.2).

3. Betreuung auf organisatorischer Ebene

   Nach Übergabe der Coachingunterlagen ist der Coachee auf sich allein gestellt. Lediglich die Termine, wann die Sitzungen stattfinden sind dem Coach bekannt. Inhalte und Ablauf der Sitzungen liegen allein in der Hand des Coachees. Nach jeder Sitzung schickt der Coachee einen ausgefüllten Feedbackfragebogen an den Coach. Somit ist der Coach informiert, dass die Sitzung stattgefunden hat. Aufgabe des Beraters ist in dieser Phase jeweils dann nachzuhaken, wenn ein Feedbackbogen nach längerer Zeit des geplanten Sitzungstermins nicht eingetroffen ist. Der Berater gibt demnach nur im Hintergrund durch kleine Erinnerungshilfen (email oder

Telefon) Unterstützung in der Terminplanung bzw. -einhaltung. Sollte der Coachee Schwierigkeiten mit den Unterlagen haben bzw. Material zu anderen Themen wünschen, so ist es Aufgabe des Coachs, ihm bei der Beschaffung geeigneten Materials zu helfen. Für eine inhaltliche Problembearbeitung steht der Coach nicht zur Verfügung.

4. Abschlussgespräch

   In einem gemeinsamen Abschlussgespräch wird der gesamte Coachingprozess noch einmal reflektiert und offiziell abgeschlossen.

Die Gewinnung von Führungskräften für das ASC fand über den gleichen Weg statt wie im EC-Programm.

Die Rolle des Coachs im ASC hat die Projektleiterin selbst übernommen. Diese Konstellation barg die Gefahr, dass sich Versuchsleitereffekte einstellen und diese die Ergebnisse beeinflussen könnten. Diesem Problem wurde wie folgt begegnet: die standardisierten Leittexte wurden zusammen mit einem Coach erarbeitet, die Literatur in Abstimmung mit einem Coach ausgewählt. Desweiteren hat die Projektleiterin sich nur als Erinnerungsstütze hinsichtlich der Sitzungstermine in das ASC eingemischt: inhaltlich fand wie im ASC vorgesehen kein Austausch zwischen Projektleiterin und Coachee statt.

5.5.2 Moderatorvariablen und ihre Kontrolle

Da es sich bei dieser Forschungsarbeit um eine Feldstudie handelt, waren einige Moderatorvariablen[63] bzw. intervenierenden Variablen, die Einfluss auf die Ergebnisse nehmen konnten, zu erwarten und daher wichtig zu erheben und wenn möglich zu kontrollieren. Einflüsse bei der Gewinnung der Coachs und der Durchführung des Programms wurden durch ein standardisiertes Vorgehen so weit als möglich kontrolliert. Trotzdem wurden folgende mögliche Moderatorvariablen[64] im Vorfeld identifiziert:

- Vorerfahrung der Coachees mit Coaching
- Unterschiedliche Führungserfahrung und Ausbildung der Coachees
- Veränderungen der strukturellen Rahmenbedingungen seitens des Coachees (Versetzung, Umstrukturierungen, wirtschaftliche Lage des Unternehmens)
- Coachingthema
- Unterschiedlichkeit der Coaches (Geschlecht, Persönlichkeit, Coaching-Ansatz, Qualifikation)

---

[63] Frese und Zapf (1986) unterscheiden Moderator- von Mediatorvariablen. Mediatoren stellen einen vorfindbaren Zusammenhang zwischen unabhängiger und abhängiger Variable erst her. Die Moderatorvariable (z.B. personale Dispositionen) steht in keinem ursächlichen Zusammenhang zur unabhängigen Variable, wirkt aber auf den Zusammenhang zwischen unabhängiger und abhängiger Variable.

[64] Die folgenden Variablen wurden im Zusammenhang dieser Arbeit als Moderator- und nicht als Mediatorvariable definiert, da sie in keinem ursächlichen Zusammenhang zur unabhängigen Variable (EC, ASC, KG) stehen.

- Interventionseffekt durch das P-S-I

Daraus ergeben sich fünf Felder: die Einflüsse durch den Coachee, den Coach, deren Beziehung zueinander, die Rahmenbedingungen und durch das zentrale Evaluationsinstrument P-S-I.

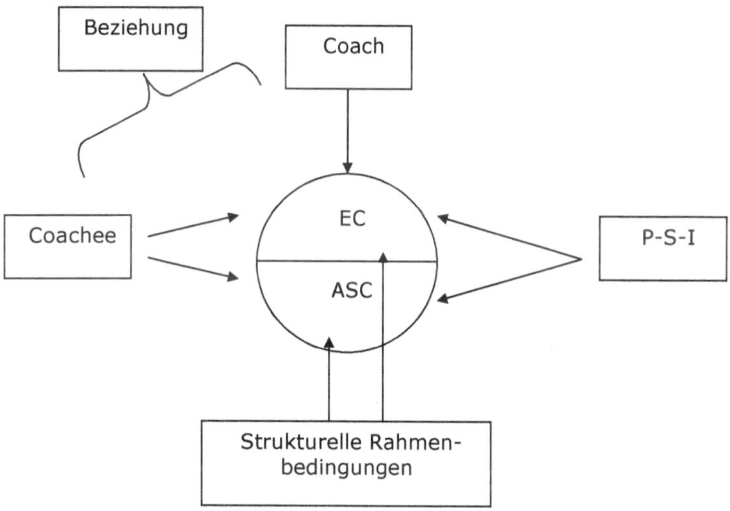

Abb. 21: Moderatorvariablen

5.5.2.1 Moderatorvariable: Der Coach

Die Auswahl der Coaches spielte ein große Rolle in dieser Arbeit, da die Qualifikation und Kompetenz der Coachs wesentliche Qualitäts- und somit Erfolgskriterien im Coaching sind (vgl. Heß u. Roth 2001 - Strukturqualität). Neben der praktischen Schwierigkeit, geeignete Coachs zu finden, die den Kriterien entsprechen, tat sich aus wissenschaftlicher Sicht ein

Dilemma auf: Um eine annähernde Vergleichbarkeit zwischen den einzelnen Coachingprozessen zu gewährleisten, erschien es auf den ersten Blick sinnvoll nur einen Coach in dieses Programm aufzunehmen. Hier gegen sprachen allerdings mehrere Gründe:

Durch einen einzelnen Coach hätte die Generalisierbarkeit der Ergebnisse nicht hinreichend gewährleistet werden können.

Da die Beziehungsqualität als ein entscheidendes Erfolgskriterium im Coachingprozess angesehen wird (vgl. Heß u. Roth 2001, Rauen 2002b), hätte der Coachee bei einem einzigen Coach keine Auswahl gehabt. Dem Coachee sollte aber die Möglichkeit gegeben werden, im Zweifel einen anderen Coach wählen zu können. Genauso sollte dem Coach die Möglichkeit gegeben werden, ein Coaching abzulehnen ohne dabei durch Verlust des Coachees die Untersuchung zu gefährden.

Das Geschlecht des Coachs kann zudem ein wichtiger Aspekt im Coaching sein: Möglicherweise ist es dem Coachee lieber von einer Frau als von einem Mann gecoacht zu werden oder umgekehrt. Auch das Alter des Coachs könnte je nach Coachee ein Auswahlkriterium sein.

Aufgrund dieser Argumente wurde entschieden, zwei Coachs, eine Frau und einen Mann, in das Programm einzubinden: Dipl.-Psych. Anke Finger-Hamborg und Dipl.-Psych. Andreas Steinhübel. Beide Coachs stammen aus Osnabrück und sind als selbstständige Berater im gesamten Bundesgebiet tätig. Sie verfügen über mehrjährige Erfahrung als Coach, Trainer und Berater. Ihre Beraterkompetenz untermauern sie mit regelmäßiger Supervision und Weiterbildung.

Die Generalisierbarkeit der Ergebnisse ist allerdings auch mit dieser Lösung nicht völlig zu gewährleisten, da die Coachs unterschiedliche Persönlichkeiten sind und unterschiedliche Schwerpunkte in ihrer Arbeit haben.

Eine weitere Moderatorvariable ist die Projektleiterin selbst als ASC-Coach. Durch die organisatorische Unterstützung der ASC-Coachees (Materialbereitstellung und Nachhalten der Sitzungsdurchführung) beeinflusst sie den Prozess. Es wurde darauf geachtet, dass alle ASC-Coachees in gleicher Weise unterstützt wurden.

5.5.2.2 Moderatorvariable: Der Coachee

Auf Seiten des Coachees gibt es einige Faktoren, die den Coachingverlauf und die Ergebnisse beeinflussen können: neben den unterschiedlichen Persönlichkeiten der Coachees unterscheiden diese sich hinsichtlich der bearbeiteten Themen, ihrer Vorerfahrung mit Coaching oder anderen Personalentwicklungsmaßnahmen, ihrer unterschiedlich langen Führungserfahrung, struktureller Unterschiede (z.B. Anzahl der Mitarbeiter, Betriebszugehörigkeit) und des beruflichen Backgrounds (z.B. kaufmännische versus technische Ausbildung). Weiterer Aspekt ist die Motivation des Coachees an seinem Thema zu arbeiten, sowie der alltägliche Umgang in der Problembearbeitung (Gespräche mit Familie oder Freunden, alleine). Außer der Persönlichkeit wurden alle anderen Einflussfaktoren in einem Kurzinterview erhoben, um wenn nötig die Ergebnisse am Ende mit Hilfe dieser Informationen besser interpretieren und diskutieren zu können. Das Kurzinterview ist im Anhang 2.4 dargestellt.

Die Persönlichkeit des Coachees bezogen auf seine Selbststeuerungskompetenzen[65] wurden mit dem Selbststeuerungsinventar (SSI-K) von Kuhl u. Fuhrmann (1997) erhoben (siehe Anhang), um dadurch eventuelle Zusammenhänge zwischen einzelnen Selbststeuerungskomponenten (z.B. Selbstmotivation) und der Zufriedenheit, Zielerreichung oder Einschätzung des praktischen Nutzens explorieren und diskutieren zu können. Eine Hypothesenbildung fand daher nicht statt. Das SSI-K wurde nach dem P-S-I zum Zeitpunkt t2 ausgefüllt. Grund hierfür war, dass die Erhebung dieser Variablen erst im Verlauf des Projekts als interessant erkannt wurde. Um den Prozess nicht zu stören, wurde das SSI-K erst nach dem Projekt eingesetzt. Das Inventar misst relativ stabile als auch veränderungssensitive Komponenten. Mit dem Ziel mögliche Zusammenhänge zu erkennen und dadurch Tendenzen für weitere Untersuchungen zu bekommen, ist der Einsatz des SSI-K auch nachträglich möglich und sinnvoll[66].

5.5.2.3 Moderatorvariable: Die Beziehungsqualität zwischen Coach und Coachee

Die Beziehungsqualität zwischen Coach und Coachee wird als ein wichtiger Erfolgsfaktor im Coaching gesehen. Sie beeinflusst den Prozess und die damit verbundenen Ergebnisse. Gegenseitige Akzeptanz und Vertrauen sind Grundvoraussetzung für einen erfolgreichen Prozess (vgl. Rauen 2002b). Um diese Voraussetzung gewährleisten zu können, hatten Coach und Coachee im Einzelgespräch vor dem

---

[65] vgl. Kap. 4.4.1.2

[66] Nach Absprache mit Prof. Kuhl, Universität Osnabrück

Coaching die Möglichkeit „sich zu beschnuppern". Des weiteren wurde den Coachees zwei Coaches zur Auswahl gestellt. Hinweise über die Beziehungsqualität wurden im Abschlussinterview erhoben.

5.5.2.4 Moderatorvariable: strukturelle Rahmenbedingungen

Ein weiterer Einflussfaktor wird in der Veränderung struktureller Rahmenbedingungen während des Coachingprozesses gesehen. Dies kann z.B. eine veränderte Marktsituation sein, die sich stark auf das Arbeitsgebiet des Coachees auswirkt, Umstrukturierungen oder Versetzungen des Coachees in andere Abteilungen oder der Wechsel des Coachees in ein anderes Unternehmen. Um diese Veränderungen zu erheben, wurde vor dem Coaching im Kurzinterview (siehe Anhang 2.4) nach momentanen Veränderungen gefragt, die die Arbeit des Coachees oder dessen Vorgesetzten stark beeinflussen. Dem Abschlussinterview ging dann die Frage voraus, ob sich seit dem ersten Interview im Laufe der Zeit weitere Veränderungen ergeben haben. Ein weiterer Moderator könnte das Forschungsprojekt selbst sein: durch die Teilnahme an diesem Projekt kann in allen drei Gruppen ein Gefühl der moralischen Verpflichtung der Projektleiterin gegenüber entstehen („Die Projektleiterin ist darauf angewiesen, dass ich mitmache."), wodurch die Prozesse insbesondere im ASC positiver verlaufen sein könnten als es im „normalen" Fall (ohne Forschungsprojekt im Hintergrund) möglicherweise gewesen wäre.

5.5.2.5 Moderatorvariable: das P-S-I

Ein Problem des P-S-Is wurde darin gesehen, dass die Fragen und die visuelle Darstellung des eigenen Themas schon Veränderungen im Denken des Coachees anregen können. Das Interview selbst stellt eine Intervention an sich dar, die Selbstreflexionsprozesse in Gang bringen kann.

Zweites Problem könnte der Wiederholungseffekt sein. Das Interview wird zweimal geführt. Es ist möglich, dass sich durch nochmaliges Durchführen des P-S-I Wiederholungseffekte einschleichen, die die Ergebnisse beeinflussen.

Um mögliche Interventions- und Wiederholungseffekte des P-S-I zu erheben, wurde eine Kontrollgruppe in das Design aufgenommen. Mit der Kontrollgruppe wurden lediglich das P-S-I und der BEF-3 an zwei verschiedenen Zeitpunkten (drei- bis viermonatiger Abstand) durchgeführt. Das Kurzinterview wurde beim ersten Messzeitpunkt geführt, die Frage nach strukturellen Veränderungen über die Zeit wurde in der Kontrollgruppe (KG) bei Messzeitpunkt 2 erfragt.

5.5.3 Das Untersuchungsdesign

Die einzelnen Schritte der Untersuchung stellen sich wie folgt dar:

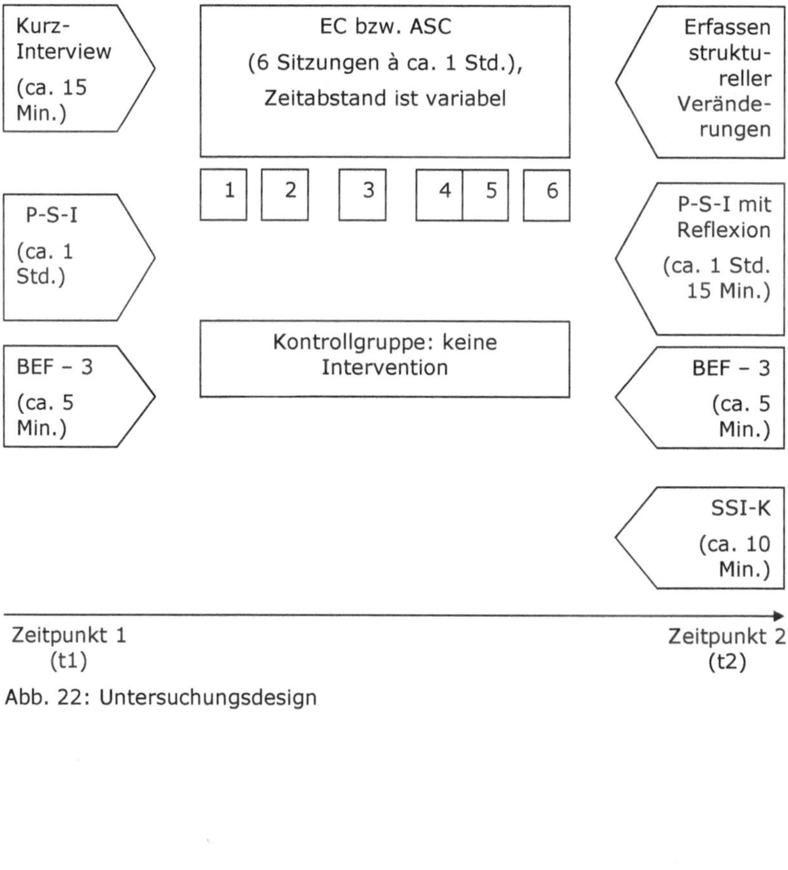

Abb. 22: Untersuchungsdesign

Bei der Forschungsfrage 1 geht es um die Unterscheidung der Coachinggruppen (ausgenommen KG) hinsichtlich der abhängigen Variablen Zufriedenheit, Zielerreichung und praktischer Nutzen. Es gibt nur einen Messzeitpunkt (nach der Intervention = t2). Es handelt sich hier demnach um ein einfaktorielles Design (Faktor Coachingmethode mit den Stufen EC und ASC) ohne Messwiederholung.

Faktor (Methode)	**Zeitpunkt 2 (t2)**
Einzel-Coaching (EC)	
Selbst-Coaching (SC)	

Tab. 22: Untersuchungsdesign Forschungsfrage 1

Bezogen auf die Forschungsfragen 2 - 4 handelt es sich im Gegensatz zu Forschungsfrage 1 um ein einfaktorielles Design mit Messwiederholung: Es gibt einen Faktor (Methode) mit drei Faktorstufen bzw. Gruppen (Einzel-Coaching, Selbst-Coaching und Kontrollgruppe) und zwei Messzeitpunkte vor und nach der Intervention.

Faktor (Methode)	**Zeitpunkt 1 (t1)**	**Zeitpunkt 2 (t2)**
Einzel-Coaching (EC)		
Selbst-Coaching (SC)		
Kontrollgruppe (KG)		

Tab. 23: Untersuchungsdesign Forschungsfragen 2 - 4

Die Klärung der vorliegenden Designs ist eine wichtige Voraussetzung für die statistische Auswertung der Hypothesen. Hierauf wird im Kapitel 6 genauer eingegangen.

5.5.3.1 Stichprobe

Basierend auf der theoretischen Grundlage dieser Arbeit sind Unterschiede zwischen den beiden Coachinggruppen zu erwarten - wie stark dieser Unterschied allerdings wirklich ist, konnte vor der Untersuchung aufgrund fehlender wissenschaftlicher Erkenntnisse nicht konkret beantwortet werden. Daher wird für das Herleiten der minimalen Stichprobengröße eine mittlere Effektgröße angenommen. Für ein einfaktorielles Design mit Messwiederholung würde demnach die optimale Stichprobengröße bei 27 Teilnehmern pro Gruppe liegen.[67] Hierbei wird von 2 Freiheitsgraden (df = 2)[68], einer mittleren Effektgröße, einer Power von .80 und einer Irrtumswahrscheinlichkeit von α = 0.,05 ausgegangen (vgl. Bortz und Döring 1995).

Wie schon in Kap. 3.5 und 3.6 diskutiert, wurde entschieden, dass diese Pilotstudie aufgrund der höheren externen Validität und der dadurch besseren Generalisierbarkeit der Ergebnisse in der Praxis zur Beantwortung der Fragestellungen im Feld durchgeführt wurde. Im Laufe der Untersuchung zeigte sich, dass es aufgrund der regionalen Gebundenheit sowie der Brisanz, die Coaching in Firmen immer noch hat schwer fiel, freiwillige Coachees für die Studie zu gewinnen: Führungskräfte von Coaching zu überzeugen ist immer noch mit Vorurteilen, Ängsten und Widerständen verbunden. Ein zusätzliches „Outen" in Form einer psychologischen Studie erschwerte die Bereitschaft um ein weiteres Maß. Außerdem kam die

---

[67] vgl. Tab. 27, Kap. 6.1.3.1

[68] df = p (Anzahl der Gruppen) - 1: In dieser Studie gibt es drei Gruppen (Einzel-Coaching, Selbst-Coaching und Kontrollgruppe).

räumliche[69] und zeitliche Eingrenzung der Studie erschwerend hinzu. Moderatorvariablen wie Geschlecht, beruflicher Background und Führungserfahrung, um nur drei zu nennen, als weitere Faktoren einzubeziehen war aufgrund der Situation nicht leistbar. Da die Pilotstudie dazu diente, erste Ansatzpunkte hinsichtlich Hypothesen und Untersuchungsdesign für ein zukünftiges, umfassendes Forschungsprogramm zu geben, wurde aufgrund der Feldsituation entschieden, dass eine geringere Stichprobe zwar zum Erlangen erwarteter Effekte nicht günstig, aber für den Zweck brauchbar sei.

Die Stichprobe bestand aus 24 Führungskräften: jeweils 8 Führungskräfte nahmen an einem Einzel-Coaching bzw. angeleitetem Selbst-Coaching teil. Die restlichen 8 Führungskräfte bildeten eine Kontrollgruppe (KG), die an keinem Coaching teilnahm.

Die Aufteilung der Führungskräfte in den Gruppen ergab sich durch die unterschiedliche Ansprache der Firmen – den Firmen wurde nur eines der beiden Programme angeboten, so dass die teilnehmenden Führungskräfte sich das Programm nicht auswählen konnten. Dadurch wurde verhindert, dass persönliche Vorlieben oder Fähigkeiten der Coachees (wie Selbstdiszipliniertes Arbeiten) die Wahl der Methode beeinflussen. Den Führungskräften in der Kontrollgruppe (KG)

[69] Da das Coaching zu einem geringen Honorarsatz angeboten wurde, um den Anreiz für eine Teilnahme zu erhöhen, war es den Coaches nur zuzumuten regionalnah Coachees zu akquirieren. Desweiteren war das Forschungsbudget eingegrenzt, so dass die Reisekosten der Projektleiterin gering gehalten werden mussten.

wurde ein Coaching nach der Untersuchung als Gegenleistung und Anreiz angeboten.

5.5.3.2 Beschreibung der Stichprobe

Die für die Studie gewonnenen Führungskräfte arbeiten fast alle in Firmen aus der Osnabrücker Umgebung. Die Firmen gehören unterschiedlichen Branchen an.

Stichproben-merkmale	**EC**	**ASC**	**KG**
Branchen	Chemie (7[70]) EDV-Dienstleister (1)	Chemie (5) Personaldienstleister (2) Automobilzulieferer (1)	Chemie (1) Lebensmittel (1) Sozialer Dienstleister (2) Öffentlicher Dienst (3) Textil (1)
Größe der Unternehmen	3 Firmen (1000 - 2000 MA) 1 Firma (< 100 MA)	1 Firma (1000 - 2000 MA) 2 Firmen (< 100 MA)	3 Firmen (>2000 MA) 2 Firmen (1000 - 2000 MA 2 Firmen (>100 MA) 1 Firma (< 100 MA)
Geschlecht der Coachees	6 Männer 2 Frauen	4 Männer 4 Frauen	7 Männer 1 Frau

[70] Anzahl der Coachees

Stichproben-merkmale	**EC**	**ASC**	**KG**
Führungserfahrung der Coachees	≤ 5 Jahre = 4 6 - 10 Jahre = 2 > 10 Jahre = 2	≤ 5 Jahre = 6 6 - 10 Jahre = 1 > 10 Jahre = 1	≤ 5 Jahre = 5 6 - 10 Jahre = 1 > 10 Jahre = 2
Beruflicher Background der Coachees	Ingenieure, Betriebswirte, Wirtschaftsinformatik, kaufmänn. Ausbildung, Naturwissenschaftler	Betriebswirte, Ingenieure,	Betriebswirte, Verwaltungs-fachwirte, kaufmänn. Ausbildung, Techniker

Tab. 13: Stichprobendaten

Betrachtet man sich die Gruppen nach der Aufteilung der Geschlechter, so sind männliche Coachees in der Mehrzahl, was bezogen auf die Besetzung von Führungsstellen in der Wirtschaft nicht anders zu erwarten war. Bezüglich der Führungserfahrung unterscheiden sich die drei Gruppen nicht wesentlich voneinander. Innerhalb der Gruppen gibt es deutliche Unterschiede von 1 Jahre bis über 10 Jahren. Eine Mixtur zeigt sich im beruflichen Background der Teilnehmer: hier zeigen sich keine für die Untersuchung wichtigen Auffälligkeiten innerhalb der Gruppen.

Kapitel 6

Quantitative und qualitative Auswertung

„Zur Wahrscheinlichkeit gehört auch, dass das Unwahrscheinliche eintritt."

(Aristoteles)

6. Quantitative und qualitative Auswertung

In diesem Kapitel wird die Auswertung der quantitativen und qualitativen Daten im Allgemeinen vorgestellt.

6.1 Quantitative Auswertung

6.1.1 Schritt 1: Grafische und deskriptive Beschreibung

In einem ersten Schritt werden die durch die eingesetzten Instrumente (vgl. Kap. 5.4) gewonnenen Daten zu den einzelnen Hypothesen mit Hilfe von Boxplots grafisch dargestellt und deskriptiv beschrieben. Durch diese Form der Datenaufbereitung kann man den Median[71], die Varianz[72] und den Range[73] der einzelnen Gruppen (EC, ASC und KG) zu unterschiedlichen Zeitpunkten vergleichen. Mittelwerte werden in den Boxplots nicht dargestellt. Anstatt dessen wird der Median abgebildet. Der Median wird im Gegensatz zum Mittelwert von „Ausreißern“ nicht beeinflusst. Der Vorteil liegt

---

[71] Median = „Derjenige Wert einer Verteilung, der die Gesamtanzahl der Fälle in zwei Hälften teilt, so dass 50% aller Werte unter dem M., 50 % aller Fälle über ihm liegen“ (Bortz 1999, S. 751).

[72] Varianz = „Maß für die Unterschiedlichkeit der einzelnen Werte einer Verteilung“ (Bortz 1999, S. 755).

[73] Range ist die Variationsbreite, der entnommen werden kann, in welchem Bereich sich die Messwerte befinden. Sie wird ermittelt, indem man die Differenz aus dem größten und kleinsten Wert bildet.

darin, dass das Erkennen von Tendenzen in den Daten dadurch vereinfacht wird.

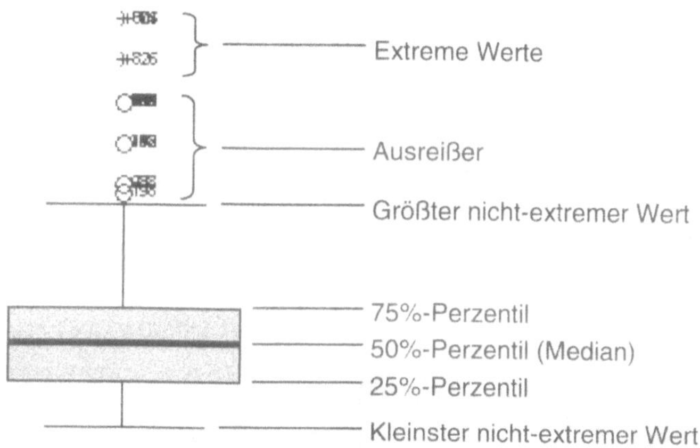

Abb. 23: Bedeutung der Symbole in den Boxplots (Brosius 1998, S. 876)

6.1.2 Schritt 2: Statistische Hypothesentestung

6.1.2.1 Einfaktorielle Varianzanalyse ohne Messwiederholung

Die Forschungsfrage 1 wurde mit Hilfe der Varianzanalyse (ANOVA) ohne Messwiederholung (Mwh.) bezogen auf die abhängigen Variablen Zufriedenheit, Zielerreichung und praktischer Nutzen getestet. Hier geht es um die Überprüfung zweier Gruppen (EC und ASC) hinsichtlich ihrer Unterschiedlichkeit in diesen abhängigen Variablen. Die ANOVA ohne Mwh. ist bei zwei Gruppen identisch mit dem t-Test für unabhängige Stichproben. Die ANOVA wurde deswegen gerechnet, da man im SPSS bei diesem Test zusätzlich die Effektgröße und die Schärfe ausgewertet bekommt. Bei der Berechnung wurde eine Irrtumswahrscheinlichkeit von $\alpha = 0.05$ zugrunde gelegt.

Voraussetzungen für die ANOVA ohne Mwh. sind (Gediga 1998):

- Intervallskalenniveau der abhängigen Variablen
- Wenig Extremwerte, keine Ausreißer
- Normalverteilung der Grundgesamtheit, aus denen die Stichprobe entnommen wurde
- Varianzhomogenität
- Die einzelnen Voraussetzungen wurden im Rahmen dieser Untersuchung erfüllt[74] (vgl. hierzu SPSS-Ausdrucke im Anhang).

6.1.2.2 Multivariate Varianzanalyse mit Messwiederholung

Zu den Forschungsfragen 2 und 3 wurden 5 bzw. 3 Hypothesen und damit verbunden 5 bzw. 3 abhängige Variablen entwickelt und operationalisiert.

[74] Vereinzelt treten Extremwerte und Ausreißer auf. Darauf wird bei den betroffenen Hypothesen eingegangen.

Forschungsfrage 2: **Entwicklung neuer Sichtweisen**	**Forschungsfrage 3:** **Entwicklung neuer, erfolgsversprechenderer Handlungsmöglichkeiten**
Abhängige Variablen: ▪ Wahrgenommene Eigenanteile ▪ Wahrgenommene Wechselwirkungen ▪ Wahrgenommene Situationsabhängigkeit ▪ Wahrgenommene Kontrolle ▪ Wahrgenommene Aspekte	Abhängige Variablen: ▪ Wahrgenommene Problemlösungen ▪ Wahrgenommene positive Konsequenzen ▪ Subjektive Einschätzung in bezug auf erfolgreichen Umgang mit dem Thema

Tab. 25: Die abhängigen Variablen der Forschungsfragen 2 und 3

Für die Forschungsfragen 2 und 3 ergibt sich demnach ein 3 x 2 -Design mit 5 bzw. 3 abhängigen Variablen[75].

Um Veränderungen innerhalb der Gruppen (EC, ASC und KG) über die Zeit und die Unterschiede der Gruppen in der Veränderung messen zu können (= Interaktionen), wurden die Forschungsfragen 2 und 3 mit Hilfe des Statistikprogramms SPSS jeweils in Form einer multivariaten Varianzanalyse mit Messwiederholung (MANOVA) getestet[76]. Bei der Berechnung wurde eine Irrtumswahrscheinlichkeit von $\alpha = 0.05$ zugrunde gelegt.

[75] 3 Faktorenstufen (EC, ASC, KG) x 2 Zeitpunkte x 5 bzw. 3 abhängige Variablen

76 Multivariate Methoden werden dann eingesetzt, wenn Hypothesen geprüft werden, die sich auf das Zusammenwirken vieler abhängiger und unabhängiger Variablen beziehen (vgl. Bortz 1999, S. 425).

Folgende Voraussetzungen der MANOVA (v. Kannen 2002) müssen gegeben sein:

- Intervallskalenniveau der abhängigen Variablen
- Unabhängigkeit der Fehlerkomponenten innerhalb einer und zwischen mehreren Stichproben (Der F-Test führt zu richtigen Entscheidungen, da die mit dieser Voraussetzung verbundene Forderung nach homogenen Korrelationen bei nur zwei Messzeitpunkten bedeutungslos ist. Somit ist diese Voraussetzung in Rahmen dieser Arbeit zu vernachlässigen (vgl. Bortz 1999, S. 339 ff.)
- Multivariate Normalverteilung der abhängigen Variablen in den einzelnen Faktorstufen in der Population (wird in der Regel nicht überprüft)
- Homogenität der Varianz-Kovarianz-Matrix: Bei gleich großen Gruppen ist die MANOVA robust gegen die Verletzung der Varianzhomogenität – da die Gruppen mit jeweils 8 Personen besetzt sind, ist dieses Kriterium eher zu vernachlässigen. Die Sphärizität wird automatisch mit Hilfe des Mauchly-Tests überprüft.)

Diese Voraussetzungen werden in beiden gerechneten MANOVAs erfüllt (vgl. Anhang 3.4 und 3.5).

6.1.2.3 Einfaktorielle Varianzanalyse mit Messwiederholung

Univariate Varianzanalysen (ANOVA) werden im Programm SPSS standardmäßig nach der MANOVA errechnet. Sie dienen dazu, bei signifikanten Ergebnissen der MANOVA festzustellen, bei welchen Variablen es univariat signifikante Unterschiede gibt. Auch hier wurde bei der Berechnung eine Irrtumswahrscheinlichkeit von $\alpha = 0.05$ zugrunde gelegt. Aber auch bei nicht signifikanten Effekten bei der MANOVA erschien es sinnvoll, die einzelnen Variablen hinsichtlich auffallender Tendenzen genauer zu beleuchten. Schließlich ist es möglich, dass bei einzelnen abhängige Variablen Effekte oder stark auffallende Tendenzen zu erkennen sind, die in der MANOVA alleine nicht aufgefallen wären. Bei nicht signifikanten Ergebnissen ($p > 0.05$) wurde in dem Zusammenhang der p-Wert unter Berücksichtigung einer Irrtumswahrscheinlichkeit von $\alpha = 0.1$ erneut bewertet. Zwar ist eine Irrtumswahrscheinlichkeit von 10% relativ hoch, trotzdem erschien es sinnvoll, diese Analyse vorzunehmen, um somit mögliche Tendenzen in den Daten ausfindig zu machen.

Normalerweise wäre das Errechnen der ANOVAs statistisch wegen der Gefahr der α-Kummulierung[77] nicht erlaubt. Da das Ziel dieser Pilotstudie neben der Überprüfung der Hypothesen auch ist, Tendenzen aufzudecken und Empfehlungen für weitere Untersuchungen zu geben, erschien es trotzdem sinnvoll, diesen Weg zu gehen. Aus diesem Grund wurde auch auf eine α-Adjustierung verzichtet.

Bei der Forschungsfrage 4, bei der eine abhängige Variable (emotionale Entlastung) über drei Gruppen und zwei Messzeitpunkte gemessen wurde, wurde demnach auch eine ANOVA mit Messwiederholung gerechnet.

[77] Es besteht die Gefahr, dass es durch die ANOVAs von Variablen, die inhaltlich miteinander zusammenhängen, zu gehäuften α-Fehlern kommen kann, d.h. dass ein Unterschied in den Gruppen erkannt wird, obwohl er real nicht vorhanden ist.

Bei der einfaktoriellen Varianzanalyse mit Messwiederholung (ANOVA mit zwei Messzeitpunkten) sind folgende Voraussetzungen notwendig (vgl. Gediga 1998, Bortz 1999):

- Intervallskalenqualität der abhängigen Variablen
- Wenig Extremwerte und keine Ausreißer
- Varianzhomogenität (Gleichheit der Varianzen in den Gruppen)
- Normalverteilte Populationswerte
- Sphärizitätsannahme: Die Varianz der Differenzen von je zwei Messzeitpunkten (in der Population) müssen identisch sein. Bei nur zwei Messzeitpunkten gibt es nur eine Differenz, so dass diese Bedingung stets erfüllt ist.[78]

Die Voraussetzungen werden in allen Hypothesen erfüllt[79] (vgl. Anhang 3.4 - 3.6).

A priori Kontraste

Für die Interpretation der Hypothesen ist es nicht nur wichtig zu wissen, dass es Unterschiede über die Zeit in den Gruppen gibt, sondern auch welche Gruppen sich unterscheiden. Besteht ein signifikanter Unterschied zwischen KG und ASC oder unterscheiden sich auch ASC und EC voneinander? Führt eine Varianzanalyse zu einem signifikanten Ergebnis, so macht die Interpretation dieses Ergebnisses erst dann inhaltlich Sinn, wenn man weiß, welche Gruppen sich voneinander signifikant

[78] Die Zirkularitätsannahme wird mit dem Mauchly-Test auf Sphärizität überprüft.

[79] Vereinzelt treten Extremwerte und Ausreißer auf. Darauf wird bei den betroffenen Hypothesen eingegangen.

unterscheiden. Gruppenunterschiede können mit a priori (vor der Untersuchungsdurchführung aufgestellte Hypothese) oder a posteriori (nachträglich durchgeführte Analyse) Kontrasten (= Einzelvergleiche) analysiert werden. Im Rahmen dieser Arbeit werden Gruppenunterschiede in den Hypothesen explizit angenommen, so dass a priori Kontraste parallel zur Varianzanalyse gerechnet werden konnten. Dabei wurde der Helmert-Kontrast gewählt: Hierbei wird der Mittelwert jeder Stufe des Faktors (bis auf die letzte) mit dem Mittelwert der folgenden Stufen verglichen: KG mit ASC und EC und in einem zweiten Schritt wird ASC mit EC verglichen(vgl. Gediga 1998).[80]

6.1.3 Schritt 3: Interpretation der statistischen Ergebnisse mit Hilfe der Poweranalyse und Korrelationen

Um die Ergebnisse hinsichtlich ihrer Aussagekraft besser interpretieren zu können, werden die Ergebnisse auch hinsichtlich ihrer Power (Effektgröße und Schärfe) analysiert. Basierend darauf werden Überlegungen bezüglich der Stichprobengröße in Folgeuntersuchungen vorgenommen.

6.1.3.1 Effektgröße

Ein Unterschied, der zwischen zwei Populationen mindestens bestehen muss, um von einem praktisch bedeutsamen Unterschied sprechen zu können, bezeichnet man als Effektgröße (vgl. Bortz 1999). Aufgrund der geringen Stichprobengröße werden höchstens große Effekte ($eta^2 \geq$

[80] α-Fehler-Korrekturen sind bei a priori Kontrasten nicht notwendig, da sie theoretisch gut begründet sind (vgl. Bortz 1999, S. 262).

0,138) deutlich werden, wohingegen kleinere Effekte (eta^2 = 0,01), die bei einer größeren Stichprobe signifikant würden in dieser Studie nicht deutlich werden.

Effekt	**klein**	**mittel**	**groß**
Größe (eta^2)	0,01	0,059	0,138

Tab. 26: Effektgrößen nach Cohen (1988)

Die gefundene (errechnete) Effektgröße kann als Schätzung für die in der Population vorhandene betrachtet werden. Mit Hilfe dieses Wertes können dann Überlegungen zur erforderlichen Stichprobengröße bei Folgeuntersuchungen angestellt werden, um mögliche signifikante Ergebnisse zu erzielen. Für diese Überlegungen wurde die Tabelle von Bortz u. Döring (1995, S. 577) benutzt. Diese Tabelle bezieht sich auf eine Power[81] von .80.

Freiheitsgrade	α = 0.05		
	klein	mittel	groß
df = 2	180	27	11

Tab. 27: Optimale Stichprobenumfänge (Bortz u. Döring 1995, S. 577)

„Eine einfaktorielle Varianzanalyse über p Gruppen hat p-1 Zählerfreiheitsgrade (df)" (Bortz u. Döring 1995, S. 577). Da es

[81] Die Power oder auch Teststärke gibt an, mit welcher Wahrscheinlichkeit ein Unterschied oder Zusammenhang entdeckt wird, wenn er existiert. Der β-Fehler ist im Gegensatz zum α-Fehler die Irrtumswahrscheinlichkeit, dass ein Unterschied entdeckt wird, der nicht wirklich existiert (vgl. Bortz 1999). Die Power drückt sich in 1 - β aus.

in dieser Arbeit 3 Gruppen gibt, beträgt der Freiheitsgrad df = 2. Es wird ein α von .05 angenommen.

Beispiel:

Die Effektgröße in der ANOVA ergibt .251, d.h. dass ein großer Unterschied zwischen den Gruppen erkannt wurde. Man geht demnach davon aus, dass man für eine statistische Absicherung der Unterschiede mit α = .05 pro Gruppe 11 oder als Gesamtstichprobe 33 Personen benötigt, wenn sich die drei Gruppen stark unterscheiden ($eta^2 = .251$ - große Effektgröße).

6.1.3.2 Schärfe

Die Schärfe gibt die Größe der Power an, wenn der empirisch gefundene Effekt auch der Effekt in der Population wäre (vgl. Gediga 1998). Dieser Wert kann in SPSS bei den Prozeduren MANOVA und ANOVA optional ausgegeben werden und gibt einen Anhaltspunkt darüber, wie wahrscheinlich ein Unterschied in der Population entdeckt wird, wenn er wirklich existiert. Ein guter Wert ist hier wie bei der Power .80.

6.1.3.3 Korrelationen

Um mögliche Zusammenhänge zwischen den Selbststeuerungskomponenten aus dem SSI-K und den Ergebnisvariablen „Zufriedenheit", „Zielerreichung" und „praktischer Nutzen" ausfindig zu machen, wurden Korrelationen berechnet. Die Skalen des SSI-K wurden pro Person so ausgewertet, indem die einzelnen Items der Skalen unter Berücksichtigung möglicher Umpolungen aufaddiert wurden. Die Skalenwerte gingen dann in die Korrelationsberechnung ein.

6.2 Qualitative Auswertung des Abschlussinterviews

Die Aussagen der Teilnehmer aus dem Abschlussinterview, mit dem die abhängigen Variablen Zufriedenheit, Zielerreichung und praktischer Nutzen (Forschungsfrage 1) operationalisiert wurden, wurden qualitativ ausgewertet. In diesem Kapitel wird auf die Aufbereitung und Auswertung dieser Interviews eingegangen. Zunächst erfolgt die Darstellung der Interviewaufbereitung (Transkriptionsregeln). Danach wird die qualitative Inhaltsanalyse nach Mayring (1995), die Auswahl der Analysetechniken sowie das konkrete Auswertungsvorgehen in dieser Untersuchung vorgestellt. Zum Abschluss wird das Verfahren hinsichtlich der Gütekriterien bei Inhaltsanalysen bewertet.

6.2.1 Aufbereitung der Abschlussinterviews

Grundlage für eine inhaltsanalytische Auswertung ist eine schriftliche Form der Interviewaussagen in Form transkribierter Tonbandaufzeichnungen. Da es ein standardisiertes Transkriptionsverfahren nicht gibt, wurden die Aussagen angelehnt an die Empfehlungen von Bortz u. Döring (1995)[82] aufbereitet.

Relevant bei der Aufbereitung waren ausschließlich die inhaltlichen Äußerungen (wörtlich) der interviewten Teilnehmer.

[82] Situationsdaten erfassen, Äußerungen des Interviewers / Interviewten kennzeichnen, Sprecherwechsel neue Zeile, Anonymisierung dritter Personen, Glättung der Aussagen (konventionelle Orthografie), Zwischenlaute weglassen, Abgebrochene Aussagen mit „..." kennzeichnen (vgl. Bortz u. Döring 1995).

Nonverbale (z.B. Mimik, Gestik, Blickkontakt) oder Füllwörter, Husten oder Lachen wurden nicht berücksichtigt. Die Fragen oder Äußerungen der Interviewerin wurden nicht transkribiert. Nachfragen der Interviewerin, die für die Verständlichkeit der Teilnehmerzitate wichtig erschienen wurden in Klammern in Form von Stichworten dargestellt. Diese verkürzte Darstellung der Intervieweräußerungen erschien ökonomischer und zielorientierter, da Ziel der Inhaltsanalyse nicht die Analyse der Interviewprozesse zwischen den Beteiligten war, sondern ausschließlich die Auswertung der Teilnehmeraussagen bezogen auf Zufriedenheit, Zielerreichung und praktischer Nutzen. Als Protokolltechnik wurde die Übertragung in normales Schriftdeutsch angewandt (Dialekt wurde nicht übernommen), wobei Satzbaufehler wörtlich übernommen wurden. Aussagen oder Namen, die die Anonymität des Interviewten verletzen würden, wurden ausgelassen (...) oder durch neutrale Wörter (wie Funktionen - Abteilungsleiter) ersetzt. Damit aufgrund der kleinen Gruppengröße (EC) keine Rückschlüsse auf die Coachees möglich sind, wurden auch die Namen der Coaches durch „der Coach" ersetzt. Die Äußerungen der Teilnehmer wurden in ein Tabellenkalkulationsprogramm eingegeben, wobei für beide Gruppen (EC und ASC) eine eigene Datei angelegt wurde (siehe Anhang). Pro Zeile wurde zusammenhängend die Äußerung des Teilnehmers bezogen auf eine Interviewerfrage transkribiert. Nach Nachfragen, neuen Leitfragen der Interviewerin oder einem neuen inhaltlichen Aspekt, den der Interviewte nannte, wurde eine neue Zeile begonnen. Die Äußerungen wurden kodiert nach Teilnehmernummer (EC1 oder ASC3) und digitaler Time-

Anzeige (z.B. Track 5 Zeit 01:55 = 05/01:55)[83]. Pro Teilnehmer gab es ein Tabellenblatt.

6.2.2 Die qualitative Inhaltsanalyse nach Mayring

Die qualitative Inhaltsanalyse nach Mayring (1995) ist ein Verfahren mit dem Aussagen von Personen nach bestimmten Regeln ausgewertet werden können. Die Inhaltsanalyse will fixierte (z.B. schriftliche) Kommunikation systematisch, regel- und theoriegeleitet untersuchen. Ziel ist es, Rückschlüsse auf bestimmte Aspekte der Kommunikation zu ziehen: dies können u.a. Aussagen über den Interviewten sein (seine Meinungen, Interessen oder Absichten). Diese Methode folgt einem festgelegten, systematisierten Ablaufplan. Vorteil ist hierbei, dass sie durch ihre Transparenz vor Beliebigkeit von Interpretationen schützt und Replizierbarkeit ermöglicht.

[83] Die Interviews wurden mit einem Mini-Disk-Player aufgezeichnet – dadurch waren die Tonqualität der Aufnahmen sowie die Lokalisierung der Aussage wesentlich besser als mit Tonbändern.

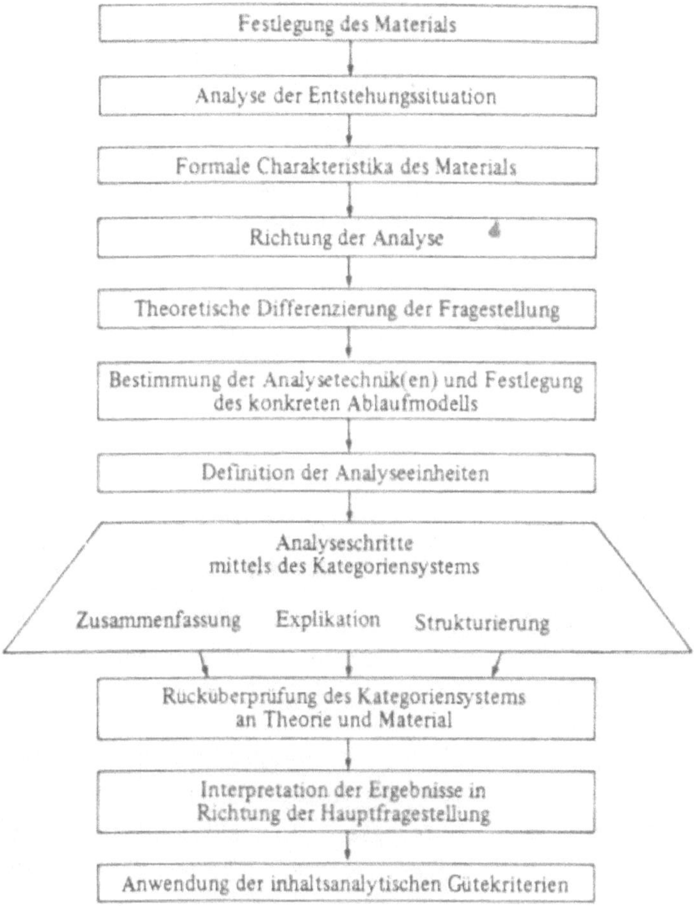

Abb. 24: Allgemeines Ablaufmodell nach Mayring (1995)

Im Rahmen dieser Studie sieht der konkrete Ablaufplan wie folgt aus:

Festlegung des zu analysierenden Materials:

Ziel der Inhaltsanalyse ist die Beantwortung der Forschungsfrage 1. Demnach sind sämtliche Aussagen der interviewten Teilnehmer, die auf die Beantwortung der Forschungsfrage abzielen von Bedeutung.

Analyse der Entstehungssituation:

Die Interviewten wurden im Rahmen ihrer EC bzw. ASC-Teilnahme nach der jeweiligen Intervention befragt. Es handelt sich bei dem Abschlussinterview um ein halbstrukturiertes Leitfadeninterview. Neben den festgelegten Leitfragen sind Verständnis- und Nachfragen seitens des Interviews je nach Situation möglich.

Formale Charakteristika des Materials:

Wie schon in Kapitel 6.2.1 beschrieben wurden die Aussagen der Interviewten nach bestimmten Regeln transkribiert.

Richtung der Analyse:

Im Hinblick auf die Zielsetzung der Analyse sind ausschließlich die inhaltlichen Äußerungen der Teilnehmer zu den gestellten Interviewfragen von Interesse. Interaktionen zwischen Interviewerin und Interviewten stehen nicht im Zentrum der Untersuchung, so dass die Intervieweraussagen vernachlässigt wurden.

Theoretische Differenzierung:

Zur Systematisierung der Auswertung gehört es auch festzulegen, unter welch theoretischer Fragestellung die

Ergebnisse ausgewertet werden. Die Forschungsfrage, die mit Hilfe der Analyse beantwortet werden sollte, lautet:

Inwieweit unterscheiden sich EC und ASC in der Zufriedenheit, der Zielerreichung und der Einschätzung des praktischen Nutzens aus Sicht der Coachees?

Bestimmung der Analysetechniken:

Mayring (1995) unterscheidet drei Analysetechniken: Zusammenfassung, Explikation und Strukturierung. Explikation[84] und Strukturierung lassen sich noch weiter differenzieren (siehe Tab. 28), so dass man insgesamt sieben Analysetechniken unterscheiden kann.

Formen der Analyse	Differenzierungen
Zusammenfassung	Zusammenfassung
Explikation	Enge Kontextanalyse Weite Kontextanalyse
Strukturierung	Formale Strukturierung Typisierende Strukturierung Skalierende Strukturierung Inhaltliche Strukturierung

Tab. 28: Katalog qualitativer Analysetechniken (vgl. Mayring 1995, S. 55)

[84] Explikation: „Ziel der Analyse ist es, zu einzelnen fraglichen Textteilen (Begriffen, Sätzen,...) zusätzliches Material heranzutragen, das das Verständnis erweitert, das die Textstelle erläutert, erklärt, ausdeutet" (Mayring 1995, S. 54). Da die Explikation in dieser Arbeit nicht angewendet wird, wird auf eine ausführlichere Darstellung verzichtet.

- ***Zusammenfassung:***

  „Ziel der Analyse ist es, das Material so zu reduzieren, dass die wesentlichen Inhalte erhalten bleiben, durch Abstraktion einen überschaubaren Corpus zu schaffen, der immer noch Abbild des Grundmaterials ist" (Mayring 1995, S. 54).

  - ***Paraphrasierung:***

    Auslassen von ausschmückenden Redewendungen, Wörtern

    Umwandlung in grammatikalische Kurzform

  - ***Generalisierung:***

    Aussagen werden mit Hilfe übergeordneter Begriffe auf ein einheitliches Abstraktionsniveau gebracht.

  - ***Selektion:***

    Zentrale Aussagen werden beibehalten.

  - ***Bündelung:***

    Ähnliche Aussagen werden gebündelt.

  - ***Konstruktion/Integration:***

    Gebündelte Aussagen werden durch eine neue Aussage wiedergegeben. Es entsteht ein System mit den zentralen Kategorien.

Die Zitate aus der Transkription könnten demnach mit Hilfe übergeordneter Begriffe auf ihre zentralen Aussagen hin generalisiert und in einem nächsten Schritt z.B. Aussagen von unterschiedlichen Personen zu dem gleichen Thema auf eine allgemeingültige Aussage reduziert werden.

- ***Strukturierung:***

  „Ziel der Analyse ist es, bestimmte Aspekte aus dem Material herauszufiltern, unter vorher festgelegten Ordnungskriterien einen Querschnitt durch das Material zu legen oder das Material aufgrund bestimmter Kriterien einzuschätzen" (Mayring 1995, S. 54). Die Struktur wird in Form eines Kategoriensystems an das Material herangeführt. Die Kategorien ergeben sich aus den Forschungsfragen und theoretischen Begründungen. Die Zuordnung von Aussagen zu bestimmten Kategorien erfolgt nach der Definition der Kategorie, der Formulierung von Ankerbeispielen und nach festgelegten Kodierregeln. Dieses Vorgehen hat das Ziel eine hohe Auswertungsübereinstimmung zu erreichen. Während der Strukturierung können die Definition, Ankerbeispiele und Kodierregeln modifiziert werden. Die Schwerpunkte der Analyse liegen bei der formalen Strukturierung in den Satzstrukturen, bei der typisierenden Strukturierung in dem Extrahieren von markanten Bedeutungsgegenständen. Ziel der skalierenden Strukturierung ist es, das vorliegende Material auf einer Skala einzuschätzen. Bei der inhaltlichen Strukturierung werden Aussagen bestimmten Kategorien, die in Bezug auf bestimmte Fragestellungen hergeleitet werden, zugeordnet. Diese Kategorien können wiederum in Subkategorien aufgeteilt werden.

Im Rahmen dieser Untersuchung ist die inhaltliche Strukturierung zur Auswertung geeignet. Es wird angelehnt an die Leitfragen des Interviews ein Kategoriensystem entwickelt und die Aussagen den deduktiv gewonnenen Kategorien (z.B. praktischer Nutzen, Material, Ort...) mit Hilfe der Definitionen,

Ankerbeispiele und den Kodierregeln zugeordnet. Allerdings konnten einige Subkategorien (z.B. Selbstdisziplin, Selbstreflexion) vor der Zuordnung der Aussagen nicht formuliert werden, da im Vorfeld nicht klar war, woran die Teilnehmer z.B. die Zufriedenheit festmachen (positive und negative Aspekte). Deswegen wurden zusätzlich induktiv gebildete Subkategorien gebildet, die eine Berücksichtigung von relevanten Aspekten, die sich aus den Interviews ergeben, ermöglichen.

Das Kategoriensystem in dieser Untersuchung sah wie folgt aus (induktiv erarbeitete Subkategorien, die sich zusätzlich aus den Aussagen ergaben sind kursiv markiert).

Kategoriensystem für EC
(1)Zufriedenheit
(1.1) Coachingprozess inhaltlich
(1.1.1) Reflexion über sich selbst
(1.1.2) Feedback/Anregungen durch den Coach
(1.1.3) Nachhaken/Umsetzungsvereinbarung
(1.1.4) Individualität im Coaching
(1.1.5) Beziehungsqualität zwischen Coachee und Coach
(1.1.6) Methodeneinsatz
(1.2) Organisatorisches / Rahmenbedingungen
(1.2.1) Anzahl der Sitzungen
(1.2.2) Ort
(1.2.3) Abstand der Sitzungen
(1.2.4) Vorbereitung der Sitzung durch Coachee
(1.2.5) Länge der Sitzungen
(1.2.6) Material (Coachingmappe etc.)
(2) Zielerreichung
(3) Praktischer Nutzen

Tab. 29: Kategoriensystem für EC

Kategoriensystem für ASC
(1) Zufriedenheit
(1.1) ASC-Prozess inhaltlich
(1.1.1) Reflexion über sich selbst
(1.1.2) Fehlendes Feedback
(1.1.3) Inhaltliche Verbindlichkeit, Umsetzungsvereinbarung
(1.1.4) Freiheit im ASC
(1.1.5) Problem mit Strukturierung
(1.2) Organisatorisches / Rahmenbedingungen
(1.2.1) Selbstdisziplin im Durchführen der Sitzungen
(1.2.1.1) Rahmen des Programms (Projekteinbindung)
(1.2.1.2) Nachhaken durch Projektleiterin
(1.2.2) Länge der Sitzungen
(1.2.3) Ort
(1.3) Material
(1.3.1) Allgemein
(1.3.2) Leittexte
(1.3.3) Literatur
(2) Zielerreichung
(3) Praktischer Nutzen
(4) Voraussetzungen für ASC seitens der Teilnehmer

Tab. 30: Kategoriensystem für ASC

Die Kodierregeln und Ankerbeispiele der einzelnen Kategorien sind im Anhang dargestellt (siehe Anhang 3.1 und 3.2).

Definition der Analyseeinheiten:

Um die Präzision der Inhaltsanalyse zu erhöhen, werden Analyseeinheiten festgelegt (vgl. Mayring 1995).

	Kodiereinheit	**Kontexteinheit**	**Auswertungs-einheit**
Allgemeine Beschreibung	Es wird festgelegt, welches der kleinste Materialbestandteil bzw. der minimale Textteil ist, der unter eine Kategorie fallen kann.	Es wird festgelegt, welches der größte Textbestandteil ist, der unter eine Kategorie fallen kann	Es wird festgelegt, welche Textteile jeweils nacheinander ausgewertet werden.
Konkrete Festlegung für diese Untersuchung	Sätze	Komplette Antwort zu einer Frage	Die jeweiligen Interviews werden nacheinander getrennt nach Gruppen (EC, ASC) ausgewertet.

Tab. 31: Festlegung der Analyseeinheiten

Analyseschritte mittels des Kategoriensystems und Rücküberprüfung des Kategoriensystems an Theorie und Material:

Die beiden Teilnehmergruppen (EC und ASC) wurden getrennt voneinander (unterschiedliche Dateien) ausgewertet. Jedes Interview wurde in einem gesonderten Tabellenblatt transkribiert (zu den Transkriptionsregeln vgl. Kap. 6.1.2.1). In einem Tabellenblatt bildeten die deduktiv ermittelten Kategorien (in Zeilen) das Gerüst für die Auswertung. Jede einzelne Interviewaussage (inklusive Teilnehmernummer und

Fundstelle auf der Mini Disk) wurde in das Kategoriensystem übernommen und nach den Kodierregeln und Ankerbeispielen zugeordnet. Aus den verbliebenen Aussagen wurden nach der zusammenfassenden Inhaltsanalyse, die zur induktiven Kategorienbildung geeignet ist (vgl. Mayring 1995), neue Subkategorien gebildet und in das Kategoriensystem eingebettet. Hierfür wurden dann wiederum die Kodierregeln und Ankerbeispiele definiert. Des weiteren waren entsprechend der Aussagen Änderungen in den Kategorien möglich. Eine regelmäßige Rücküberprüfung des Kategoriensystems an Theorie und Material war somit in die Auswertung eingebaut. Am Ende gab es zwei Tabellenblätter, in denen jeweils die kompletten EC und ASC-Aussagen aus dem Abschlussinterview in dem entsprechenden Kategoriensystem abgebildet waren.

Innerhalb der Kategorien bzw. Subkategorien wurden die Aussagen in Form der zusammenfassenden Inhaltsanalyse von Mayring zusammengefasst. In einem ersten Schritt wurden die Zitate der einzelnen Personen auf ihren wesentlichen Inhalt generalisiert. Der zweite Schritt bestand darin, die generalisierten Ausführungen unterschiedlicher Personen zu einer Subkategorie zu einer zentralen Aussage zu reduzieren.

Interpretation der Ergebnisse in Richtung Hauptfragestellung:

Die Ergebnisinterpretation wird im Ergebnisteil unter der Forschungsfrage 1 vorgestellt.

Anwendung der inhaltsanalytischen Gütekriterien

Wie in der quantitativen Forschung werden auch in qualitativen Untersuchungen die Ergebnisse anhand von speziellen Gütekriterien bewertet.

Zur Überprüfung der Ergebnisgüte in dieser Untersuchung werden folgende Kriterien (in Anlehnung an Mayring 1999) bewertet.

- ***Verfahrensdokumentation***
  Das Verfahren, mit dem die qualitativen Daten ausgewertet wurden, müssen im Detail dokumentiert werden, um den Forschungsprozess für Dritte nachvollziehbar werden zu lassen. In dem Kapitel 6.2 wurde das gesamte Auswertungsverfahren vorgestellt, so dass dieses Kriterium erfüllt wird.
- ***Argumentative Interpretationsabsicherung***
  Interpretationen spielen eine wichtige Rolle in der qualitativen Auswertung. Da sie sich nicht beweisen lassen, müssen sie nachvollziehbar argumentiert werden und schlüssig sein. Dabei ist es auch wichtig Alternativdeutungen zu suchen und zu überprüfen. Mögliche Interpretationen wurden im Rahmen dieser Arbeit mit Hilfe von psychologischen Theorien (z.B. kognitive Dissonanzreduktion[85] – vgl. Kap. 8.1.3.3) begründet. Wenn die Daten nicht eindeutig waren, wurden auch mehrere Erklärungsalternativen aufgeführt.
- ***Regelgeleitetheit***
  Zwar muss die qualitative Forschung offen sein für Modifizierung im Laufe der Auswertung, trotzdem ist

[85] Theorie über die Verarbeitung relevanter Informationen nach einer Entscheidung (...). Sie geht von dem Sachverhalt aus, dass bevorzugt Informationen ausgewählt werden, die eine getroffene Entscheidung als richtig erscheinen lassen, und dass gegenteilige Informationen „abgewehrt" oder nicht beachtet werden..." (Bergius 1998 in Dorsch et al 1998, S. 441).

eine Systematisierung des Vorgehens sehr wichtig: d.h., dass das Vorgehen vorher festgelegt wird. Die qualitative Auswertung im Rahmen dieser Arbeit lehnt sich an das Vorgehen von Mayring (1995) an und die Verfahrensdokumentation in Kapitel 6.2.2 beinhaltet klare Regeln der Vorgehensweise.

- ***Nähe zum Gegenstand***

  Qualitative Forschung hat den Anspruch, dass die erhobenen Daten möglichst nahe den Alltag des Forschungsteilnehmers widerspiegeln. Daher führt eine Untersuchung „im Feld" im Vergleich zu Laboruntersuchungen zu einer höheren Interessensübereinstimmung. Diese Forschungsarbeit ist eine Felduntersuchung und lässt daher eine große Nähe zum Gegenstand vermuten.

- ***Kommunikative Validierung***

  Die Interpretationen der Daten sollten mit den „Beforschten" diskutiert und abgestimmt werden, um sicher zu gehen, dass die Aussagen der Beforschten richtig verstanden und bewertet wurden. In dieser Arbeit wurden die Aussagen auf Tonband aufgezeichnet und transkribiert. Die Zuordnung in die Kategorien und die Reduktion der Aussagen wurde mit einem zweiten Forscher gegengecheckt. Das Gesamtergebnis wurde den Teilnehmern im Allgemeinen im Rahmen einer Veranstaltung vorgestellt und diskutiert. Die einzelnen Auswertungsschritte wurden mit den Beteiligten aus ökonomischen Gründen nicht rücküberprüft. Allerdings ist davon auszugehen, dass aufgrund der Worttreue in den Transkripten und der Unterstützung durch einen zweiten Forscher das Kriterium zufriedenstellend, wenn auch nicht optimal erfüllt wurde.

6.3 Auswertung des Kurzinterviews

Das Kurzinterview, das vor der Intervention geführt wurde, diente dazu, Störvariablen wie z.B. Führungserfahrung, strukturelle Rahmenbedingungen und Erfahrungen mit Coaching zu erfassen. Diese Aussagen wurden in den Stichprobendaten (vgl. Kap. 5.5.3.2) aufgeführt und werden bei Bedarf in der Ergebnisdiskussion aufgegriffen.

6.4 Auswertung der Reflexion im P-S-I

Am Ende des P-S-I zu Zeitpunkt 2 (t2) wurden die beiden Strukturbilder (t1 und t2) miteinander verglichen und in Bezug auf Veränderungen und Auffälligkeiten von den Teilnehmern reflektiert. Diese Aussagen wurden transkribiert und nach der zusammenfassenden Inhaltsanalyse gruppenspezifisch zusammengefasst. Die Aussagen werden in der Ergebnisdarstellung der Forschungsfragen 2 und 3 (Entwicklung neuer Sichtweisen und neuer, erfolgsversprechenderer Handlungsmöglichkeiten) zur Interpretation der quantitativen Daten herangezogen.

Kapitel 7

Ergebnisdarstellung

„Es gibt wohl einen Zufall, aber viele Zufälle derselben Art sind keine."

(Jean Paul)

7. Ergebnisdarstellung

In diesem Kapitel werden die Ergebnisse der einzelnen Forschungsfragen mit ihren Hypothesen dargestellt und diskutiert. Am Ende werden die zentralen Kernaussagen der Untersuchung noch einmal zusammengefasst.

7.1 Ergebnisse der Forschungsfrage 1: Zufriedenheit, Zielerreichung und praktischer Nutzen

7.1.1 Hypothese 1: Zufriedenheit

Die EC-Coachees sind insgesamt zufriedener mit dem Coaching als die ASC-Coachees.

In den deskriptiven Daten unterscheiden sich ASC und EC bei gleich großer Varianz deutlich voneinander. Die meisten Werte im EC liegen deutlich über denen des ASC.

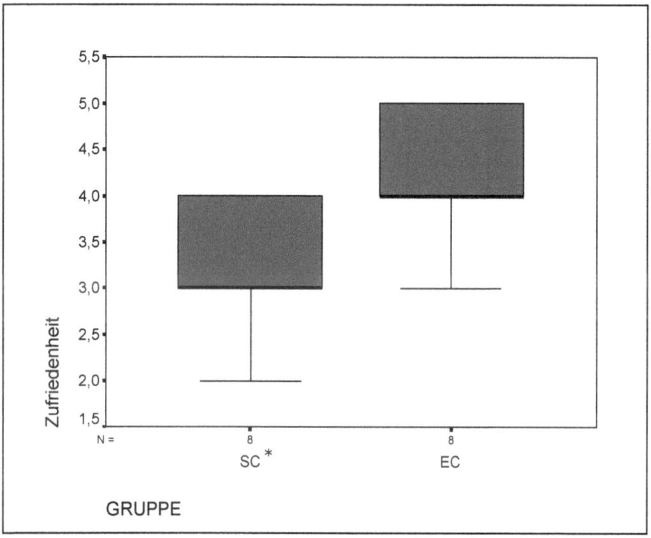

Abb 25: Boxplot - Zufriedenheit (* siehe [86])

Deskriptive Statistiken

Abhängige Variable: Zufriedenheit

GRUPPE	Mittelwert	Standarda bweichung	N
SC	3,25	,71	8
EC	4,25	,71	8
Gesamt	3,75	,86	16

Tab. 32: Deskriptive Statistik - Zufriedenheit

[86] In den SPSS-Tabellen und Boxplots ist die Gruppe ASC mit SC abgekürzt.

Trotz der geringen Stichprobengröße zeigt die ANOVA ohne Mwh., dass die EC-Gruppe sich bei einer Irrtumswahrscheinlichkeit von $\alpha = 0.05$ überzufällig von der ASC-Gruppe unterscheidet ($p = 0.013$).

Signifikanz (p)	Partielles eta^2	Beobachtete Schärfe
0.013	0.364	0.749

Tab. 33: ANOVA ohne Mwh. - Zufriedenheit

Das eta^2 ist mit 0.364 sehr hoch: es handelt sich hierbei somit um einen starken Effekt. Auch die Schärfe ist mit 0.749 hoch (vgl. Tab. 33). Die höhere Zufriedenheit der EC-Gruppe entspricht den Erwartungen.

7.1.1.1 Zufriedenheit: Ergebnisse aus der qualitativen Inhaltsanalyse

Die Ergebnisse aus der qualitativen Inhaltsanalyse werden wie folgt dargestellt: Zuerst werden die zusammengefassten Aussagen der EC-Coachees mit Beispielzitaten zu den einzelnen Subkategorien vorgestellt. Danach folgt die Darstellung der Ergebnisse aus der ASC-Gruppe. Am Ende werden die Resultate beider Gruppen hinsichtlich der wichtigsten Unterschiede und Gemeinsamkeiten verglichen und diskutiert.

7.1.1.1.1 Zufriedenheit aus Sicht der EC-Gruppe

Subkategorien zur Zufriedenheit	Aussagen der EC-Gruppe
1. Zufriedenheit	Insgesamt zufrieden, wenig Verbesserungsbedarf, gelungene Sache, wird in weitere Führungskräfteplanung eingebaut
(1.1) Coachingprozess inhaltlich	
(1.1.1) Reflexion über sich selbst	Reflexion über sich selbst wichtig, hat zum Nachdenken angeregt, es wurde einiges bewusst man bekommt anderen Blick auf das Problem, es schafft Klarheit, Struktur und Orientierung
(1.1.2) Feedback / Anregungen durch den Coach	Von Coach gute Anregungen bekommen, Feedback war positiv, man erfährt wie man auf andere wirkt
(1.1.3) Nachhaken / Umsetzungsvereinbarung	Gewisser Druck ist von Vorteil, Coach könnte bei Hausaufgaben noch mehr Druck machen
(1.1.4) Individualität im Coaching	Eingehen auf persönliche Probleme wurde als positiv erlebt, nicht so anonym wie bei anderen Weiterbildungs-veranstaltungen, daher hervorragende Alternative zu anderen PE-Maßnahmen, dadurch kann mehr die Persönlichkeit gestärkt werden
(1.1.5) Beziehungsqualität zwischen Coachee und Coach	Beziehungsqualität ist sehr wichtig Voraussetzung für Offenheit

(1.1.6) Methodeneinsatz	Methoden sind wichtig Gespräch stand im Vordergrund Positiv: Videoeinsatz und Durchführung von Interviews
(1.2) Organisatorisches / Rahmenbedingungen	
(1.2.1) Anzahl der Sitzungen	6 Sitzungen sind ausreichend, es wird viel in 6 Sitzungen erreicht
(1.2.2) Abstand der Sitzungen	war in Ordnung
(1.2.3) Länge der Sitzungen	Länge der Sitzungen war insgesamt für die meisten Coachees okay, manchmal auch überzogen,
(1.2.4) Ort	Wichtig ist es, ungestört zu sein, ob Arbeitsplatz oder woanders spielte keine große Rolle. Vorteil am Arbeitsplatz - Zeitersparnis
(1.2.5) Vorbereitung der Sitzung durch den Coachee	wenig vorbereitet, mehr Vorbereitung durch Coachee wäre effektiver gewesen für Sitzung
(1.2.6) Material (Coachingmappe etc.)	wenig genutzt, Texte vom Coach positiv - wurden gelesen

Tab. 34: Kategoriensystem Zufriedenheit EC-Gruppe

Allgemein sind die EC-Coachees sehr zufrieden. Das EC wird insgesamt positiv bewertet, es wird wenig Verbesserungsbedarf gesehen, und es gibt Überlegungen, diese Form der Personalentwicklung in die Führungskräfteplanung mit einzubauen. Alle Coachees würden ein EC noch einmal machen und es auch weiterempfehlen. Auffallend war, dass zwei Coachees ein EC unter den damals gegebenen Umständen nicht noch einmal machen würden: ihnen fehlte ein konkreter Anlass für das EC.

> Zitat 1:
>
> „Wenn ich jetzt so wirklich ein Problem gehabt hätte, wo ich überhaupt nicht rauskomme. Dann ist es hilfreich mit einem Außenstehenden. Aber ich hatte es nicht. Und ich würde es vielleicht wieder machen, wenn ich was hätte. Ich würde es aber nicht noch mal unter den Umständen machen, so wie es jetzt war, weil ich hab einfach zu wenig gehabt. Ich war nicht so mit Problemen behaftet, wie es vielleicht nötig gewesen wäre."
>
> Zitat 2:
>
> „So sicherlich nicht, weil ich glaube, nicht falsch verstehen - das hat man jetzt mal so gemacht, das ist sinnig - wenn dann sollte man glaube ich auf dem aufsetzen und da eventuell weiter fortfahren, vertiefen, das könnte aus meiner Sicht vielleicht sinnvoll sein, aber vom erlebten her, was ich für Nutzen daraus ziehe, muss ich sagen, dass ich es nicht noch mal machen müsste."

Vergleicht man den Prozess vom Erstkontakt bis zum Kontrakt und die Aussagen der Coachees mit denen der anderen, so könnte möglicherweise ein Grund hierfür sein, dass das Teilnehmen am Coaching weniger freiwillig stattfand. Hier könnte der Prozess Erstkontakt – Kontrakt nicht ideal gewesen sein. Trotzdem würden beide noch einmal ein EC allerdings nur bei konkretem Anlass durchführen.

> Zitat 1:
>
> „Mir haben alle Coachingsitzungen ganz hervorragend gefallen."
>
> Zitat 2:
>
> „Okay, für mich ist das ein bisschen schwierig, ich mein ich hab noch nie ein Coaching vorher gemacht. Ich wusste auch nicht richtig , was auch mich zukommt. Das mit dem Coach ging wirklich ganz gut und ich wüsste jetzt nicht was verbesserungswürdig ist."

> Zitat 3:
>
> „Auch für den Zweck für den ich es gemacht habe, kann ich jetzt sagen, dass das eine Methode ist, die wir sicherlich mit in unsere Führungskräfteentwicklungsplanung mit einbringen."

■ (1.1) Coachingprozess (inhaltlich)

Die EC-Coachees haben vier entscheidende Aspekte genannt, die sie als positiv im Coachingprozess (auf inhaltlicher Ebene)erlebt haben:

- *(1.1.1) Reflexion über sich selbst*

Im EC haben die Coachees das Nachdenken über die eigene Person als wichtig empfunden. Die Reflexion hat nach ihrer Aussage dazu geführt, dass ihnen bestimmte Aspekte bezogen auf ihr Thema bewusster geworden sind, und dass sie damit verbunden eine andere Sichtweise entwickelt haben. Dieser Prozess hat zu Klarheit, Struktur und Orientierung geführt.

> Zitat 1:
>
> „Ich bin deswegen zufrieden, weil ich mit mir selbst ein Stück weiter gekommen bin. Das ist ein Prozess, indem ich eigentlich erst mitten drin stecke. Das ist natürlich noch nicht abgeschlossen. Aber ich habe mich noch nie so viel mit mir selber beschäftigt wie in den letzten vier Monaten. Das war für mich neu...."
>
> Zitat 2:
>
> „Das war überhaupt das interessanteste, dass man überhaupt mal über sich gesprochen hat. Hier interessiert das ja eh keinen. Das ist auch völlig normal....Für mich war das hier echt mal ungewohnt, wenn der Coach fragte "Und wie fühlt sich das an?" Das war ganz interessant. Oder "Wie stellen sie sich vor, fühlen sie sich in so einer Situation?" Also ich habe mir da nie Gedanken drüber gemacht, wie ich mich da fühle..."

Zitat 3:

„Für mich persönlich hat sich schon was geändert. Also, dass man da mal jemanden hat, mit dem man mal darüber redet, so blöd das klingt. Einfach noch mal drüber reden (bin ich auf den richtigen Weg) ja und auch so was für mich auch überraschend war, ich habe immer noch das Gefühl, dass man nichts geschafft hat- gar nichts. Und im Coaching redet man plötzlich drüber. Dann wurde einem bewusst, was man eigentlich erreicht hat. Das ist ganz komisch. Ich wäre unzufriedener gewesen, wenn ich nicht gecoacht worden wäre. Hilft, die Ungeduld... aufpassen, dass man nicht zu schnell das alles macht."

Zitat 4:

„(Was hat es ihnen gebracht?[87]) Auf jeden Fall ein stückweit Orientierung. Und vor allem Klarheit in der Gedanken, Struktur in den Gedanken. Und teilweise einfach auch andere Sichtweisen auf verschiedene Sachen. Also teilweise auch auf Sachen, die ich schon seit Jahren mit mir rumschleppe. Und das war dann schon enorm hilfreich, weil das mal einfach von der anderen Seite zu betrachten und dann hinter her zu sagen "da hätte ich eigentlich auch selber drauf kommen können", aber das es auch so sein kann. (man ist schnell gefangen in eigenen Gedanken) insbesondere dann, wenn man selbst betroffen ist. Das hat es auf jeden Fall gebracht."

Die Aussagen (z.B. Zitat 4) decken sich auch mit den Ergebnissen aus dem P-S-I zu t2 (vgl. Kap. 7.2.6), wo deutlich geworden ist, dass zum einen in allen EC-Fällen die Karten im P-S-I weniger geworden sind und das Strukturbild als strukturierter und weniger wirr wahrgenommen wurde. Die Förderung von Selbstreflexion und das damit verbundene Entwickeln neuer Sichtweisen scheint demnach wie im systemischen Wirkmodell angenommen eine wichtige Funktion im EC zu sein (vgl. Kapitel 4.5). Das Coaching hat

[87] Aussagen der Interviewerin sind in Klammern dargestellt.

auch dabei geholfen, zum einen Erfolge deutlich zu machen, aber auch vorschnelles Handeln zu verhindern (vgl. Zitat 3). Hier scheint die Funktion des EC, den Ausgleich zwischen lage- und handlungsorientierten Phasen zu schaffen (vgl. Kap. 5.2.1.1), positiv gewirkt zu haben.

- *(1.1.2) Feedback/Anregungen durch den Coach*

Weiterhin wurde als positiv empfunden, dass der Coach den Coachees Rückmeldung gegeben hat - dieses Feedback wurde als sehr hilfreich erlebt, da „man dadurch erfährt, wie man auf andere wirkt". Anregungen bzw. Ideen durch den Coach wurden gerne entgegengenommen. Die zusätzliche Begleitung des Coachees durch den Coach in der Praxis (z.B. Begleitung bei einer Präsentation, vgl. Zitat 4) hat der Coachee als hilfreich eingeschätzt. Die Funktion des Feedbacks scheint demnach eine wichtige Funktion des Einzel-Coachings zu sein, da sie die Selbstreflexion anregt und Orientierung schafft.

Zitat 1:

„Dann sind wir auch darauf zu sprechen gekommen auf meine Wesenszüge - wie ich auf meinem Coach wirke, wie wir so zusammen passen. Für mich in Summe fand ich es positiv, wobei ich keine super großen Veränderungen festgestellt habe."

Zitat 2:

„Also was ich unwahrscheinlich hilfreich fand an dem Coaching fand im Gegensatz zu der Gruppe von der sie gesprochen haben, die irgendwelches Material an die Hand kriegen, ist, dass man natürlich auch mal vom Thema abkommt.

> Selbst wenn man sagt, das Thema der heutigen Sitzung ist "Präsentationsaufgaben" - man kommt auch mal auf andere Bereiche einfach indem man Beispiele erzählt und dann vielleicht auch mal mehr auf private Bereiche oder was auch immer und dass man da die Möglichkeit hat, einfach auch mal ein bisschen vom Thema abzugehen und trotzdem noch irgendwie eine Richtungsweisung zu bekommen. Also das stelle ich mir schwieriger vor, wenn man halt nur irgendwelche Fachzeitschriften oder so was hat, weil man dann auf das Thema festgelegt ist. Also das ist mehr so ein ganzheitlicher Ansatz."
>
> Zitat 3:
>
> „Es gab vom Coach sehr gute Anregungen, wo ich sicherlich auch was mit anfangen konnte."
>
> Zitat 4:
>
> „Dann hatten wir verschiedene Gespräche - mit dem Hauptthema "Wirkung nach außen", sind dann aber auch auf praktische Dinge gekommen, die ich hatte - dass ich dann z.B. schwierige Gespräche mit Mitarbeitern hatte. Das haben wir dann an zwei konkreten Fällen vorher besprochen - das war ganz hilfreich. War mal witzig und interessant zu hören von einem Dritten: wie das dann so ankommen würde, was man sich so selbst gedacht hat. Das war ziemlich hilfreich. Vielleicht hätte man auch eine realere Situation kriegen können. ...Das hatte ich meinem Coach ja angeboten, dass ich ihn als stillen Zuhörer bei der Präsentation gerne gehabt hätte, aber da konnte er nicht-schade, respektiere ich selbstverständlich, aber wäre trotzdem schön gewesen. Klar, das hätte der Sache noch etwas mehr Background gegeben."

◆ *(1.1.3) Nachhaken / Umsetzungsvereinbarung*

Die Umsetzungsvereinbarungen am Ende jeder Coachingsitzung sowie das Nachhaken des Coaches in dem darauffolgendem Treffen wurden positiv gesehen, da dadurch ein gewisser Druck aufgebaut wurde, der bei der Umsetzung in die Praxis hilfreich erschien.

Nach Aussage eines Coachees hätte der Druck sogar noch höher sein können.

Zitat 1:

„(Mehr Druck wäre gut gewesen, durch den Coach?) Natürlich meine ich das, ich hätte mir auch selbst mehr Druck machen können, aber dafür hätte ich den Coach nicht gebraucht. Wenn ich bei Ihnen das schlechte Gewissen gehabt hätte, vielleicht hätte ich dann mehr gemacht. Dass ich mich manchmal geärgert habe, wenn wir uns getroffen haben, dass ich meine Ziele, die ich aufgeschrieben hatte, nicht erreicht habe, da hätte er vielleicht noch härter kritisieren sollen. Die Maßnahmen, die ich mir vorgenommen hatte. Mehr schlechtes Gewissen machen, wenn man es so sagen will. Er ist einfach zu lieb der Coach. ... Ich brauche ein schlechtes Gewissen. Und das war zwar, er hat mich, was ich ganz toll fand, dass er spontan Ideen aufgenommen hat, z.B. mir emails geschickt, Brainstorming mir Anregungen gegeben hat, das waren ja seine Impulse. Was ich toll fand, dass er in die Offensive gegangen ist, mich zu erinnern "hier du wolltest was machen und bis dahin hast du das geschafft." Dieses „Negative" war aber wenig, das macht es mir leichter, meinen inneren Schweinehund nicht zu überwinden."

Zitat 2:

„...aber Selbstcoaching könnte ich mir gar nicht bei mir vorstellen. Weil es bestimmt kein Nachteil ist, wenn ein gewisser Druck dahinter steht. Es war gut so, es war in Ordnung,..."

Zitat 3:

„Was eigentlich ganz gut war, dass der Coach immer ganz ruhig war und der Coach hat dann auch entsprechend immer angeschoben, wenn ich das so ein bisschen gemauert habe. Das fand ich eigentlich ganz gut. Der Coach war relativ penetrant. Ich meine das nicht negativ."

• (1.1.4) Individualität im Coaching

Die Individualität im Coaching schien ein sehr wichtiger Aspekt zu sein: Die Coachees haben alle Erfahrungen mit Weiterbildungsveranstaltungen (Trainings,...), und einige bewerteten das Coaching im Gegensatz hierzu als „hervorragende" Alternative zu anderen Personalentwicklungsmaßnahmen. Von Vorteil sei die Auseinandersetzung mit einem persönlichen Thema. Außerdem wurde das Coaching als weniger anonym empfunden. Coaching wird als Stärkung der eigenen Persönlichkeit gesehen.

Zitat 1:

„Ich hatte schon Erwartungen, dass es nicht so anonymisiert ablaufen wird wie andere Weiterbildungsveranstaltungen. Und das hat sich eigentlich bestätigt. Es wurde auf persönliche Probleme eingegangen und das hat sich bestätigt."

Zitat 2:

„...Seminare angeboten werden, die im Rahmen von Gruppen von 8 bis 12 Leuten stattfinden. Wo dann natürlich ein Überbegriff als Thema existiert. Wo dann versucht wird über Rollenspiele und sonstige Dinge dort eben Alternativen zu erarbeiten. Ich habe die Erfahrung da gemacht, dass man eigentlich die persönlichen Probleme, die einen einzelnen betreffen dort immer nur am Rande tangiert, und es dort nicht möglich ist auch entsprechend dort auf den Problemkreis zugeschnittene Lösungen anbietet oder diskutiert. Und genau diese Punkte sind natürlich die positiven Aspekte im Coaching. In dem nun wirklich auf die aktuelle Problemsituation oder es muss ja kein Problem sein auf jeden Fall aufgrund der aktuellen Situation eben Lösungsmöglichkeiten diskutiert werden, man überlegt zusammen "wie kann man vorgehen in entsprechendem Zeitraum, den man sich wieder vornimmt, und kann dann aktuell dort noch mal entsprechend als Feedback noch mal darüber sprechen "was ist positiv, was ist gelaufen, was war nicht so gut, was kann man weiter modifizieren und, und, und."

Zitat 3:

„...weil ich das als Teil einer Systematik von Führungskräfteentwicklung sehe und da eben als einen sehr wichtigen im Verhältnis zu vielen Seminaren und so, die auch ein Schweine Geld kosten. (Vorteil gegenüber Seminaren?): Die Individualität - ganz eindeutig. Diese Intimität möchte ich es fast nennen. Wenn man da ein vernünftiges Verhältnis aufbaut, dann kann man wirklich... die Persönlichkeit stärken, Stärken stärken und Schwächen zu Schwächen und wenn das ein Profi macht, ist das eine gute Sache."

- *(1.1.5) Beziehungsqualität zwischen Coachee und Coach*

Die Beziehungsqualität wurde von allen EC-Coachees als sehr wichtig eingeschätzt. Sie sei Voraussetzung dafür, dass Offenheit und ein intensives Arbeiten möglich sei.

Zitat 1:

„Vertrauliches Gegenüber – absolut. Völlig wichtig. Das ist doch total klar, dass das nur funktionieren kann, wenn sie eine gute Beziehung haben."

Zitat 2:

„Ich habe eine gute Schiene zum Coach gehabt. Er war mir auf Anhieb sympathisch und insofern war das Eis ganz schnell gebrochen. Ich denke, dass diese Ausgangssituation eigentlich das positive Umfeld für alle anderen Sachen geschaffen hat."

> Zitat 3:
>
> „Also die ist auch sehr wichtig. Das denke ich generell, weil ich kann mir durchaus vorstellen, dass jemand, der vielleicht durchaus genauso kompetent ist, aber vom Typ her einfach anders ist, mit dem man nicht so schnell warm wird, dass es da wesentlich schwieriger sein kann."

- *(1.1.6) Methodeneinsatz*

Die Methoden wurden ebenfalls als wichtig empfunden[88]. Das Gespräch war für einige entscheidender als z.B. die Visualisierung von bestimmten Inhalten. Allerdings wurden auf Methodenebene die Durchführung von Interviews, um Rückmeldungen aus dem System zu bekommen sowie Videoaufzeichnungen von Rollenspielen als sehr positiv und hilfreich empfunden.

> Zitat 1:
>
> „Für mich war das wichtigste das Gespräch. Da kommen natürlich auch Fragen und Anregungen. Aber Methoden im Sinne von Mitbringen und Aufzeichnen oder so... Für mich ist das wichtigste das Gespräch. Das sind natürlich auch Methoden, die Fragen - da kommen offene Fragen oder so - aber für mich ist das Gespräch das entscheidende."
>
> Zitat 2:
>
> „Was mir auch sehr gut getan hat, dass wir nicht nur blanke Theorie gemacht haben. Ich denke, das ist auch ein ganz wesentlicher Punkt. Der Coach hatte mich dann ja auch mal eingeladen - wir haben Videoaufnahmen gemacht in verschiedenen Situationen - Fallbeispiele waren vorgegeben. Und das war für mich auch eine ganz neue Erfahrung. Das kannte ich bis dahin auch nicht. Und diese Aufnahmen haben wir dann auch noch analysiert.

[88] Vgl. Daten im Anhang 3.9.1

> Was war gut, was war nicht so gut. Und das ist ein Stück Praxis, wenn es auch keine reale Situation war."
>
> Zitat 3:
>
> „Wir haben viel konkret besprochen. Methoden eigentlich weniger. Die Fragen, Anregungen waren gut."

- (1.2) Organisatorisches / Rahmenbedingungen
  - (1.2.1 - 1.2.3) Anzahl, Abstand und Länge der Sitzungen

Die Anzahl von sechs Sitzungen wurde als ausreichend empfunden, da in dieser Zeit viel erreicht wird. Die Sitzungsabstände waren bei den einzelnen Coachees als auch im individuellen Prozess unterschiedlich (von 4 bis 12 Wochen), was positiv gesehen wurde. Für die meisten Coachees war die Sitzungslänge von 1 Stunde in Ordnung, wobei teilweise auch Überziehungen, die aufgrund der intensiven Themenbearbeitung positiv empfunden wurden, stattfanden. Einem Coachee waren die Sitzungen nicht lang genug, dies habe sich auch darin gezeigt, dass viele Sitzungen zeitlich überzogen wurden. Eine Erweiterung um eine ½ Stunde erscheint für weitere Coachings sinnvoll und ausreichend. Sitzungstermine wurden nur sehr selten verschoben.

> **Anzahl der Sitzungen**
>
> Zitat 1:
>
> „Einmal glaube ich, dass diese sechs Sitzungen gut sind, vor allem, wenn man nicht weiß, wie viel man braucht - vielleicht könnte man auch mit fünf im ersten Ansatz auskommen, aber man braucht nicht deutlich mehr. Das hat mich auch ein bisschen überrascht. Wie viel man eigentlich schon in so 5 - 6 Sitzungen redet. Das war eigentlich ganz positiv."

Zitat 2:

„Ich halte es vom Ansatz her für einen interessanten Gedanken zu sagen, 6 Sitzungen und dann halt und dann bewußt eine längere Paause und nicht sofort fortsetzen und gucken, ob der Eindruck, den man nach 6 Sitzungen hat, ob der auch sage ich mal nach mindestens einem 1/4 Jahr Pause immer noch derjenige ist, dass man weitermachen möchte. und nicht einfach weitermachen, weil ich glaube, dass bei mir zumindest in den nächsten drei Monaten auch neue Gedanken sich entwickeln werden und werde die Schwerpunkte auch anders setzen. Zu deutsch man muss das sacken lassen. Ich persönlich möchte das sacken lassen und möchte dann entscheiden, wo ich jetzt schwerpunktmäßig weiter arbeiten möchte."

Abstand der Sitzungen

Zitat 3:

„Klar, man hätte Termine optimaler legen können. Nur ich glaub viel ist da nicht zu holen (an Verbesserungen).

Länge der Sitzungen

Zitat 4:

„Ne, länger denke ich mal nicht. Dann kommt man nur mehr ins schwafeln. Kurz und knackig "was ist das Problem, wie kann ich das Problem lösen?" und dann ist das absolut ausreichend die Stunde."

Zitat 5:

„Das war auch okay. Wir haben natürlich ab und zu mal überzogen, aber ich denke dass man in so einer Stunde natürlich schon eine ganze Menge ansprechen kann und eine ganze Menge an Denkanstößen kriegt. Das habe ich auch zu meinem Coach noch gesagt, die eigentliche Arbeit, dass zu verarbeiten, macht man auch hinterher. Indem man sich dann nämlich einfach mal überlegt, was hast du jetzt heute eigentlich gemacht und so.

(Länge der Sitzungen) Wir haben uns eigentlich wenig, ich habe wenig Zeitgefühl entwickelt, ich mußte nicht so auf die Uhr gucken...Wir haben auch nicht nur genau eine Stunde gemacht, sondern auch mal eine 1/2 Stunde länger.

> Das ging wirklich darum, dass wir unseren Plan auch vernünftig abarbeiten wollten. Nachdem wir das getan hatten, kam es auch mal vor, dass wir auch mal 1,5 Stunden zusammen gesessen haben. Ich für mich würde sagen, wenn ich der Meinung gewesen wäre, dass das so nicht gepasst hätte, dann hätte ich einen Vorschlag unterbreitet."

- (1.2.4) Ort

Die Einzel-Coachings fanden an unterschiedlichen Orten statt: entweder am Arbeitsplatz des Coachees (Büro oder Besprechungsraum) oder in den Räumen des Coaches. Einige Coachings fanden nur in der Firma statt, andere nur in den Räumen des Coaches, wiederum andere haben in beiden Räumlichkeiten ihr Coaching durchgeführt. Nach Aussagen der meisten Coachees sei der Ort nicht so wichtig: entscheidend sei, dass das Coaching ungestört ablaufen kann. Das Coaching am Arbeitsplatz würde als Vorteil gesehen, da dadurch der Coachee keine Anfahrtswege habe und Zeit einspare. Wichtig erschien es einem Coachee, dass Abstand zum beruflichen Alltag hergestellt wird: dies sei nicht zwingend verbunden mit einem Ortswechsel. Entscheidender sei, dass das Coaching nicht mitten am Tag oder direkt im Anschluss an den beruflichen Alltag stattfinde, da dadurch nicht genügend Entspannung zwischen Coaching und Berufsroutine gegeben wäre.

> Zitat 1:
>
> „Noch mehr Abstand zum Job. Also wir haben uns öfter hier im Büro getroffen. Wir haben drauf geachtet, dass es in einer Zeit war, wo wir nicht gestört wurden. Das wird er ihnen sicher bestätigen. Aber wenn sie, selbst wenn es abends um 5 oder 6 ist, knall auf Fall aus der Tagesarbeit in so eine Situation springen, dann fehlt der Abstand. Es ist nicht genügend Entspannung zwischen dem Gespräch und der täglichen Routine.

Ich war einmal beim Coach selber, das wäre eine Möglichkeit oder sich im Cafe oder zu Hause bei mir zu treffen, auf jeden Fall in einer Atmosphäre, die mit Arbeit nichts zu tun hat. Oder, die Büroräume sind es nicht, man könnte sich auch samstags im Büro treffen, aber nicht während der Arbeitszeit oder unmittelbar danach. Das ist zu knapp."

Zitat 2:

„Im Büro. Okay. Man muss natürlich gucken immer auf die Situation des einzelnen. Oft, manche Kollegen haben nicht die Möglichkeit, dass sie ein Vorzimmer haben, wo dann abgewimmelt wird, aber es sollte schon eine Räumlichkeit geben, wo man ungestört sein kann. Das ist wichtig, dass nicht alle 5 Minuten einer reinkommt und was will. Was auf jeden Fall positiv war, dass es hier vor Ort war. Gerade auch aufgrund der begrenzten Zeit, die natürlich zur Verfügung steht als wenn man dann noch großartig in der Gegend rumkutischieren müsste, z.B. nach Osnabrück. (Sitzungen waren) tagsüber."

Zitat 3:

„Wir haben sowohl hier als auch im Büro vom Coach gesessen. Beides war für mich vollkommen okay. Absolut. (was würden sie empfehlen, wenn beides zur Auswahl stände?) Das ist denke ich mal typbezogen. Mir hat das gut gefallen, dass wir mal hier gesessen haben und mal da gesessen haben. Eine Empfehlung würde ich rein individuell treffen wollen."

Als Ergänzung hierzu lässt sich sagen, dass die beiden Coaches beide Varianten für möglich halten. Der Vorteil, das Coaching an einem neutralen Ort (z.B. im Büro des Coaches) durchzuführen, würde allerdings darin gesehen, dass der Coachee mehr Abstand zum Job bekomme und sich auf dem Weg zur Sitzung gedanklich vorbereiten könne. Am Arbeitsplatz bestände die Gefahr darin, dass der Coachee von einer Besprechung direkt in das Coaching „stürze" und keine Zeit habe, sich auf den intensiven Prozess vorzubereiten.

Dieser Aspekt wird auch in dem nächsten Punkt „Vorbereitung der Sitzung durch den Coachee" deutlich.

- *(1.2.5) Vorbereitung der Sitzung durch den Coachee und (1.2.6) Material (Coachingmappe etc.)*

Die Sitzungen wurden von den meisten Coachees nicht oder wenig vorbereitet, was sie auch als negativ bewerteten. Manche Sitzungen hätten durch eine bessere Vorbereitung intensiver ablaufen können. Sie haben sich die Zeit hierfür aber häufig nicht ausreichend genommen. Auch die Coachingmappe wurde von vielen Coachees während des Prozesses nicht oder nur wenig genutzt. Weiteres Material (z.B. Informationstexte oder Zeitungsartikel), die der Coach individuell zu dem jeweiligen Thema mitgebracht hatte, wurde positiv bewertet.

Zitat 1:

„Wobei ich allerdings sagen muss, ich konnte mich nicht immer so systematisch darauf vorbereiten, weil sie gehen hier raus und sind dann mit dem Kopf noch hier. Aber das hat der ganzen Sache keinen Schaden angetan. Nur das ist vielleicht eine Sache, wenn man das weiter ausbauen sollte, wo man noch mal drüber nachdenken könnte, ob man das nicht noch etwas mehr systematisieren kann, dass man vielleicht eine breitere Vorbereitung sich selber gibt. Ich weiß aber auch noch nicht wie. Aber gut, darüber kann man ja noch mal ein bisschen nachdenken."

Zitat 2:

„Es wäre manchmal, das ist jetzt meine persönliche Meinung, es wäre manchmal vernünftiger wahrscheinlich gewesen, um die ganze Effektivität noch zu erhöhen, wenn man sich im Vornherein ein bisschen mehr Zeit genommen hätte, sich darauf vorzubereiten. Das war bei mir eigentlich nicht der Fall gewesen.

Da muss ich mir natürlich auch an die eigene Nase fassen. ist klar. Aber so was geht in der Tageshektik natürlich unter. Da wäre es dann natürlich vorteilhafter, wenn man doch vielleicht 10 Minuten für die Stunde irgendwo hinfährt.“

Zitat 3:

„Nicht so hundertprozentig. Also schon ein paar Notizen im vornherein gemacht, eben auch mir vor so einer Sitzung mir auch die Frage gestellt habe, was willst Du eigentlich erreichen in der Sitzung und was soll eigentlich das Thema sein.“

Zitat 4:

„Dann hat der Coach über diese Übung hinaus und über die Theorie hinaus, mir gelegentlich auch Fachlektüre zukommen lassen - "Umgang mit kritischen Situationen" - da habe ich mal was gekriegt. Eine andere Geschichte war "Leistung und Anspannung" - ein Diagramm. Das man sich selbst mal checken kann...der Coach hat auch ganz interessante Fachlektüre bzw. Berichte und dergleichen zukommen lassen. Fand ich eigentlich auch sehr gut. Das hat das Ganze noch so angefüttert.“

7.1.1.1.2 Zufriedenheit aus Sicht der ASC-Gruppe

Bei der ASC-Gruppe sind einige Subkategorien zur EC-Gruppe identisch, andere sind aufgrund der Unterschiedlichkeit der beiden Varianten verschieden. Im Gegensatz zur EC-Gruppe würde nur 1 von 8 ASC-Teilnehmern ein ASC noch einmal machen, 3 von 8 würden das ASC nur unter Einschränkung weiterempfehlen, hier spiele die Persönlichkeit des Menschen eine Rolle (vgl. Kap. 5.5.2.2).

Subkategorien zur Zufriedenheit	**Aussagen der ASC-Gruppe**
1. Zufriedenheit	
(1.1) ASC-Prozess inhaltlich	
(1.1.1) Reflexion über sich selbst	ASC hat Nachdenken angeregt Es haben sich neue Sichtweisen entwickelt. Das Thema wurde anders wahrgenommen, Vielschichtigkeit des Themas ist deutlich geworden
(1.1.2) Fehlendes Feedback	Rückmeldung fehlte über Erfolg, eigene Person und Zieldefinition. Mit Coach sicherlich andere Reflexion und Rückmeldung, vielleicht auch schnelleres Erreichen der Ziele
(1.1.3) Inhaltliche Verbindlichkeit / Umsetzungsvereinbarung	Der Prozess wäre intensiver gewesen und die Umsetzung in die Praxis wäre besser gewesen, wenn jemand nachgehalten hätte (Kontrolleur)
(1.1.4) Freiheit im ASC	Freiheit im ASC wurde auch positiv erlebt
(1.1.5) Problem mit Strukturierung	es braucht jemanden, der einen führt und einem Orientierung gibt

(1.2) Organisatorisches / Rahmenbedingungen	
(1.2.1) Selbstdisziplin im Durchführen der Sitzungen	Es fällt schwer, Termine mit sich selbst einzuhalten und sich aufzuraffen; Selbstdisziplin ist sehr wichtig
(1.2.1.1) Rahmen des Programms (Projekteinbindung)	Der Projektrahmen war wichtig, da dadurch Verpflichtung bei den Teilnehmern weiterzumachen
(1.2.1.2) Nachhaken durch Projektleiterin	Das Nachhaken durch die Projektleiterin war sehr hilfreich
(1.2.2) Länge der Sitzungen	Im Schnitt haben die Sitzungen 1 - 2 Stunden gedauert.
(1.2.3) Ort	Die Sitzungen wurden meist zu Hause durchgeführt
(1.3) Material	
(1.3.1) Allgemein	Unterlagen waren sehr wichtig
(1.3.2) Leittexte	Leittexte waren hilfreich versus nicht hilfreich Schwierig, sich Fragen selbst zu stellen
(1.3.3) Literatur	Auswahl der Literatur war gut, interessant, hat geholfen

Tab. 35: Zufriedenheit aus Sicht der ASC-Gruppe

- ASC-Prozess (inhaltlich)
  - *(1.1.1) Reflexion über sich selbst*

Wie bei der EC-Gruppe hat auch das ASC zum Nachdenken angeregt. Dadurch haben die ASC-Teilnehmer neue Sichtweisen entwickelt und ihr Thema anders wahrgenommen. Die Vielschichtigkeit ihres Themas ist den meisten Teilnehmern deutlich geworden. Auch hier zeigen sich Parallelen zum P-S-I: auch die ASC-Gruppe hat Veränderungen in ihren Strukturbildern erkannt. Das Thema wurde strukturierter wahrgenommen und der Fokus mehr auf das Wesentliche gelenkt (vgl. Kap. 7.2.6).

Zitat 1:

„Im Rahmen dieses Coachings (ASC) bin ich aufgefordert worden über ihren Fragebogen über Dinge nachzudenken und dabei sind mir Sachen bewusst geworden, die ich vorher gar nicht so erkannt habe."

Zitat 2:

„Ich habe sehr viel Einblick in mein Thema gefunden, auch so ganz gut meine Probleme analysieren können, hab dann auch festgestellt, dass meine Probleme gar nicht so gravierend sind - dieser Analyseprozess hat mir viel gebracht, so nach dem Motto, was mir wie so ein Berg vorkam, ist bei der richtigen Betrachtung gar nicht mehr so gravierend."

Zitat 3:

„...und vor allen Dingen hatte ich das Gefühl, dass mich das aus diesem Alltagstrott herausholte. Ich denke mal, an der eigentlichen Materie, an der man arbeitet, da wird einfach erwartet, dass man da die Instrumente kennt in seinem Job. Und das hier geht über die Jobglocke hinaus. Und hatte auch ein bisschen psychologische Einflüsse - das hat mir unheimlich gefallen. Da kam man sich auch richtig gut vor, dass man auch mal über den Tellerrand guckt und die Sache nicht immer von den Sachthemen betrachtet, sondern eben auch ein Gespür dafür kriegt, dass da noch ein bisschen was drum herum passieren muss: in Sprache, in Auftreten wie auch immer. Oder auch Überdenken, wie ist denn überhaupt unser Verhältnis - wie sind die Außenbeziehungen? Wer spielt da noch eine Rolle, der so offen da gar nichts mit zu tun hat?"

Zitat 4:

„Ich habe sicherlich einmal ... erreicht, dass ich es gedanklich anders angucke, das ist sicherlich gelungen."

◆ *(1.1.2) Fehlendes Feedback*

Der ASC-Gruppe fehlte es an Rückmeldung über den eigenen Erfolg bei umgesetzten Handlungsmöglichkeiten, die eigene Person und die Zieldefinition. Häufig wurde im Abschlussinterview erwähnt, dass ein Gesprächspartner gefehlt hat, mit dem diese Aspekte hätten besprochen werden können. Dadurch wäre eventuell auch eine schnellere Zielerreichung möglich gewesen.

Zitat 1:

„Also es gab da auch schon Situationen, wo ich gedacht habe, wenn man das jetzt mit einem erfahrenen Coach durchsprechen würde, dann würde sicherlich noch eine andere Reflexion stattfinden, eine andere Rückmeldung. Vielleicht auch ein schnelleres Erreichen von dem, was ich erreichen will. Und sicherlich auch andere Anregungen und Perspektiven. So bin ich ja in meinem Erfahrungshintergrund so kommen dann noch mal andere - oder dass man dann Anregungen kriegt, sich mit jemandem in Verbindung zu setzen, der vielleicht ähnliche Themen hat. So ein Netzwerk sich auch aufbaut. Das ist ja schon ein externer Aspekt, der dazu kommt. Ganz sicher kann ich es nur sagen, wenn ich EC-Erfahrung gesammelt habe, aber ich würde sagen, für mich war es mit diesen Themen okay, aber bei anderen Themen würde ich mal die Erfahrung des EC suchen wollen."

Zitat 2:

„Mir fehlte Gegenüber, der mir ein Feedback gegeben hätte. Oder auch der Gegenüber, der mir aufgezeigt hat, wo der Lernerfolg sich widerspiegelt. Ich denke, dass ist ähnlich, wie als ich in Frankreich war und die Sprache erlernt habe und irgendwann nach 4 Monaten an dem Punkt war, du lernst nichts mehr dazu und dann ein Jahr später zurückgeguckt habe und gemerkt habe, du hast eine ganze Menge dazugelernt. Aber diese täglichen kleinen Schritte merkt man nur, wenn man sich eine längere Spanne anguckt. Das hat mir gefehlt."

Zitat 3:

„Ich habe mir selber Gedanken dazu gemacht, aber ich habe das Gefühl, ich hätte besser jemanden gebraucht, der mir gegenüber sitzt, dem man das im Gespräch kommunizieren kann."

- *(1.1.3) Inhaltliche Verbindlichkeit / Umsetzungsvereinbarung*

Der ASC- Prozess wäre nach Aussagen der meisten Teilnehmer intensiver und die Umsetzung in die Praxis besser gewesen, wenn jemand im Hintergrund nachgehalten hätte. Hier wird deutlich, dass die Rolle des Coaches im Einzel-Coaching, nämlich Umsetzungsvereinbarungen nachzuhalten, hier nicht besetzt war und dieses Fehlen bemängelt wurde. Diese Funktion scheint somit für den Coachingprozess wichtig zu sein.

Zitat 1:

„Wenn sie da jeden Tag in meinem Rücken gesessen hätten, "du hast aber gestern noch gesagt...", dann hätte ich das wahrscheinlich noch viel intensiver durchgesetzt."

Zitat 2:

„Ich habe dann überlegt, ein Coaching mit einem Berater hätte noch eine andere Qualität für mich persönlich, wenn ich jetzt mit jemandem darüber rede, dass ich das dann auch mehr aktiv tue und dieses Sacken intensiver wäre, dass dann doch etwas weniger aktiv tue, wenn ich nur was lese."

Zitat 3:

„Aber im Großen und Ganzen fehlte mir beim SC ein bisschen der Ehrgeiz muss ich sagen. Wenn da so einer mit dem Zeigefinger neben mir gestanden hätte, hätte ich intensiver dran gearbeitet. Heißt nicht, ich hätte ein anderes Ziel oder mehrere oder besser mein ziel erreicht. Aber ich hätte den Eindruck gehabt, es hätte mir mehr gebracht. So eine Art Zielkontrolle."

◆ *(1.1.4) Freiheit im ASC*

Zwei ASC-Teilnehmer haben die Freiheit, die ein ASC bietet, positiv bewertet. Damit verbunden ist die Entscheidungsfreiheit, wann und wie die Sitzungen durchgeführt werden und welche Prioritäten gesetzt werden.

Zitat 1:

„Und ansonsten was gut war, was ich als gut empfunden habe, das habe ich mir zwischendurch auch gedacht, eigentlich kommt mir das fast entgegen, diesen großen Rahmen, der da war, dass ich eben auch Freiheit hatte in diese Richtungen zu denken. Ich habe öfter mal gedacht, wie wäre es, wenn die Frau Offermanns hier wäre und versucht mich in die Richtung meines Ursprungsziels zu coachen, dann hätte ich diese Erkenntnisse vielleicht gar nicht gemacht. Ist eine Hypothese, vielleicht hätte ich sie auch gemacht. Ich konnte in alle Richtungen abschweifen, dadurch war es möglich, diesen Erkenntnisprozess durchzuziehen. Hilfreich war, dass ich keine starre Ordnung hatte und dass ich eben nicht mit Leittexten oder Büchern gearbeitet habe, sondern der Sache freien Lauf gegeben habe."

Zitat 2:

„..., dass ich mir die Freiheit nehme, .. Was kann ich tun? Prioritäten setzen, auch mal nein sagen, das mache ich erst später.

- *(1.1.5) Problem bei inhaltlicher Strukturierung*

Nach Aussagen einiger Teilnehmer fehlte ein Berater, der einen durch den Prozess führt und einem inhaltliche Orientierung gibt. Freiphasen sind nach Aussage eines Teilnehmers wichtig, allerdings braucht es zwischendurch „Erdungspunkte", bei denen der Coach einem hilfreich beiseite stehe. Es bestand auch Unsicherheit darin, welche Herangehensweise an bzw. welche Methode für das Thema die richtige wäre.

Zitat 1:

„Man muss einfach durch solche Dinge geführt werden, permanent geführt werden und wenn man muss sich permanent darauf konzentrieren können. Da ist eine Stunde auch zu wenig gewesen. Ich hätte jemand gebraucht, mit dem ich das zusammen mache. Vielleicht hätte ich dann schon viel früher erkannt, dass ich eigentlich kein Zeitproblem habe."

Zitat 2:

„Ich denke, dass ohne, dass ich damit jetzt Erfahrungen habe, dass für mich eine andere Form des Coachings sinnvoller, günstiger, effektiver wie auch immer wäre. Ich hatte teilweise wirklich Schwierigkeiten zu verstehen, es gab ja immer Vorschläge in welcher Sitzung man sich mit was beschäftigen sollte, und ich habe dann versucht, das zu machen und habe gedacht "ne, das kann es nicht sein". Ich bin damit nicht weitergekommen. Das hat mir nichts gegeben. Ich war nicht sicher "wende ich es falsch an oder ist es einfach die falsche Methode oder bin ich zu blöd das zu verstehen?" Ja und da stand ich dann so mit meinem Talent oder Nicht-Talent."

Zitat 3:

„Es muss die Freiphasen geben, aber es müsste gewisse Erdungspunkte geben. Erdungspunkte können keine Sitzungen sein, die ich wieder nur mit mir selbst mache."

Zitat 4:

„Als Fazit würde ich sagen, es ist einfach besser, nachdem ich das jetzt so gemacht habe, jemanden zu haben, der mir einen Leitfaden vorgibt. Den man als Teilnehmer gar nicht so merkt, wo aber eine Systematik dahinter steht, wo fachliche Kompetenz auch einfach dahinter steht, die auch gewisse Punkte dann aufnimmt."

■ (1.2) Organisatorisches / Rahmenbedingungen

• *(1.2.1) Selbstdisziplin im Durchführen der Sitzungen*

Alle ASC-Teilnehmer empfanden das Durchführen der Sitzungen als größte Herausforderung des ASC. Selbst gesteckte Termine einzuhalten, „sich aufzuraffen" erfordere ein hohes Maß an Selbstdisziplin. Viele Termine wurden immer wieder verschoben. Ohne Projektanbindung (Kategorie 1.2.1.1) und dem permanenten Nachhaken durch die Projektleiterin (Kategorie 1.2.1.2) wären laut Aussagen der Teilnehmer einige Sitzungen zum Zeitpunkt des Abschlussgespräches noch nicht durchgeführt worden. Hier zeigt sich, dass ein „reines" Selbst-Coaching ohne Verbindlichkeit einer anderen Person gegenüber eher schwierig umzusetzen ist.

Zitat 1:

Was fehlt ist die Disziplin auch die Termine einzuhalten, also nicht zu verschieben, und dann auch konsequent am Thema dran zu bleiben.

Zitat 2:

Meine schlampige Art. Ich hätte das ganze zeitlich noch ein bißchen optimierter gestalten können. (es war ja ein SC). Ja, daran sieht man es schon. Sind Sicherlich für mich persönlich andere Systeme besser geeignet. Zumindest solche, wo jemand da ist, der mir in die Hacken tritt.

Wo feste Zeiten einfach vorgegeben sind und letztendlich aufgrund von sozialen Gesichtspunkten man auch gezwungen ist, Termine einzuhalten.

Zitat 3:

Es war ziemlich schwierig muss ich sagen. Es war irgendwie sich aufzuraffen, sich hinzusetzen und dann mal ganz bewusst alles abschalten.

- *(1.2.2) Länge der Sitzungen*

Eine ASC-Sitzung hat in der Regel zwischen 1 bis 2,5 Stunden gedauert. Wie lange die Sitzung wurde, hing in der Regel von Konzentration, Themenstellung und Motivation ab. Auch zwischen den Sitzungen beschäftigten sich einige mit ihrem Thema (z.B. Lesen entsprechender Literatur).

Zitat 1:

„Von den Sitzungen selber war so die Qualität eigentlich unterschiedlich, kam auch ein bisschen darauf an, wie ich mich drauf eingelassen habe und wie konzentriert ich dann war und wie offen und wie viel zeit ich mir dann auch genommen habe. Minimum war 60 Minuten und max. einmal 2,5 Stunden."

Zitat 2:

„Meistens so zwischen 1 und 2 Stunden. Wobei ich auch viel die Literatur, die habe ich nebenbei gelesen. Und ich muss sagen, ich habe auch zwischendurch mal Momente, die ich nicht als Sitzung bezeichnen möchte, wo ich mich hingesetzt habe, gerade auch im Büro, leider das viel zu selten, und mich gefragt habe, was läuft hier eigentlich gerade schief und was läuft nicht schief."

Zitat 3:

Was schwierig war, war die Zeiteinteilung. Ich habe gemerkt, dass ich an unterschiedlichen Tagen sehr unterschiedlich Zeit aufgewendet habe, also mal waren es eher die 45 Minuten mal 1,5 Stunden.

Und dass war auch sehr stark abhängig von dem für mich selbst gesteckten Thema. Ich habe selbst sehr deutlich gemerkt, dass es mich manchmal in den Bann gezogen hat, wo ich gesagt habe "das will ich jetzt aber noch wissen oder lernen oder aufnehmen." Dann ging es auch mal länger.

- *(1.2.3) Ort*

Die ASC-Sitzungen wurden meistens zu Hause durchgeführt, da dort mehr Abstand zur Arbeit und mehr Zeit war. Das Büro scheint als Sitzungsort demnach weniger geeignet zu sein. Einem Teilnehmer fiel das Durchführen der Sitzungen zu Hause schwer, da dort wegen der Familie kein „richtiges Abschalten" möglich war. Teilweise gab es Ablenkungen („Tee kochen, Telefon...) die den ASC-Prozess negativ beeinflusst haben.

Zitat 1:

„Nie bei der Arbeit, immer zu Hause. Es war auch immer ein Wochenende. Damit ich Zeit hatte, wenn ich länger wollte, konnte ich. Und es war immer in einer Phase, in der ich Ruhe hatte. Bis auf das allerletzte Mal, da waren noch andere Sachen, die anschließend anstanden."

Zitat 2:

„Für mich die optimalste Lösung habe ich für mich festgestellt, ist das Thema am Wochenende zu Hause zu lesen. Da war ich abgespannt, abgeschaltet und das ist auch ein bisschen das Thema Atmosphäre.... Beim ASC klingelt einfach mal das Telefon oder man schmeißt es mal in die Ecke und ich hole mir was zu essen. Es sind mehr Störfaktoren."

Zitat 3:

„Coaching ist für mich, ich muss raus aus dem Alltag, wenn man irgendwelche Themen vernünftig angehen will. Und zu Hause ist auch Alltag - ich habe Familie. Da muss man sich auch Zeiträume definieren, wo man sich mal ne Stunde zurückzieht. Besser raus aus dem Unternehmen, Hotel, Seminarraum, 2 Tage , das ist effektiver."

■ (1.3) Material

Das Material in Form von Leittexten und Literatur wurde als hilfreich und wichtig für den Prozess bewertet. Die Literatur (Kategorie 1.3.1) wurde von fast allen Teilnehmern gelesen, die Leittexte (Kategorie 1.3.2) wurden nur von einigen genutzt und als hilfreich bewertet. Die Anwendung der Leittexte wurde teilweise als schwierig empfunden, da es ungewohnt sei, sich z.B. Fragen selbst zu stellen oder Karten zu schreiben. Hier zeigt sich fehlende Erfahrung bei den Teilnehmern im Umgang mit reflexionsfördernden Fragen und Methoden. Der Feedbackbogen, den die Teilnehmer am Ende der Sitzungen ausgefüllt hatten (siehe Anhang 5.9), ermöglichte eine Metareflexion der durchgeführten Sitzung. Dies wurde von einer Teilnehmerin als positiv empfunden. Dadurch fand noch einmal eine andere Form der Reflexion über das Thema statt (vgl. Deutero-Lernen Kap. 4.4.4).

Insgesamt wurde der Beitrag der Methoden (hier Leittexte) zum Erfolg des Coachings im Vergleich zur EC-Gruppe niedriger bewertet.[89]

[89] vgl. Anhang 3.9.1

Zitat 1:

„Eigentlich, wenn ich jetzt zurückblicke, war es sehr rund. Ich finde die Unterlagen sehr wichtig. Das ist denke ich der key - der Schlüssel zum Erfolg. Auch gerade diese Reflexion und diesen Feedbackbogen am Ende abzugeben. Auch so wie sie das aufgebaut haben denken sie an den Feedbackfragebogen - das ist ja doch auch so ein Reminder. Der Feedbackbogen war interessant, noch mal eine Metaebene anzustoßen. Ich würde den Bogen im ASC drin lassen. Vielleicht in verringerter Form, aber so hatte ich dann noch mal einen Abschluss. Da konnte ich die Sitzung noch mal reflektieren und bekam noch mal Anregungen für die nächsten Sitzungen."

Zitat 2:

„Das Inhaltliche würde ich sagen, da fühlte ich mich sehr gut bedient mit der Literatur, auch hier, dass sie alles schon vorstrukturiert haben. Sonst hätte man vielleicht auch irgendwann gesagt, ich weiß nicht, was soll ich denn jetzt machen. Aber man hatte den Leittext, man hatte immer irgendwo das Vorbereiten, Nachbereiten schon als Formular vorgegeben. Das hat mir wunderbar gefallen. Da konnte ich auch richtig viel mit anfangen. Plus die Literatur, die auch super passte. (Inhaltlich hätten sie meine Hilfe nicht gebraucht?) Nein. Ich würde auch mal behaupten, dass das oft so ist. Man scheitert ganz selten im Berufsleben an dem Fachlichen. Weil wenn sie fachlich schlecht sind, würden sie wahrscheinlich gar nicht in diesem Beruf arbeiten, wollen auch nicht. (das Fachliche habe ich jetzt nicht gemeint). Es war aber trotzdem okay, weil die Auswahl des Materials sehr gut war."

Zitat 3:

„Ich habe auch mit den Leittexten gearbeitet und ich habe sogar, ich war gestern überrascht, was ich alles gemacht habe, ich wusste das gar nicht mehr. Ich habe hier auch so Kärtchen. (Wie kamen sie mit den Leittexten zurecht?) Relativ gut. Wobei das unterschiedlich war. Die Systemkarte habe ich auch gemacht, offensichtlich. Passte auch zum Thema. Mein Thema ist ja hier auch historisch gewachsen....

Das hat mir wirklich geholfen, auch zu sehen "Mensch da gibt es auch eine unmittelbare Verknüpfung zur Geschäftsführung aus alten, persönlichen Beziehungen heraus....Ich konnte seine Situation dann besser verstehen. Und dass sich dadurch auch ein verdeckter Konflikt zwischen mir und ....auftat. Ich habe gemerkt, dass ich eine richtige Wut auf den habe, für die der eigentlich gar nichts kann."

Zitat 4:

„Ich hatte Schwierigkeiten damit. Grundsätzlich gesagt, ist das, was sie hier aufbereitet haben von der Systematik her ganz toll gemacht, weil man super durchfindet und man sich das als Leitfaden hernehmen kann. Ich gehöre aber zu den Menschen, die ein bisschen faul von Natur aus sind, also das heißt so hinsetzen und selber schreiben und solche Geschichten kommt da weniger zum Tragen. Das ist so eine Geschichte, was ich wenig gemacht habe. Ich gehöre eher zu den Lesertypen. Daher habe ich ein bisschen Probleme gehabt mit diesen Leittexten, und dass, sie sagten ja, das ist ein SC: da habe ich mir gesagt, ich kann das irgendwie nicht, weil es ging nicht. Aber die Literatur, die hinten drin war habe ich gefressen. Die habe ich regelrecht in mich aufgesogen. Ich habe auch den Test gemacht. Das sind z.B. auch so Sachen, die mich immer wieder begeistern, wo ich einfach mal sehen wollte, wo tendierst du hin, und war auch angenehm überrascht von dem Inhalt dieses Tests."

7.1.2 Hypothese 2: Zielerreichung

Den Grad der Zielerreichung schätzen die EC-Coachees subjektiv höher ein als die ASC-Coachees.

Es zeigt sich zwischen den beiden Coachinggruppen kein wesentlicher Unterschied in Bezug auf die Einschätzung der Zielerreichung. Weder Mittelwert, noch Varianz oder Median unterscheiden sich in den Gruppen wesentlich voneinander.

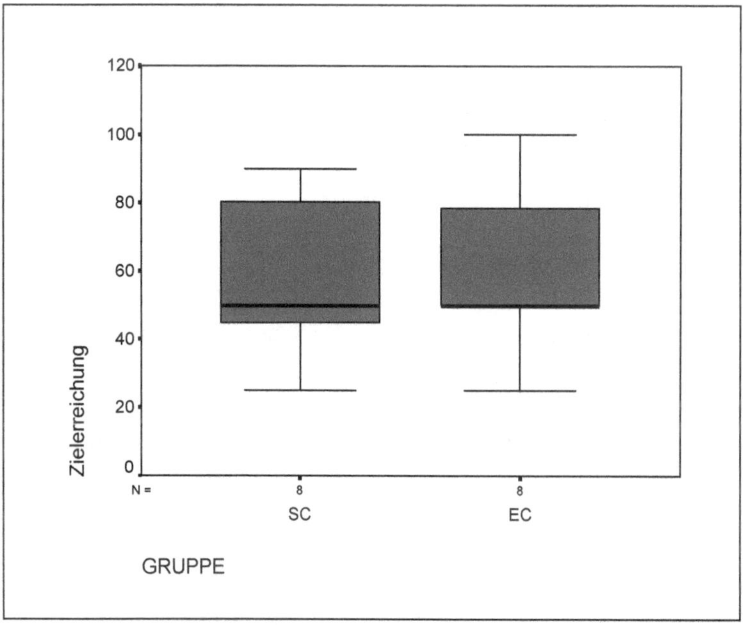

Abb. 26: Boxplots - Zielerreichung

Deskriptive Statistiken

Abhängige Variable: Zielerreichung

GRUPPE	Mittelwert	Standardabweichung	N
SC	58,13	22,67	8
EC	60,25	23,71	8
Gesamt	59,19	22,43	16

Tab. 36: Deskriptive Statistik - Zielerreichung

Die Ergebnisse der ANOVA ohne Mwh. bestätigen die deskriptiven Werte deutlich.

Signifikanz (p)	Partielles eta^2	Beobachtete Schärfe
0.857	0.002	0.053

Tab. 37: Anova ohne Mwh. - Zielerreichung

Beide Gruppen unterscheiden sich in der Einschätzung der Zielerreichung nicht überzufällig. Die Effektgröße ist nahezu Null (0.002). Die Schärfe ist mit 0.053 sehr gering (vgl. Tab. 37).

7.1.2.1 Zielerreichung: Ergebnisse aus der qualitativen Inhaltsanalyse

Nach Aussagen der EC-Gruppe ist die Einschätzung der Zielerreichung differenziert zu sehen, da sich die Ziele im Laufe des Coachings teilweise geändert haben. Daher fällt vielen Coachees eine Einschätzung schwer. Außerdem kann es sich bei den Zielen auch um Dauerziele handeln, die nie zu 100% erreicht werden. Auffallend ist, dass zwei Coachees, die ein EC unter den gegebenen Umständen nicht noch einmal durchführen würden, die Zielerreichung eher niedriger eingeschätzt haben.

Zitat 1:

„Wir sind ein wenig abgewichen von der ursprünglichen Planung und zwar dahin gehend, dass es mir dann im Laufe des Prozesses dann doch wichtiger war, einfach auch zu sehen, ehrliches Feedback bezüglich meines Führungsverhaltens zu kriegen."

Zitat 2:

„Das ist unheimlich schwer zu sagen, weil das nichts aus praktischen Sachen ist und Bewusstsein. Sagen wir mal 25 %. Wahrscheinlich eher weniger. Das ist für mich ja auch kein Jahresziel, sondern ein Dauerziel."

Zitat 3:

„Ursprünglich hatten wir gesagt, dass es darum gehen sollte, wie man sich selbst im Unternehmen besser verkaufen kann, wie man teilweise mit merkwürdigen Gruppendynamiken, die jetzt gerade in meinem Umfeld vorherrschte umgehen konnte und solche Dinge. Darauf haben wir jetzt ehrlich gesagt, haben wir darauf nur die ersten 1,5 Sitzungen verwendet."

In der ASC-Gruppe haben sich die Ziele teilweise im Laufe der Zeit verändert - teilweise wurden sie kleiner. Das Formulieren von Zielen fiel nicht jedem leicht.

Zitat 1: „Also ich habe schon ziele erreicht, aber insgesamt nur 25%. Was fehlt, man muss sich die Ziele klar definieren, man muss wirklich sagen, was ist denn 100%."

Zitat 2:

„Weiß gar nicht mehr, wie ich mein Ziel am Anfang beschrieben habe. Ich habe es dann für mich mal hingeschrieben: Ich möchte meine Meinung sagen. Es war aber nicht das ganz ursprüngliche Ziel. 50 %, schwer zu sagen."

Zitat 3:

„Wenn ich mir das Ursprungsziel anschaue, dann würde ich sagen, dieses Ziel habe ich heute nicht mehr, weil ich eben auch die Funktion sehe und es auch wichtig ist, dass ich eben nicht alles mache. Beim anderen Ziel bin ich noch dran, da müsste ich noch mal ein neues Coaching anfangen.

Zitat 4:

„Nach jeder Sitzung habe ich mit mir ein Ziel vereinbart. Aber ich habe mich auch dabei ertappt, dass ich da wieder Ziele mir noch mal gesetzt habe, weil ich mir gesagt habe "nicht so erreicht", oder "ja, muss ich aber weiter noch testen" - habe quasi so eine Qualitätssicherung betrieben. Das war auch das, was ich schnell gemerkt habe, dass ich mir nicht permanent neue Ziele setzen kann. Das gelang mir alleine nicht, für mich Ziele zu setzen, die mich zu einem Endziel bringen. Sondern es waren immer so kleine Ziele für mich, wo ich gedacht habe, die mache ich jetzt und wenn ich es tue, ist es schon ein Erfolg für mich. Deshalb waren die Ziele zu den Startzielen am Ende auch viel kleiner."

7.1.3 Hypothese 3: Praktischer Nutzen

Die EC-Coachees schätzen den praktischen Nutzen von EC höher ein als die ASC-Coachees den praktischen Nutzen von ASC.

In Bezug auf die Einschätzung des praktischen Nutzens zeigt sich die EC-Gruppe in der Varianz homogener, und der Median ist deutlich höher als bei der ASC-Gruppe. Auffallend ist der starke Extremwert in der EC-Gruppe[90]. Hierbei handelt es sich um einen der Coachees, die keinen konkreten Anlass für ein EC gesehen haben (vgl. Kap. 7.1.1.1.1). In der ASC-Gruppe sind die Einschätzungen heterogener.

Deskriptive Statistiken

Abhängige Variable: Praktischer Nutzen

GRUPPE	Mittelwert	Standardabweichung	N
SC	3,63	1,06	8
EC	4,00	,93	8
Gesamt	3,81	,98	16

Tab. 38: Deskriptive Statistik – Praktischer Nutzen

[90] Extremwert verletzt die Voraussetzungen der ANOVA - -dies muss bei der Interpretation der Ergebnisse berücksichtigt werden. Allerdings liegt der Extremwert ziemlich weit unten, so dass er nicht zugunsten von EC die Daten beeinflusst.

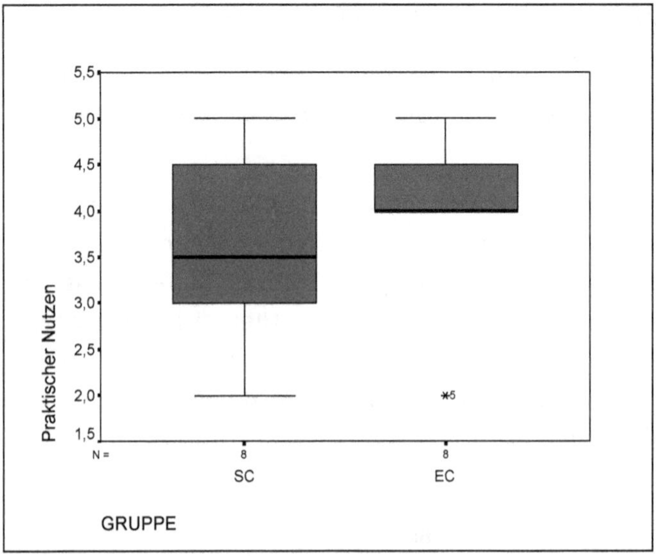

Abb. 27: Boxplots - Praktischer Nutzen

Die beiden Coachinggruppen unterscheiden sich in Bezug auf die Einschätzung des praktischen Nutzens nicht signifikant voneinander (p = 0.464).

Signifikanz (p)	Partielles eta²	Beobachtete Schärfe
0.464	0.039	0.108

Tab. 39: ANOVA ohne Mwh. - Praktischer Nutzen

Die Effektgröße ist mit eta² = 0.039 niedrig. Die Schärfe ist mit 0.108 ebenfalls niedrig (vgl. Tab. 39).

7.1.3.1 Praktischer Nutzen: Ergebnisse aus der qualitativen Inhaltsanalyse

Der praktische Nutzen wird in der EC-Gruppe sehr hoch eingeschätzt. Dies hinge nach Aussagen der Coachees generell von der Persönlichkeit des einzelnen ab, „was er davon mache". Es werde einiges bewusst und es entständen neue Handlungsmöglichkeiten und Strategien, die für die Praxis als nutzbringend bewertet wurden. Bei einer Person stand das Erarbeiten praxisbezogener Handlungsmöglichkeiten (wie z.B. Mitarbeitergespräche führen) während der Sitzungen noch nicht im Vordergrund - hier fand mehr das Reflektieren der eigenen Person statt. Der Coachee sah für sich diesen Aspekt als nächsten Schritt an. Daher war ihm die Einschätzung zum Zeitpunkt des Abschlussinterviews zu früh. Auch bei diesem Kriterium könnte der Aspekt „freiwilliger Zwang" Einfluss genommen haben (vgl. Zitat 3), da einer von den beiden Coachees für sich nichts Wesentliches aus dem Coaching ziehen konnte (vgl. Kap. 7.1.1.1.1).

> Zitat 1:
>
> „Es kommt sehr darauf an, was der einzelne daraus macht. Für mich persönlich hoch. Wenn ich es im allgemeinen beurteilen würde, teils/teils, weil es wirklich darauf ankommt, was sie daraus machen. Sonst nehmen sie es einfach wie ein anderes Seminar mit, und sagen das war ganz toll und stellen nach einem Jahr fest, es hat sich nicht furchtbar viel verändert. Und da habe ich mir vorgenommen, das darf mir nicht passieren."

> Zitat 2:
>
> „Das ist eine Frage, die man so schwer beantworten kann. Das kommt immer darauf an, was habe ich für eine Persönlichkeit. Soll ich das jetzt auf mich beziehen. Dann würde ich sicher bei mir auch wieder mit 4 ansetzen. Da muss man allerdings immer gucken, was für eine Persönlichkeit hat man vor sich und welche Problemstellungen haben diese Leute. Es gibt Leute, die sicherlich von so einem Coaching weniger profitieren, aber das liegt sicherlich ganz viel in der eigenen Persönlichkeit."
>
> Zitat 3:
>
> „Also praktischer Nutzen heißt ja irgendwas handfestes. Ich kann da nur einen geringen Teil von umsetzen, muss ich ganz klar sagen."
>
> Zitat 4:
>
> „Dann hatten wir verschiedene Gespräche - mit dem Hauptthema "Wirkung nach außen", sind dann aber auch auf praktische Dinge gekommen, die ich hatte - dass ich dann z.B. schwierige Gespräche mit Mitarbeitern hatte. Das haben wir dann an zwei konkreten Fällen vorher besprochen - das war ganz hilfreich. War mal witzig und interessant zu hören von einem Dritten: wie das dann so ankommen würde, was man sich so selbst gedacht hat. Das war ziemlich hilfreich."

Das ASC hat nach Aussage der Teilnehmer für die Praxis „was gebracht", Lösungsmöglichkeiten wurden entwickelt, die allerdings teilweise schwierig umzusetzen waren.

> Zitat 1:
>
> „Da würde ich erfolgreich sagen, weil ich da schon mit ihren Unterlagen und auch mit der Klarmachung des eigentlichen Zieles und Definition des Zieles sehr gute Hilfestellungen bekommen habe."

Zitat 2:

„Jain. Ja indem Sinne, dass ich mich mit Lösungsmöglichkeiten beschäftigt habe und dass ich auch Möglichkeiten kennen gelernt habe, dass ich aber auf der anderen Seite halt, den Prozess, es hat sich wirklich was verändert, das kann ich noch nicht nachvollziehen. Am interessantesten wäre zu sagen, ich wechsele meinen Job und komme noch mal in diese Problemsituation rein, die ich eigentlich vorher hatte oder neue Projekte oder was, was über das Zeitlimit hinaus gehen würde, um dann zu gucken, wie gehe ich damit jetzt um. Das ist dann die Frage, Hat das so wirklich was gebracht, bin ich dann in der Lage das umzusetzen."

Zitat 3:

„Ich habe mir immer Sachen vorgenommen, ich habe die auch immer umgesetzt, meistens sogar mehr oder weniger erfolgreich."

Zitat 4:

„...,weil ich die Umsetzung sehr schwierig finde. Und ohne die Umsetzung ist der praktische Nutzen nicht so wirklich groß."

7.2 Ergebnisse der Forschungsfrage 2: Entwicklung neuer Sichtweisen

Bevor zu den einzelnen Hypothesen die Datengenerierung sowie die deskriptiven und statistischen Ergebnisse der ANOVA mit Messwiederholung dargestellt werden, wird in einem ersten Schritt das Ergebnis der MANOVA bezogen auf die Entwicklung neuer Sichtweisen vorgestellt.

Die MANOVA hat bezogen auf die Frage, inwieweit neue Sichtweisen durch Coaching entwickelt werden, im Gruppenvergleich über die Zeit (Faktor * Gruppe) die

Signifikanz verfehlt (Pillai-Spur[91] = 0.321) (vgl. Tab.40). Es zeigt sich allerdings eine hohe Effektgröße von 0.251. Die Schärfe mit 0.518 ist im Vergleich zu anderen Ergebnissen (siehe folgende Varianzanalyseergebnisse) zwar relativ hoch, aber nicht zufriedenstellend.

Signifikanz (p)	Partielles eta^2	Beobachtete Schärfe
0.321	0.251	0.518

Tab. 40: Ergebnisse der MANOVA mit Mwh. zu Forschungsfrage 2 (Entwicklung neuer Sichtweisen)

Um dieses Ergebnis besser interpretieren zu können, werden im folgenden die deskriptiven Daten grafisch und die Ergebnisse der univariaten Tests (ANOVA) mit den Einzelvergleichen (Kontrasten) der einzelnen Hypothesen tabellarisch dargestellt und diskutiert.

7.2.1 Hypothese 4: Wahrnehmung internaler Attributionen

Im EC nimmt der Anteil der wahrgenommenen internalen Attributionen über die Zeit mehr zu als im ASC und in der KG: d.h. es werden mehr Eigenanteile am Problem erkannt.

Zu t1 unterscheiden sich EC und ASC nicht wesentlich voneinander. EC ist vom Mittelwert geringer als ASC, hat aber eine geringere Varianz. Bei KG ist der Mittelwert deutlich niedriger, wobei sich die Varianz ähnlich hoch zeigt wie bei EC. Ein gewisser Anteil an internalen Attributionen ist in allen drei

[91] Bei kleineren Stichproben empfiehlt sich die Teststatistik Pillai-Spur (vgl. Bortz 1999, S. 575). Der F-Test führt bei kleineren Stichproben zu eher konservativen Entscheidungen

Gruppen zu erkennen (0,59 - 0,72). Mehr als die Hälfte der genannten Ursachen werden internal attribuiert.

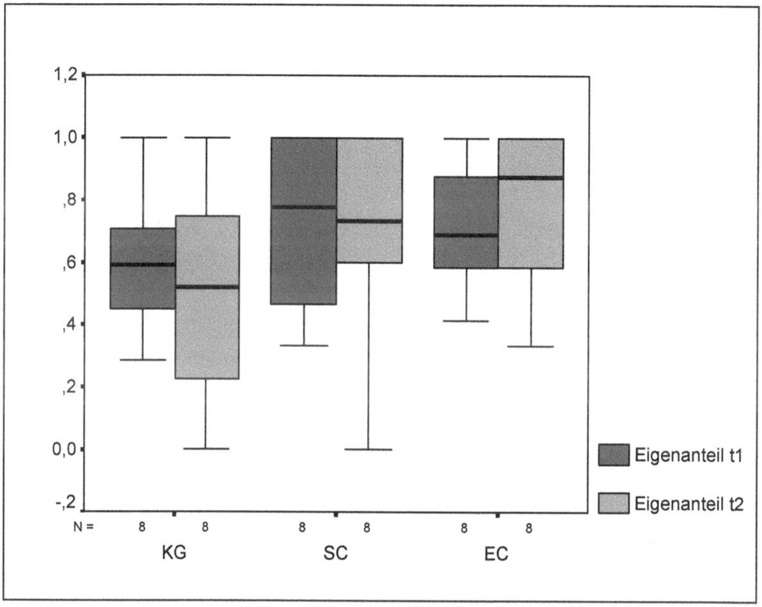

Abb 28: Boxplot - internale Attribution, Eigene Anteile

Die Entwicklung der wahrgenommenen Eigenanteile von t1 zu t2 ist in den drei Gruppen unterschiedlich. Während die Anzahl der internalen Attributionen bei EC zunimmt, nimmt sie bei ASC und KG ab. Die Varianzen nehmen in allen drei Gruppen zu (geringste Zunahme im Vergleich zu t1 bei EC). EC zeigt sich insgesamt homogener in den Varianzen. Während bei KG wie bei t1 die Daten nach oben und unten gleichermaßen verteilt sind, zeigt sich bei ASC eine stärkere Tendenz nach unten. EC zeigt tendenziell insgesamt eine positivere Entwicklung hinsichtlich der Wahrnehmung an Eigenanteilen als die anderen beiden Gruppen.

	GRUPPE	Mittelwert	Standardabweichung	N
Eigenanteil t1	KG	,5982	,2191	8
	SC	,7278	,2877	8
	EC	,7143	,2082	8
	Gesamt	,6801	,2378	24
Eigenanteil t2	KG	,4980	,3420	8
	SC	,7083	,3361	8
	EC	,7813	,2633	8
	Gesamt	,6625	,3258	24

Tab. 41: Deskriptive Statistik - internale Attribution, Eigene Anteile

Die hier erkennbaren Tendenzen wurden durch die ANOVA mit Messwiederholung auf ihre Signifikanz hin untersucht.

Die ANOVA mit Messwiederholung hat folgendes Ergebnis gebracht:

Interessant für die Hypothesenbeantwortung ist die Zeile „Zeit * Gruppe". Sie gibt Aufschluss darüber, inwieweit sich die Gruppen über die Zeit hinweg unterscheiden. Es wurde kein signifikanter Unterschied gefunden ($p = 0.496$). Die Gruppen unterscheiden sich nicht überzufällig voneinander. Es wurde eine mittlere Effektgröße erreicht ($eta^2 = 0.065$).

Signifikanz (p)	Partielles eta^2	Beobachtete Schärfe
0.496	0.065	0.156

Tab. 42: Ergebnis der ANOVA mit Messwiederholung – Eigene Anteile

Die Kontrastergebnisse (vgl. Tab. 43) zeigen keine signifikanten Unterschiede. Legt man eine Irrtumswahrscheinlichkeit von α =

0.1 zugrunde, könnte man den Kontrast 1 (KG gegen ASC und EC) als in der Tendenz signifikant bezeichnen (p = 0.095)[92] - wohlwissend, dass eine Irrtumswahrscheinlichkeit von 10% recht hoch ist. Kontrast 2 (ASC gegen EC) hingegen hat die Signifikanz deutlich verfehlt. (p = 0.810)[93]

Helmert-Kontrast (Gruppe)	Signifikanz
KG gegen ASC und EC	0.095
ASC gegen EC	.810

Tab. 43: Kontrastergebnisse - Eigene Anteile

Da die ANOVA nur eine mittlere Effektgröße ergeben hat, wäre bei einer Folgeuntersuchung eine Gesamtstichprobe von (27 x 3) 81 Teilnehmern nötig, um signifikante Ergebnisse erzielen zu können.

7.2.2 Hypothese 5: Wahrnehmung von Wechselwirkungen

Im EC nimmt bei den Coachees der Anteil der wahrgenommenen Wechselwirkungen über die Zeit mehr zu als im ASC und in der KG. Ursachen werden nicht nur internal oder external zugeordnet, sondern es werden mehr Wechselwirkungen wahrgenommen (internal und external).

Zu t1 unterscheiden sich die drei Gruppen hinsichtlich des Medians kaum, bezogen auf den Mittelwert deutlicher: Der hohe Mittelwert in KG lässt sich durch den Ausreißer nach oben

[92] Allerdings ist eine Irrtumswahrscheinlichkeit von 10 % recht hoch.

[93] Stufe 1 = KG, Stufe 2 = ASC, Stufe 3 = EC

erklären. Auffällig ist, dass KG und EC ähnlich hohe Varianzen haben, wohingegen ASC sehr homogen ist.

Von t1 zu t2 zeigt sich ein Trend zugunsten von EC: Während die Mediane bei KG und ASC deutlich sinken, steigt er bei EC sprunghaft an. Bezogen auf die Mittelwerte nimmt KG von t1 zu t2 auffallend ab, ASC nimmt etwas zu, wohingegen bei EC eine wesentlich deutlichere Steigerung (von 0.2537 auf 0.5313) zu verzeichnen ist. Die Varianzen werden bei KG homogener, bei ASC und EC heterogener.

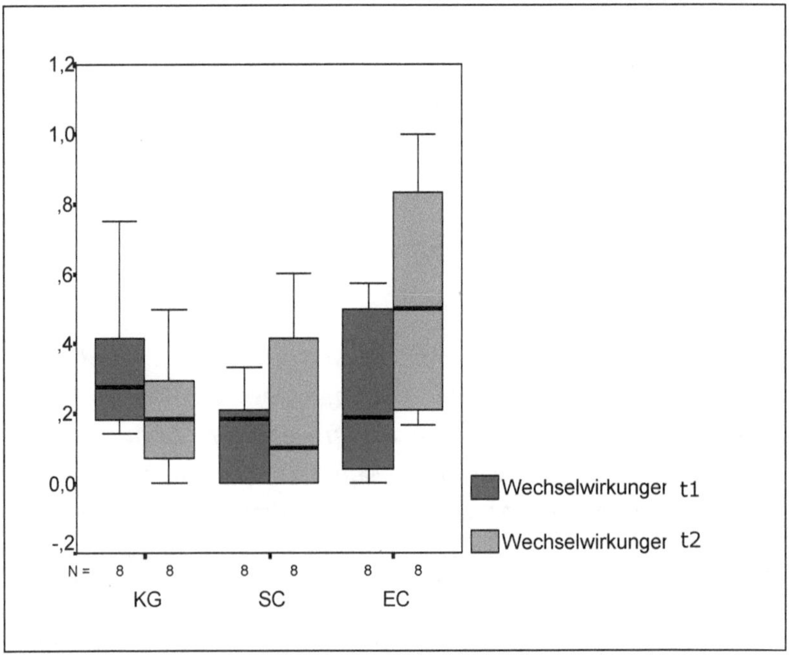

Abb. 29: Boxplot – Wahrgenommene Wechselwirkungen

	GRUPPE	Mittelwert	Standardabweichung	N
Wechselwirkungen t1	KG	,3304	,2040	8
	SC	,1403	,1258	8
	EC	,2537	,2380	8
	Gesamt	,2415	,2027	24
Wechselwirkungen t2	KG	,1991	,1668	8
	SC	,2042	,2472	8
	EC	,5313	,3391	8
	Gesamt	,3115	,2954	24

Tab. 44: Deskriptive Statistik - Wahrgenommene Wechselwirkungen

Trotz der geringen Stichprobengröße zeigt sich ein signifikanter Unterschied zwischen den Gruppen über die Zeit (p = 0.036). Die Effektgröße (0.271) ist hoch, die Schärfe (0.640) ist relativ hoch, aber noch nicht zufriedenstellend (vgl. Tab. 45).

Signifikanz (p)	Partielles eta^2	Beobachtete Schärfe
0.036	0.271	0.640

Tab. 45: ANOVA mit Mwh. - Wahrgenommene Wechselwirkungen

Die Kontrastergebnisse (vgl. Tab. 46) zeigen, dass sich bei Kontrast 1 kein signifikanter Unterschied zeigt (p = 0.821), wohl aber gibt es einen zwischen ASC und EC (P = 0.022). EC und ASC unterscheiden sich demnach überzufällig voneinander.

Helmert-Kontrast (Gruppe)	Signifikanz
KG gegen ASC und EC	0.821
ASC gegen EC	0.022

Tab. 46: Kontrastergebnisse – Anzahl der Wechselwirkungen

7.2.3 Hypothese 6: Wahrnehmung von Situationsabhängigkeit

Im EC nimmt der Anteil der wahrgenommenen situationsabhängigen Ursachen über die Zeit mehr zu als im ASC und in der KG: d.h. die Ursachen werden weniger als stabil, sondern mehr als von der Situation abhängig wahrgenommen.

Von t1 zu t2 nimmt die Wahrnehmung von Situationsabhängigkeit bei KG und EC deutlich zu, wohingegen der Mittelwert bei ASC abnimmt. Die Varianz bei EC ist bei t2 deutlich höher als bei t1. Die Varianz verändert sich bei ASC leicht nach oben, bei KG verändert sich die Varianz am wenigsten. Die Varianzveränderung bei EC lässt sich vor allem auf den kleinsten Wert bei t2 zurückführen. Ein Teilnehmer nahm keine Situationsabhängigkeit wahr.

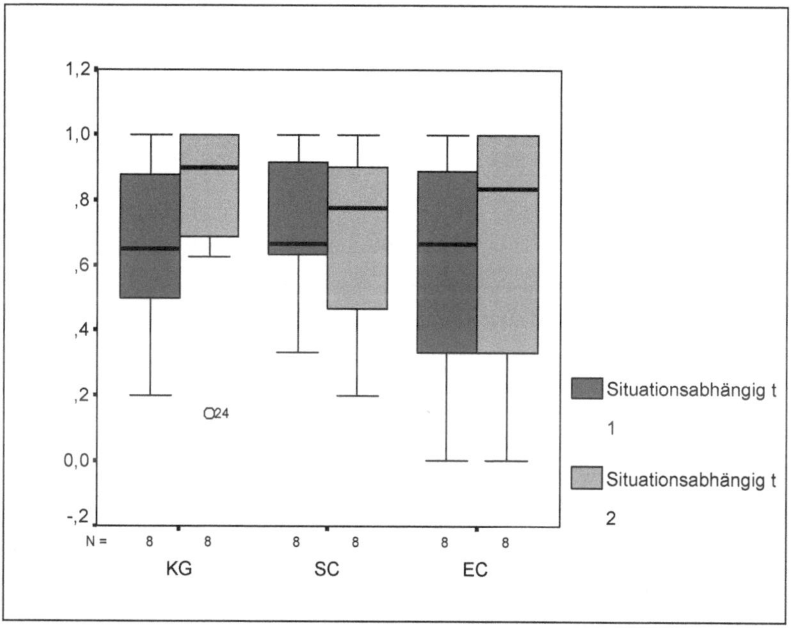

Abb. 30: Boxplot – Wahrgenommene Situationsabhängigkeit

Gegen die Annahme der Hypothese steht die auffallende Mittelwertssteigerung von t1 zu t2 in der KG, da angenommen wurde, dass sich in der KG aufgrund fehlender Intervention keine wesentlichen Veränderungen zeigen werden. Ein Extremwert in der KG ist zu berücksichtigen, da er zugunsten der Hypothese wirken könnte.

	GRUPPE	Mittelwert	Standardabweichung	N
Situationsabhängig t1	KG	,6560	,2701	8
	SC	,7208	,2211	8
	EC	,5967	,3572	8
	Gesamt	,6578	,2803	24
Situationsabhängig t2	KG	,7897	,2986	8
	SC	,6854	,2916	8
	EC	,6667	,4082	8
	Gesamt	,7139	,3268	24

Tab. 47: Deskriptive Statistik - wahrgenommene Situationsabhängigkeit

Die ANOVA mit Mwh. zeigt (vgl. Tab. 48), dass sich die Gruppen über die Zeit nicht signifikant unterscheiden (p = 0.536). Die Effektgröße ist fast mittel, die Schärfe ist mit 0.143 niedrig. Bei einer Folgeuntersuchung wären wie bei Hypothese 4 mindestens 81 Personen notwendig, um signifikante Ergebnisse zu ermöglichen.

Signifikanz (p)	Partielles eta^2	Beobachtete Schärfe
0.536	0.058	0.143

Tab. 48: ANOVA mit Mwh. - Wahrgenommene Situationsabhängigkeit

Die Kontrastergebnisse zeigen keine signifikanten Unterschiede zwischen den Gruppen (vgl. Tab. 49).

Helmert-Kontrast (Gruppe)	Signifikanz
KG gegen ASC und EC	0.646
ASC gegen EC	0.609

Tab. 49: Kontrastergebnisse - Wahrgenommene Situationsabhängigkeit

7.2.4 Hypothese 7: Kontrollerleben

Im EC nimmt der Anteil wahrgenommener Kontrolle bezogen auf die Ursachen über die Zeit mehr zu als im ASC und in der KG.

In allen drei Gruppen wird zu t1 ein hohes Maß an Kontrolle wahrgenommen (zwischen 0.70 und 0.80), so dass eine weitere Steigerung schwierig ist (Deckeneffekt). Die KG steigert sich über die Zeit, die Varianz nimmt allerdings aufgrund eines auffallenden Wertes (nach unten) zu. Die meisten Teilnehmer nahmen aber trotz hoher Werte zu t1 mehr Kontrolle zu t2 wahr. Auch in der ASC-Gruppe nimmt bei vielen Teilnehmern das Kontrollerleben zu, wobei durch einen auffallenden Wert (nach unten) sich der Mittelwert nicht wesentlich verändert.

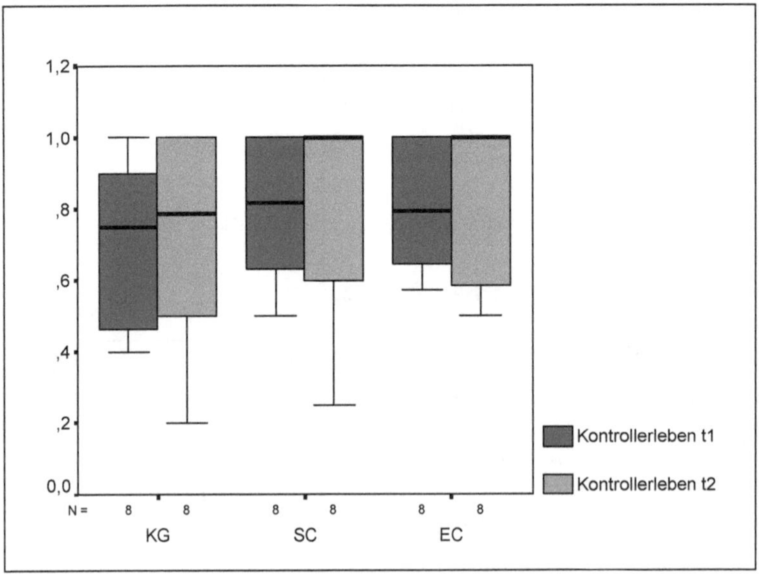

Abb 31: Boxplot - wahrgenommenes Kontrollerleben

Die EC-Gruppe zeigt den größten Mittelwertsunterschied in positiver Richtung: Auch hier steigt das Kontrollerleben zu t2. Die Varianz ist zu t2 bei EC homogener als in den anderen beiden Gruppen.

	GRUPPE	Mittelwert	Standardabweichung	N
Kontrollerleben t1	KG	,7036	,2386	8
	SC	,8000	,1960	8
	EC	,8058	,1789	8
	Gesamt	,7698	,2026	24
Kontrollerleben t2	KG	,7214	,3169	8
	SC	,8063	,2884	8
	EC	,8333	,2357	8
	Gesamt	,7870	,2741	24

Tab. 50: Deskriptive Statistik - Wahrgenommenes Kontrollerleben

Die Gruppen unterscheiden sich über die Zeit in der Wahrnehmung des Kontrollerlebens nicht signifikant ($p = 0.987$). Auch das eta² ist fast 0 - die Effektgröße ist minimal (vgl. Tab. 51). Selbst wenn man die Gruppenunterschiede vernachlässigt und die Daten nur über die Zeit vergleicht, zeigt sich keine signifikante Veränderung ($p = 0.754$).

Signifikanz (p)	Partielles eta^2	Beobachtete Schärfe
0.987	0.001	0.052

Tab. 51: ANOVA mit Mwh. - Wahrgenommenes Kontrollerleben

Die Kontraste zeigen keine interessanten Unterscheidungen zwischen den Gruppen (vgl. Tab. 52).

Helmert-Kontrast (Gruppe)	Signifikanz
KG gegen ASC und EC	0.285
ASC gegen EC	0.876

Tab. 52: Kontrastergebnisse – Wahrgenommenes Kontrollerleben

7.2.5 Hypothese 8: Wahrnehmung von Komplexität

Die Anzahl der wahrgenommenen Aspekte bezogen auf das Coachingthema nimmt im EC über die Zeit mehr zu als im ASC und in der KG.

Im Gegensatz zur Ausgangshypothese nimmt in allen drei Gruppen die Anzahl der Karten über die Zeit ab. Während bei der KG die Varianzen sehr hoch sind, zeigt sich bei ASC im Vergleich zur KG kaum eine Veränderung des Mittelwertes, aber eine wesentlich homogenere Varianz zu t2. Bei EC zeigt sich eine deutliche Abnahme der Kartenanzahl und homogenere Varianz zu t2. Die Werte bei EC zu t2 liegen deutlich unter den meisten Werten von ASC und KG zu beiden Zeitpunkten. Allerdings ist hier ein Ausreißer zu erkennen, der bei der Interpretation der ANOVA zu berücksichtigen ist[94].

[94] Eine Voraussetzung bei der ANOVA ist, dass keine Ausreißer oder Extremwerte in den Daten vorhanden sein sollten.

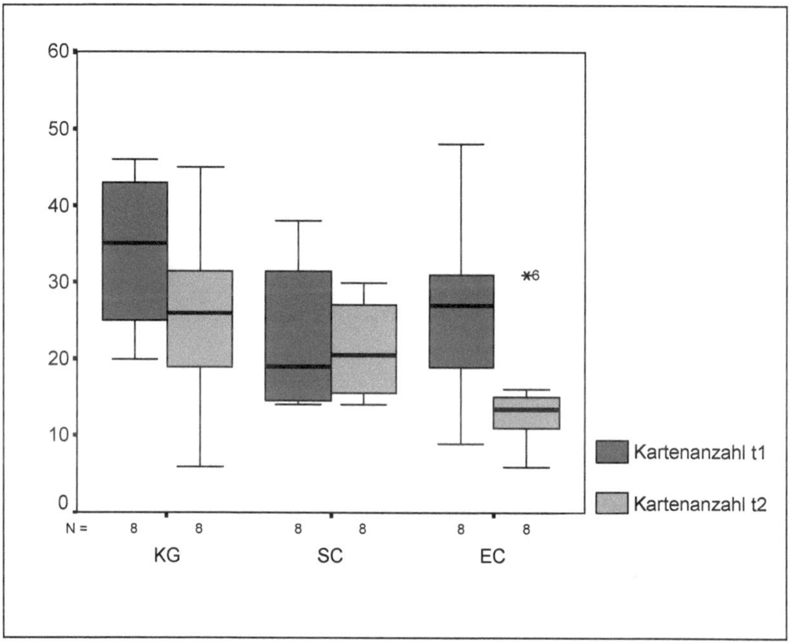

Abb. 32: Boxplot - Anzahl der Karten

Allerdings ist dies ein Extremwert nach oben (d.h. bei einer Person waren es zu t2 auffallend mehr Karten als bei den anderen), so dass mögliche signifikante Unterschiede dadurch weniger negativ beeinflusst werden (in bezug auf weniger Karten zu t2) als wenn es sich um einen Extremwert nach unten gehandelt hätte.

	GRUPPE	Mittelwert	Standardabweichung	N
Kartenanzahl t1	KG	34,0000	10,3233	8
	SC	22,7500	9,8234	8
	EC	26,3750	11,8314	8
	Gesamt	27,7083	11,2848	24
Kartenanzahl t2	KG	25,5000	11,7959	8
	SC	21,2500	6,2735	8
	EC	14,5000	7,3290	8
	Gesamt	20,4167	9,5958	24

Tab. 53: Deskriptive Statistik - Anzahl der Karten

Über die Zeit hat die Anzahl der Karten signifikant abgenommen (alle Gruppen zusammen). Gruppenunterschiede über die Zeit wurden nicht signifikant ($p = 0.215$) - allerdings zeigt sich eine hohe Effektgröße ($eta^2 = 0.136$) und eine Schärfe von 0.309 (vgl. Tab. 54).

Signifikanz (p)	Partielles eta^2	Beobachtete Schärfe
0.215	0.136	0.309

Tab. 54: ANOVA mit Mwh. - Anzahl der Karten

Die Kontraste (vgl. Tab 55) zeigen einen signifikanten Unterschied zwischen KG und den beiden Coachinggruppen, d.h. die Kontrollgruppe unterscheidet sich überzufällig von den beiden Coachinggruppen. Eine Stichprobengröße von 11 pro Gruppe würde für eine Replikation wahrscheinlich ausreichend sein, um ein statistisch signifikantes Ergebnis in die der Hypothese entgegengesetzte Richtung (Anzahl der Karten nimmt ab anstatt zu) erzielen zu können.

Helmert-Kontrast (Gruppe)	Signifikanz
KG gegen ASC und EC	0.021
ASC gegen EC	0.695

Tab. 55: Kontrastergebnisse – Anzahl der Karten

7.2.6 Qualitative Ergebnisse der P-S-I - Reflexion aus Sicht der Teilnehmer

Nach dem P-S-I zum Zeitpunkt 2 wurden gemeinsam mit dem Teilnehmer die beiden Strukturen verglichen und im Hinblick auf Veränderungen reflektiert. Außerdem gaben die EC- und ASC-Gruppe Einschätzungen dahingehend ab, inwieweit die Veränderungen auf das EC bzw. ASC zurückzuführen sind.

	EC	**ASC**	**KG**
Veränderungen bei t2 im Vergleich zu t1	Weniger Karten, klarere Struktur, mehr auf den Punkt gebracht, klarere Sicht auf das Problem, neue Aspekte	strukturierter, positiver, Fokus mehr auf Wesentlichem	in den meisten Fällen ähnlich geblieben teilweise mehr aufs Wesentliche konzentriert

	EC	**ASC**	**KG**
Einfluss des EC/ASC **Erklärung für Veränderung**	Durch EC Probleme und Zusammenhänge deutlicher geworden EC gibt Sicherheit und Erfolgsrückmeldung bei zwei Fällen wurde kaum Einfluss von EC wahrgenommen	Manches bewusster geworden, Blick für das Wesentliche, Beschäftigen mit dem Thema hat was gebracht, manche Veränderung auch auf veränderte Situation zurückzuführen	Situationsveränderung Selbst gemachte Erfahrungen (z.B. hat ein Teilnehmer sich stark mit seinem Thema alleine in einer Art Selbst-Coaching auseinandergesetzt)

Tab. 56: Qualitative Ergebnisse aus der Reflexion des P-S-I

In den qualitativen Aussagen fällt auf, dass in beiden Coachinggruppen die meisten Personen eine Veränderung zwischen t1 und t2 wahrgenommen haben. Im Vergleich zum ersten Strukturbild zeigt sich das zweite Bild häufig strukturierter, „mehr auf den Punkt gebracht". Es wurde mehr Klarheit bezogen auf das Thema wahrgenommen. Beide Coachinggruppen sahen den Einfluss der Intervention dahingehend, dass durch das Beschäftigen mit dem Thema Probleme und Zusammenhänge deutlicher geworden und das Beschäftigen mit dem Thema „was gebracht hat" (z.B. Sicherheit und Erfolgsrückmeldung). Zwei EC-Coachees sahen wenig Einfluss des EC auf Veränderung: dies lässt sich möglicherweise dadurch erklären, dass diese beiden Personen laut ihrer Aussagen im Abschlussinterview kein wirkliches Thema für das Coaching hatten. Ihnen fehlte der konkrete Anlass. Dadurch waren eventuell auch der Anreiz und die Offenheit, sich mit seinem Thema auseinander zu setzen nicht sehr hoch.

Im Gegensatz zu den Coachinggruppen sahen die meisten KG-Teilnehmer keine wesentlichen Veränderungen zwischen den beiden Zeitpunkten, die Strukturen wurde weitestgehend als ähnlich eingeschätzt. Wenn Veränderungen wahrgenommen wurden, dann wurden sie auf die veränderte Situation oder vereinzelt auf selbst gemachte Erfahrungen (Selbst-Coaching) zurückgeführt.

7.3 Ergebnisse der Forschungsfrage 3: Entwicklung neuer, erfolgsversprechenderer Handlungsmöglichkeiten

Zunächst wird das Ergebnis der MANOVA bezogen auf die Forschungsfrage 3 vorgestellt. Danach folgt wie bei Forschungsfrage 2 die Darstellung der einzelnen ANOVA-Ergebnisse zu den Hypothesen 9 - 11.

Da insbesondere die Gruppenunterschiede über die Zeit für die Beantwortung der Forschungsfrage interessant sind, ist bei der MANOVA auch hier die Zeile Faktor*Gruppe von Bedeutung. Es zeigt sich kein signifikanter Unterschied zwischen den Gruppen (Pillai-Spur = 0.284) (vgl. Tab. 57).

Signifikanz (p)	Partielles eta^2	Beobachtete Schärfe
0.284	0.162	0.446

Tab. 57: MANOVA mit Mwh. – Entwicklung neuer, erfolgsversprechenderer Handlungsmöglichkeiten

Aber auch hier zeigt sich wie in Forschungsfrage 2 eine hohe Effektgröße von $eta^2 = 0.162$. Die beobachtete Schärfe ergibt einen Wert von 0.446.

Um dieses Ergebnis besser bewerten zu können, werden im Folgenden die einzelnen Hypothesen mit ihren Ergebnissen dargestellt.

7.3.1 Hypothese 9: Wahrnehmung von Problemlösungen

Im EC werden mehr problemlösungsorientierte Handlungen über die Zeit entwickelt als im ASC und in der KG.

In allen drei Gruppen hat die Anzahl der wahrgenommenen Problemlösungen über die Zeit zugenommen. Die stärkste Veränderung zeigt sich bei EC: Der Mittelwert steigerte sich von t1 zu t2 um .3241 und die Varianz ist zu t2 homogener geworden. Die beiden Boxplots zu t1 und t2 haben im Interquartilbereich kaum Überschneidungen.

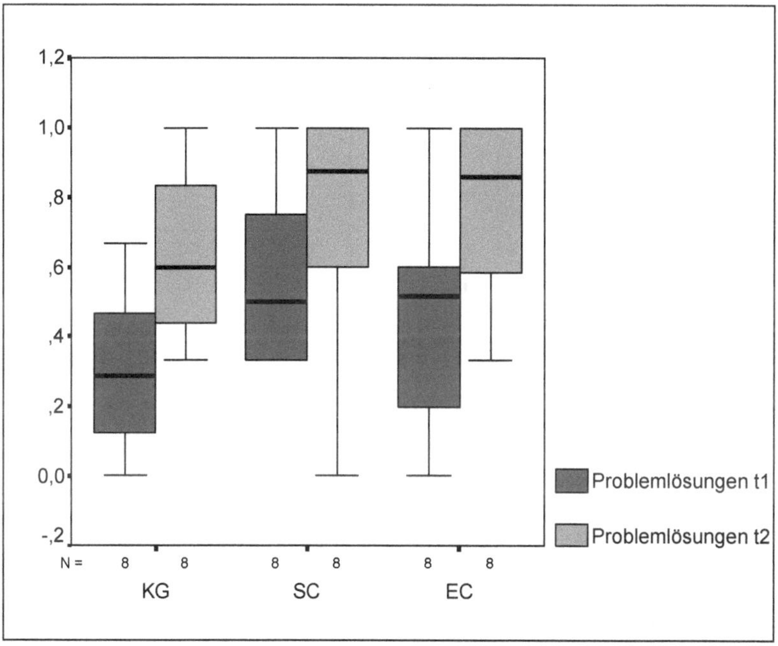

Abb 33: Boxplot – Anzahl der wahrgenommenen Problemlösungen

Insgesamt hat sich das Niveau bei EC deutlich gesteigert. Bei KG nahm der Mittelwert ähnlich hoch zu, allerdings bleibt die Varianz fast konstant. Die ASC-Gruppe fällt dadurch auf, dass die Mittelwertszunahme geringer ist als bei den anderen beiden Gruppen und die Varianz zu t2 von .2566 auf .3499 zugenommen hat. Die Gruppe zeigt sich zu t2 im Vergleich zu t1 heterogener als EC und KG.

	GRUPPE	Mittelwert	Standardabweichung	N
Problemlösungen t1	KG	,3027	,2415	8
	SC	,5625	,2566	8
	EC	,4527	,3179	8
	Gesamt	,4393	,2835	24
Problemlösungen t2	KG	,6344	,2526	8
	SC	,7437	,3499	8
	EC	,7768	,2642	8
	Gesamt	,7183	,2860	24

Tab. 58: Deskriptive Statistik - Wahrgenommene Problemlösungen

Die Gruppen unterscheiden sich über die Zeit hinweg nicht signifikant voneinander ($p = 0.551$). Es zeigt sich eine mittlere Effektgröße ($eta^2 = 0.055$). Die Schärfe mit 0.139 ist gering (vgl. Tab. 59).

Signifikanz (p)	Partielles eta^2	Beobachtete Schärfe
0.551	0.055	0.139

Tab. 59: ANOVA mit Mwh. - Anzahl der wahrgenommenen Problemlösungen

Die Kontrastergebnisse (vgl. Tab. 60) zeigen keine nennenswerten Unterschiede. Die Gesamtstichprobe in Folgeuntersuchungen müsste mindestens 81 Personen umfassen, um statistisch aussagefähigere Ergebnisse erzielen zu können.

Helmert-Kontrast (Gruppe)	Signifikanz
KG gegen ASC und EC	0.124
ASC gegen EC	0.751

Tab. 60: Kontrastergebnisse - Anzahl der wahrgenommenen Problemlösungen

7.3.2 Hypothese 10: Wahrnehmung positiver Konsequenzen

Im EC werden mehr positive Konsequenzen bezogen auf alle Blickwinkel (Coachee, Beteiligte, Unternehmen) in Relation zur Gesamtanzahl der wahrgenommenen Konsequenzen über die Zeit geäußert als im ASC und in der KG.

7.3.2.1 Darstellung der Ergebnisse (positive Konsequenzen gesamt)

Die drei Gruppen unterscheiden sich hinsichtlich ihres Mittelwertes zu t1 nicht wesentlich. Bezogen auf die Varianzen ist die KG zu t1 am homogensten, EC am heterogensten.

Alle drei Gruppen entwickeln sich zu t2 positiv. Es werden in allen drei Gruppen zu t2 mehr positive Konsequenzen im allgemeinen wahrgenommen als zu t1. Auffallend bei ASC und EC ist der Median. Hier zeigt sich, dass die Mehrheit der Coachees relativ hohe Werte haben, wobei sich bei KG die Werte um den Median homogener streuen. Bei EC und ASC sind die Varianzen im Gegensatz zu t1 homogener geworden, bei KG ist sie zu t2 etwas erhöhter.

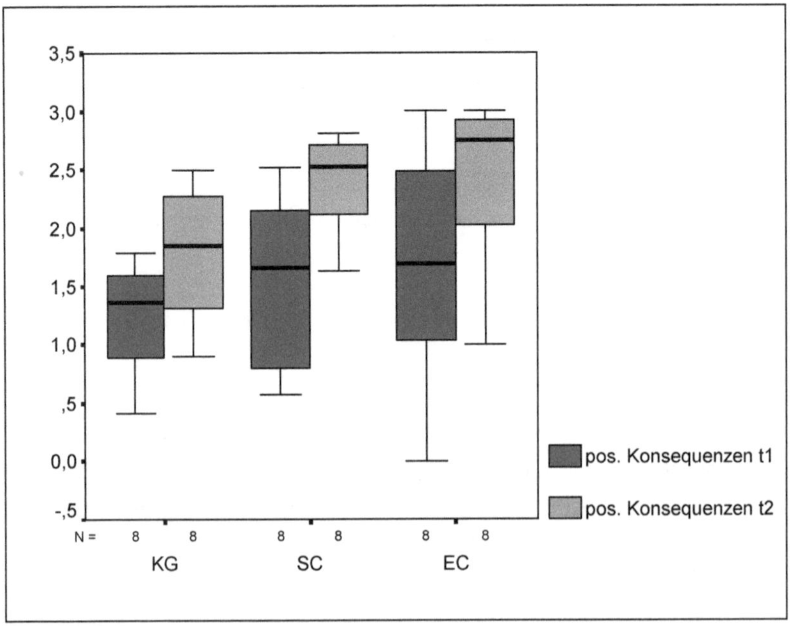

Abb. 34: Boxplot – Anzahl der wahrgenommenen positiven Konsequenzen (gesamt)

	GRUPPE	Mittelwert	Standardabweichung	N
pos. Konsequenzen t1	KG	1,2362	,4936	8
	SC	1,5351	,7448	8
	EC	1,6769	1,0049	8
	Gesamt	1,4827	,7652	24
pos. Konsequenzen t2	KG	1,7845	,5967	8
	SC	2,3927	,4281	8
	EC	2,4256	,7175	8
	Gesamt	2,2009	,6415	24

Tab. 61: Deskriptive Statistik - Wahrgenommene positive Konsequenzen (gesamt)

Die ANOVA mit Mwh. hat bezogen auf die Wahrnehmung der positiven Konsequenzen (gesamt) keine auffallenden Ergebnisse gebracht (p = 0.736). Die Effektgröße ist eher niedrig (vgl. Tab. 62).

Signifikanz (p)	Partielles eta^2	Beobachtete Schärfe
0.736	0.029	0.093

Abb. 62: ANOVA mit Mwh. - Anzahl der wahrgenommenen positiven Konsequenzen (gesamt)

Die Kontrastergebnisse (vgl. Tab. 63) zeigen keine signifkanten Unterschiede. Nimmt man allerdings eine Irrtumswahrscheinlichkeit von α = 0.1 an, könnte man den Unterschied zwischen der KG und den beiden Coachinggruppen als tendenziell signifikant bezeichnen - wohlwissend, dass die Irrtumswahrscheinlichkeit von 10% recht hoch ist.

Helmert-Kontrast (Gruppe)	Signifikanz
KG gegen ASC und EC	0.055
ASC gegen EC	0.760

Tab. 63: Kontrastergebnisse – Anzahl der wahrgenommenen positiven Konsequenzen (gesamt)

Es ist möglich, dass bei einer größeren Gesamtstichprobe der Unterschied zwischen diesen beiden Gruppen signifikant würde. ASC und EC unterscheiden sich dagegen nicht überzufällig.

7.3.2.2 Darstellung der Ergebnisse (positive Konsequenzen aus Sicht der Teilnehmer)

Die Anzahl der wahrgenommenen positiven Konsequenzen aus Sicht des Teilnehmers haben im Laufe der Zeit in allen drei Gruppen zugenommen. Die deutlichste Veränderung in positiver Sicht ist bei EC zu verzeichnen - der Mittelwert hat deutlich zugenommen und die Varianz ist deutlich homogener als zu t1. Auch bei ASC zeigt sich ein deutlicher positiver Sprung im Mittelwert und mehr Varianzhomogenität. Die KG zeigt ebenso eine positive Entwicklung des Mittelwerts über die Zeit, allerdings verbunden mit einer Varianzsteigerung.

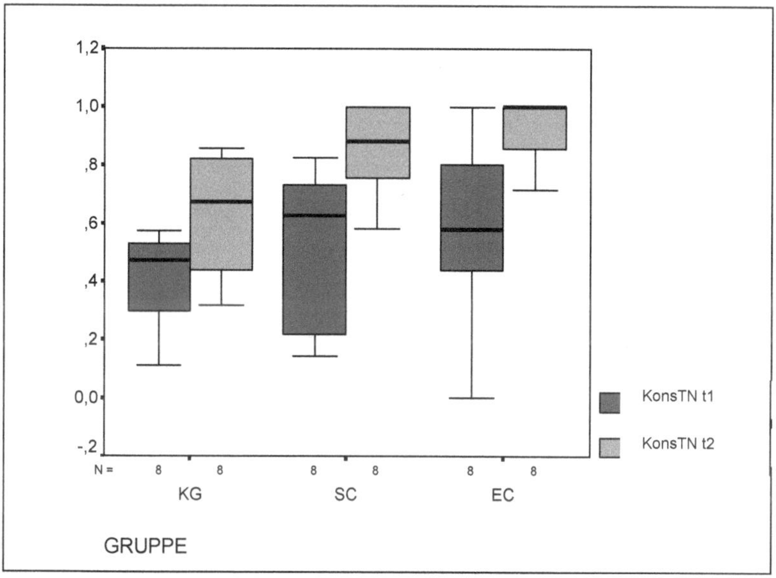

Abb 35: Boxplot - Anzahl der wahrgenommenen positiven Konsequenzen aus Sicht der Teilnehmer

	GRUPPE	Mittelwert	Standardabweichung	N
KonsTN t1	KG	,4097	,1699	8
	SC	,5145	,2784	8
	EC	,5790	,3176	8
	Gesamt	,5011	,2610	24
KonsTN t2	KG	,6304	,2182	8
	SC	,8568	,1643	8
	EC	,9286	,1323	8
	Gesamt	,8053	,2118	24

Tab. 64: Deskriptive Statistik - Wahrgenommene positive Konsequenzen aus Sicht der Teilnehmer

Bei der Wahrnehmung der Konsequenzen aus Sicht des Teilnehmers unterscheiden sich die Gruppen über die Zeit nicht signifikant ($p = 0.534$). Es zeigt sich eine mittlere Effektgröße von $eta^2 = .058$ (vgl. Tab. 65).

Signifikanz (p)	Partielles eta^2	Beobachtete Schärfe
0.534	0.058	0.144

Tab. 65: ANOVA mit Mwh. - Anzahl der wahrgenommenen positiven Konsequenzen aus Sicht des Teilnehmers

Die Kontrastergebnisse (vgl. Tab. 66) zeigen einen signifikanten Unterschied zwischen KG und den beiden Coachinggruppen ($p = 0.020$).

Helmert-Kontrast (Gruppe)	Signifikanz
KG gegen ASC und EC	0.020
ASC gegen EC	0.466

Tab. 66: Kontrastergebnisse - Anzahl der wahrgenommenen positiven Konsequenzen aus Sicht des Teilnehmers

EC und ASC scheinen sich nicht wesentlich zu unterscheiden ($p = 0.466$). Eine Gesamtstichprobengröße von 81 Personen wäre für weitere Untersuchungen notwendig, um mögliche signifikante Effekte zwischen den Coachinggruppen finden zu können.

7.3.2.3 Darstellung der Ergebnisse (positive Konsequenzen aus Sicht der Beteiligten)

Bei der Wahrnehmung positiver Konsequenzen aus Sicht der Beteiligten fällt die ASC-Gruppe auf: im Vergleich zu KG und EC nimmt der Mittelwert über die Zeit am stärksten bei ASC zu. Damit einher geht eine wesentlich homogenere Varianz. KG und EC entwickeln sich bezogen auf die Mittelwerte ähnlich positiv und die Varianz bleibt in beiden Gruppen ähnlich. Auffallend ist, dass bei EC die Varianz zu beiden Zeitpunkten im Gruppenvergleich am höchsten ist.

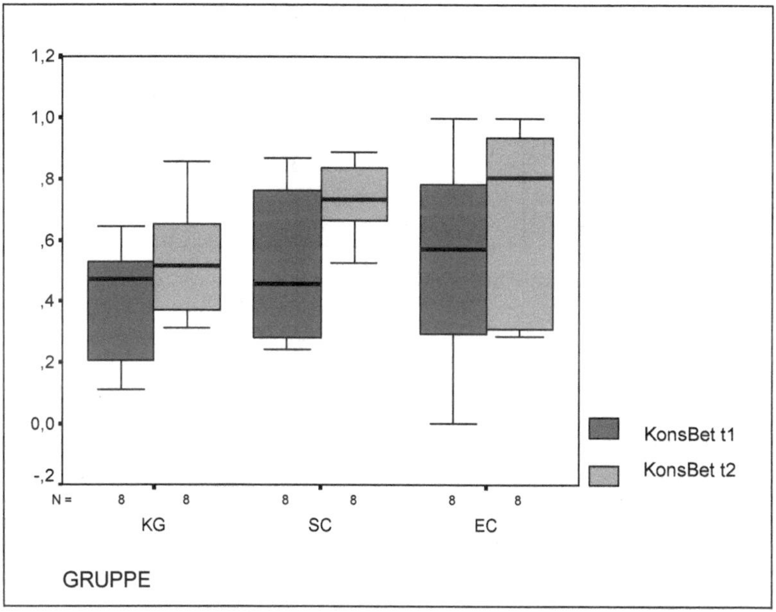

Abb 36: Boxplot - Anzahl der wahrgenommenen positiven Konsequenzen (aus Sicht der Beteiligten)

		GRUPPE	Mittelwert	Standardabweichung	N
Kons Bet t1	1	KG	,3954	,1941	8
		SC	,5136	,2571	8
		EC	,5364	,3370	8
		Gesamt	,4818	,2648	24
Kons Bet t2	2	KG	,5313	,1868	8
		SC	,7348	,1205	8
		EC	,6734	,3184	8
		Gesamt	,6465	,2313	24

Tab. 67: Deskriptive Statistik – Wahrgenommene positive Konsequenzen aus Sicht der Beteiligten

Die ANOVA mit Mwh. hat im Gruppenvergleich über die Zeit keine signifikanten Ergebnisse hervorgebracht ($p = 0.829$). Die Effektgröße ist mit $eta^2 = .018$ niedrig (vgl. Tab. 68).

Signifikanz (p)	Partielles eta^2	Beobachtete Schärfe
0.829	0.018	0.076

Tab. 68: ANOVA mit Mwh. – Anzahl der wahrgenommenen positiven Konsequenzen aus Sicht der Beteiligten

Die Kontrastergebnisse (vgl. Tab. 69) zeigen keine signifikanten Unterschiede.

Helmert-Kontrast (Gruppe)	Signifikanz
KG gegen ASC und EC	0.080
ASC gegen EC	0.840

Tab. 69: Kontrastergebnisse - Anzahl der wahrgenommenen positiven Konsequenzen aus Sicht der Beteiligten

Legt man auch hier eine Irrtumswahrscheinlichkeit von $\alpha = 0.1$ zugrunde, könnte man den Unterschied zwischen der KG und den Coachinggruppen als in der Tendenz signifikant bezeichnen.

7.3.2.4 Darstellung der Ergebnisse (positive Konsequenzen aus Sicht des Unternehmens)

Auch bei dem Aspekt „wahrgenommene positive Konsequenzen aus Sicht des Unternehmens" verändern sich alle drei Gruppen über die Zeit hinweg positiv. Auffallend ist auch hier die EC-Gruppe, da die Varianz zu beiden Zeitpunkten im Vergleich zu den anderen beiden Gruppen relativ hoch ist. Eine deutliche Varianzveränderung über die Zeit hin zur Homogenität zeigt sich bei ASC. Bei KG wird die Varianz dagegen heterogener.

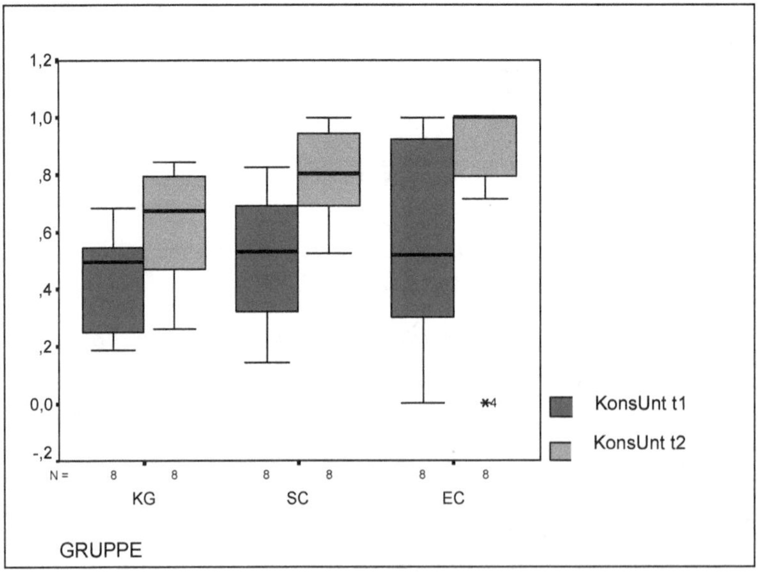

Abb 37: Boxplot - Anzahl der wahrgenommenen positiven Konsequenzen aus Sicht des Unternehmens

	GRUPPE	Mittelwert	Standardabweichung	N
Kons Unt t1	KG	,4311	,1799	8
	SC	,5070	,2324	8
	EC	,5615	,3683	8
	Gesamt	,4998	,2656	24
Kons Unt t2	KG	,6227	,2115	8
	SC	,8011	,1681	8
	EC	,8237	,3482	8
	Gesamt	,7492	,2599	24

Tab. 70: Deskriptive Statistik - Wahrgenommene positive Konsequenzen aus Sicht des Unternehmens

Bezüglich der Gruppenunterschiede über die Zeit zeigt sich kein signifikanter Effekt ($p = 0.764$). Die Effektgröße ist niedrig (0.025). Die Schärfe ist mit 0.088 sehr gering (vgl. Tab. 71).

Signifikanz (p)	Partielles eta^2	Beobachtete Schärfe
0.764	0.025	0.088

Tab. 71: ANOVA mit Mwh. – Anzahl der wahrgenommenen positiven Konsequenzen aus Sicht des Unternehmens

Die Kontrastergebnisse (vgl. Tab. 72) sind unauffällig.

Helmert-Kontrast (Gruppe)	Signifikanz
KG gegen ASC und EC	0.143
ASC gegen EC	0.732

Tab. 72: Kontrastergebnisse – Anzahl der wahrgenommenen positiven Konsequenzen aus Sicht des Unternehmens

7.3.3 Hypothese 11: Einschätzung erfolgreicher Umgang mit dem Coachingthema

Im EC schätzt der Coachee sich über die Zeit selbst erfolgreicher im Umgang mit seinem Thema ein als im ASC und in der KG.

Auffallend bei den deskriptiven Werten zur Einschätzung des erfolgreichen Umgangs mit dem Thema ist die EC-Gruppe: zu t1 zeigt sie im Vergleich zu den anderen beiden Gruppen den geringsten Mittelwert mit der höchsten Varianz, zu t2 dagegen die größte Mittelwertssteigerung mit einer sehr deutlichen Varianzabnahme (mit Abstand geringste Varianz im Gegensatz zu den anderen beiden Gruppen). KG und ASC zeigen zwar auch Mittelwertssteigerungen über die Zeit, KG zeigt aber zu t2 immer noch eine hohe Varianz.

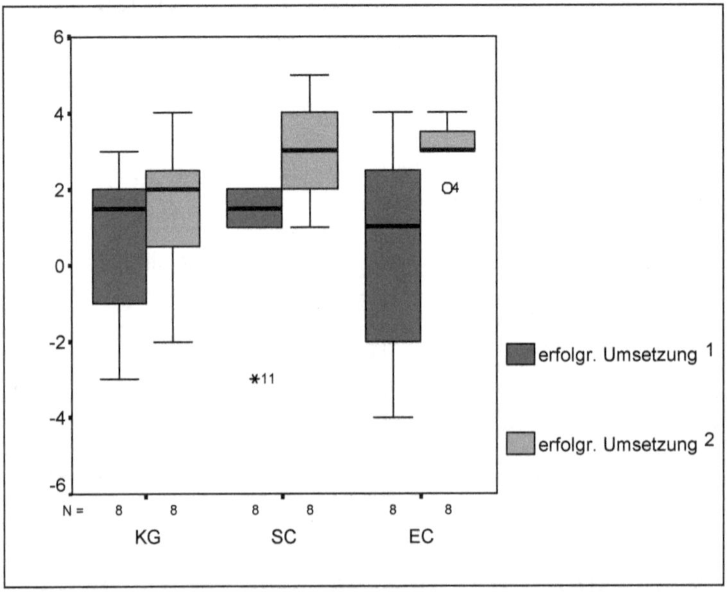

Abb 38: Boxplot - Einschätzung erfolgreicher Umgang mit dem Thema

Zu beachten sind hier ein Extremwert (ASC - t1) und ein Ausreißer (EC - t2). Der Ausreißer in der EC-Gruppe wirkt sich aufgrund seines niedrigen Wertes nicht positiv auf die Hypothese aus und ist somit nicht unbedingt schwerwiegend. Der negative Extremwert in der ASC-Gruppe zu t1 hingegen könnte das Ergebnis der ANOVA schon zu gunsten der ASC-Gruppe beeinflusst haben und ist daher in der Ergebnisinterpretation zu berücksichtigen.

	GRUPPE	Mittelwert	Standardabweichung	N
erfolgr. Umsetzung t1	KG	,62	2,13	8
	SC	1,00	1,69	8
	EC	,37	2,97	8
	Gesamt	,67	2,24	24
erfolgr. Umsetzung t2	KG	1,50	1,85	8
	SC	3,00	1,31	8
	EC	3,13	,64	8
	Gesamt	2,54	1,50	24

Tab. 73: Deskriptive Statistik – Einschätzung erfolgreicher Umgang mit dem Thema

Die ANOVA mit Mwh. zeigt zwar keine signifikanten Gruppenunterschiede über die Zeit (p = 0.187).

Signifikanz (p)	Partielles eta^2	Beobachtete Schärfe
0.187	0.147	0.336

Tab. 74: ANOVA mit Mwh. – Einschätzung erfolgreicher Umgang mit dem Thema

Die Effektgröße von 0.147 ist hoch und die Schärfe hat einen Wert von 0.336 (vgl. Tab. 74). Bei einer größeren Stichprobe (11 pro Gruppe) wäre das Erfassen signifikanter Unterschiede (unter Beachtung des Extremwertes in der ASC) möglich.

Die Kontrastergebnisse (vgl. Tab. 75) zeigen keine Auffälligkeiten.

Helmert-Kontrast (Gruppe)	Signifikanz
KG gegen ASC und EC	0.262
ASC gegen EC	0.762

Tab. 75: Kontrastergebnisse – Einschätzung erfolgreicher Umgang mit dem Thema

7.4 Ergebnisse der Forschungsfrage 4: Emotionale Entlastung

7.4.1 Hypothese 12: Emotionale Entlastung

Im EC fühlt sich der Coachee im Vergleich zu ASC und KG über die Zeit emotional mehr entlastet als im ASC und in der KG.

In Bezug auf die Befindlichkeit der Teilnehmer zeigen sich in den deskriptiven Daten deutliche Gruppenunterschiede. Die KG ist zu t1 und zu t2 im negativen Bereich: d.h. die Befindlichkeit ist eher negativ ausgeprägt. Eine Veränderung hat sich in dieser Gruppe kaum gezeigt. Ganz anders bei ASC und EC. Beide Gruppen zeigen eine deutliche Mittelwertssteigerung hin zu positiverer Befindlichkeit. Die Varianzen sind in diesen beiden Gruppen zu t2 homogener als zu t1 und geringer als in der KG.

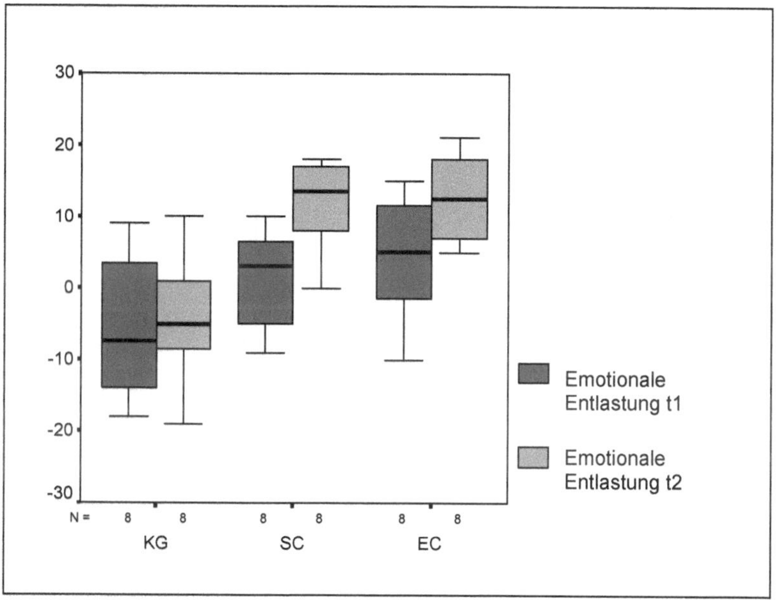

Abb. 39: Boxplot - Emotionale Entlastung

	GRUPPE	Mittelwert	Standardabweichung	N
emotionale Entlastung t1	KG	-5,63	9,91	8
	SC	1,25	6,92	8
	EC	4,38	8,42	8
	Gesamt	-8,93E-17	9,18	24
emotionale Entlastung t2	KG	-4,25	8,75	8
	SC	11,88	6,22	8
	EC	12,63	6,16	8
	Gesamt	6,75	10,48	24

Tab. 76: Deskriptive Statistik - Emotionale Entlastung

Das Ergebnis der ANOVA liegt nur 0.005 über dem Signifikanzwert von 0.05. Die Signifikanz wird knapp verfehlt (vgl. Tab. 77). Legt man eine Irrtumswahrscheinlichkeit von $\alpha = 0.1$ zugrunde, so könnte man den Unterschied zwischen den Coachinggruppen als tendenziell signifikant bezeichnen[95]. Die sehr hohe Effektgröße von $eta^2 = 0.241$ bestätigt diese Tendenz.

Signifikanz (p)	Partielles eta²	Beobachtete Schärfe
0.055	0.241	0.566

Tab. 77: ANOVA mit Mwh. – Emotionale Entlastung

Die Kontrastergebnisse (vgl. Tab. 78) zeigen, dass sich die KG eindeutig signifikant von den Coachinggruppen unterscheidet. ASC und EC scheinen sich in der emotionalen Entlastung nicht zu unterscheiden. Es ist wahrscheinlich, dass bei einer größeren Stichprobe (11 Personen pro Gruppe) signifikante Unterschiede deutlich würden.

Helmert-Kontrast (Gruppe)	Signifikanz
KG gegen ASC und EC	0.000
ASC gegen EC	0.581

Tab. 78: Kontrastergebnisse – Emotionale Entlastung

[95] Mit dem Wissen, dass eine 10prozentige Irrtumswahrscheinlichkeit relativ hoch ist.

7.5 Ergebniszusammenfassung

Die quantitative Auswertung hat zu unterschiedlichen Ergebnissen geführt: Bei zwei Hypothesen entsprechen die Erwartungen den Ergebnissen. Bei fünf Hypothesen haben sich interessante Tendenzen ergeben. Keine Bestätigung und keine auffälligen Tendenzen waren bei weiteren fünf Hypothesen zu verzeichnen.

Signifikante Ergebnisse

- Die EC-Gruppe unterscheidet sich hinsichtlich der Zufriedenheit signifikant von der ASC-Gruppe (Hypothese 1).
- Die EC-Gruppe unterscheidet sich in der Wahrnehmung von Wechselwirkungen über die Zeit signifikant von der ASC -Gruppe (Hypothese 5).

Bei den anderen Hypothesen haben in der quantitativen Auswertung EC und ASC gleichermaßen Effekte gezeigt. Es sind keine überzufälligen Unterschiede zwischen beiden Coachinggruppen zu erkennen.

Tendenzen (α = 0.1)

Zu einigen Hypothesen zeigten sich keine überzufälligen Unterschiede. Wenn man allerdings eine Irrtumswahrscheinlichkeit von $\alpha = 0.1$ zugrunde legt[96], könnten einige Unterschiede zwischen den Gruppen als tendenziell signifikant bezeichnet werden. Eine Replikation mit größerer Gesamtstichprobe (81 Teilnehmer) würde sich bezogen auf

[96] Mit dem Wissen, dass eine 10prozentige Irrtumswahrscheinlichkeit relativ hoch ist.

diese Ergebnisse lohnen, da signifikante Ergebnisse im Hinblick auf die hier gewonnenen Effektgrößen möglich sind.

- In bezug auf die Wahrnehmung internaler Attributionen über die Zeit zeigt sich ein tendenziell signifikanter Unterschied zwischen den beiden Coachinggruppen und der KG (Hypothese 4).
- Die beiden Coachinggruppen unterscheiden sich von der KG in der Tendenz signifikant in bezug auf die Wahrnehmung positiver Konsequenzen insgesamt und aus Sicht der Beteiligten. Hinsichtlich der Wahrnehmung positiver Konsequenzen aus Sicht der Teilnehmer hat sich sogar ein signifikanter Unterschied zur KG bei $\alpha = 0.05$ gezeigt (Hypothese 10).
- Die deskriptiven Werte lassen vermuten, dass die beiden Coachinggruppen sich in der erfolgreichen Einschätzung des subjektiven Umgangs mit ihrem Thema nach dem Coaching tendenziell positiver einschätzen als die KG (Hypothese 11).
- Die beiden Coachinggruppen unterscheiden sich über die Zeit bezogen auf die emotionale Entlastung tendenziell signifikant von der KG (Hypothese 12).

Erwartungskonträres Ergebnis bei Hypothese 8

Auffallend ist das Ergebnis der Hypothese 8:

Die Ergebnisse sind konträr zu der vorherigen Annahme, dass die Anzahl der wahrgenommenen Aspekte durch Coaching zunimmt.

In allen drei Gruppen ist die Anzahl der Aspekte über die Zeit signifikant unterschiedlich. Die beiden Coachinggruppen unterscheiden sich nicht signifikant von der KG. Es zeigt sich aber ein in der Tendenz signifikanter Unterschied bei einer Irrtumswahrscheinlichkeit von $\alpha = 0.1$[96] zwischen den beiden Coachinggruppen und der KG.

Keine Auffälligkeiten

Die Hypothesen 2, 3, 6, 7, 9 haben sich nicht bestätigt. Es sind keine Tendenzen zu erkennen, die auf Unterschiede zwischen den Gruppen hinweisen.

Kapitel 8

Inhaltliche und methodische Diskussion der Ergebnisse

„Für jedes komplexe Problem gibt es eine Lösung, die einfach, elegant und falsch ist."

(Henry C. Mencken)

8. Inhaltliche und methodische Diskussion der Ergebnisse

Insgesamt sind die quantitativen Ergebnisse dieser Forschungsarbeit eher enttäuschend. Es gab wenige signifikante Unterschiede zwischen den beiden Coachinggruppen und im Vergleich zur Kontrollgruppe. Wie schon in vorherigen Kapiteln erwähnt, handelt es sich bei dieser Untersuchung um eine Pilotstudie mit geringer Stichprobengröße. Schon vor der Ergebnisdarstellung wurde durch die aufgeführten möglichen Moderatorvariablen die Komplexität im Coaching deutlich gemacht. Daher ist es schwierig zu sagen, worauf sich die Ergebnisse der Untersuchung in letzter Konsequenz zurückführen lassen. Es wurden erstmals tentativ Hypothesen in dieser Art aufgestellt – vergleichbare Untersuchungen gibt es hierzu noch nicht. Daher war es nicht sicher, ob die Instrumente veränderungssensitiv sind. Am Anfang eine Pilotstudie mit hypothesentestenden und explorativen Anteilen durchzuführen, erschien aber wichtig, um Ansatzpunkte für weitere Untersuchungen mit größeren Stichproben zu bekommen und herauszufinden, welche Untersuchungsinstrumente geeignet sind.

Im Folgenden werden daher die Ergebnisse der einzelnen Forschungsfragen mit ihren Hypothesen unter folgenden Fragestellungen inhaltlich und methodisch diskutiert.

- Wie wichtig ist der Coach? Braucht man ihn wirklich?
- Bringt Coaching den gewünschten Effekt? Reichen nicht schon zwei Interviews, um Effekte zu erzielen?
- Was spricht trotzdem für Coaching?
- Wurden die richtigen Methoden angewandt?

8.1 Wo zeigen sich Unterschiede zwischen EC und ASC?

Bezogen auf die Frage, inwieweit es einen Coach im Coaching braucht, haben sich interessante Ergebnisse insbesondere aus dem qualitativen Abschlussinterview gezeigt: obwohl ASC und EC sich in vielen Variablen nicht unterscheiden, scheint der Coach aus Sicht der Beteiligten eine wichtige Rolle für den Coachee zu spielen.

8.1.1 Zufriedenheit

In den quantitativen Ergebnissen hat sich ein signifikanter Unterschied zwischen EC und ASC in der Variable „Zufriedenheit" ($p = 0.013$) gezeigt. Insgesamt waren die Äußerungen der EC-Gruppe positiver als die der ASC-Gruppe.

Das Gemeinsame der beiden Gruppen ist die intensive Auseinandersetzung mit sich selbst. Diesen Prozess hat die EC- wie die ASC-Gruppe als positiv und hilfreich bewertet. Die Reflexion führte zu mehr Struktur, Orientierung und der Fokus verschob sich mehr auf das Wesentliche.

Während die EC-Gruppe das Feedback und die Anregungen des Coaches als positiv erlebt haben, fehlte der ASC-Gruppe ein

Gegenüber, der diese Funktionen hätte übernehmen können. Im Hinblick auf Verbindlichkeit und Nachhalten der Umsetzungsvereinbarungen fühlten sich die EC-Coachees besser betreut und „kontrolliert" als die ASC-Teilnehmer. Diese vermissten den Coach, der ihnen „auf die Finger schaut" und damit Unterstützung in der Umsetzung bietet. Außerdem fiel es der ASC-Gruppe teilweise schwer, ihr Thema und ihre Sitzungen zu strukturieren. Sie waren unsicherer und ihnen fehlte eine Begleitung. Dies zeigt sich wahrscheinlich in den unterschiedlichen Längen der Sitzungen und den Störungen während der Sitzungen (Telefon, Essen machen...). Außerdem wurde die Literatur als wichtig angesehen, da dadurch die Sitzungen mit Inhalt gefüllt werden konnten. Im Hinblick auf die Anwendung der Leittexte waren die ASC-Coachees geteilter Meinung: es gab teilweise Unsicherheiten im Umgang mit den darin beschriebenen Methoden und Fragen. Manche konnten sogar überhaupt nichts damit anfangen. Für die EC-Gruppe spielten die Methoden eine wichtigere Rolle – das Gespräch an sich sowie Videoaufzeichnungen und die Durchführung von Interviews wurden positiv bewertet. Vergleicht man die Mittelwerte der beiden Gruppen bei der Einschätzung der Wichtigkeit der Methoden im Coaching, so zeigt sich zwar kein signifikanter, aber tendenzieller Unterschied (bei $\alpha < 0.1$) dahingehend, dass die EC-Gruppe den Beitrag der Methoden zum Erfolg des Coachings höher einschätzt. Die Beziehung zwischen Coach und Coachee scheint eine wichtige Komponente zu sein. Ohne sie wäre ein offenes Auseinandersetzen mit dem eigenen Thema in der notwendigen Intensität nicht möglich gewesen. Zusätzlich betont die EC-Gruppe die Individualität des Coachings, die es den Coachees ermöglichte, an ihren spezifischen Themen zielorientiert und offen zu arbeiten.

Auffällig war, dass alle ASC-Teilnehmer das größte Hindernis in der Selbstdisziplin sahen. Termine mit sich selbst zu vereinbaren und diese einzuhalten, wurde als Herausforderung erlebt. Dies war bei der EC-Gruppe kein Thema, da die Sitzungen in regelmäßigen Abständen mit den Coaches vereinbart und durchgeführt wurden. Dort gab es im Gegensatz zur ASC-Gruppe kaum Terminverschiebungen. Die fehlende Verbindlichkeit im ASC hat den Coachingprozess behindert. Ohne Einbindung in das Projekt und ohne Nachhalten der Projektleiterin hätten die Sitzungen noch seltener statt gefunden und der Prozess wäre bei einigen womöglich nie zu Ende gebracht worden. Die Funktion des Coaches, den Coachee dazu zu bringen, sich Zeit zur Selbstreflexion zu nehmen, scheint demnach für den Prozess wichtig zu sein. Das Nachhaken der Projektleiterin in Form von emails entsprach nur zum Teil dieser Rolle. Noch verbindlicher scheint es zu sein, wenn ein Gesprächstermin zwischen Coach und Coachee vereinbart wird. Das Absagen der Sitzung wäre mit mehr Aufwand und noch mehr schlechtem Gewissen verbunden und würde somit eher termingerecht stattfinden.

8.1.1.1 Zusammenhang zwischen Persönlichkeit des Coachees und Zufriedenheit

In bezug auf die Persönlichkeitsvariable „Selbststeuerungskompetenz" (gemessen mit dem SSI-K) hat sich bei den EC-Coachees ein signifikanter negativer Zusammenhang zwischen der Selbststeuerungskomponente „Aktivierungskontrolle" und „Zufriedenheit" gezeigt: d.h. je höher der Wert in der Aktivierungskontrolle, desto weniger zufrieden sind die Coachees mit dem EC gewesen.

Aktivierungskontrolle:

Die „Aktivierungskontrolle" gehört zu der Skala „Selbstregulation" und enthält je zwei Items zur „Selbstaktivierung" und „Selbstberuhigung".

zur Selbstaktivierung:

„Ich erreiche meine beste Form erst dann, wenn Schwierigkeiten auftreten."

„Sobald Hindernisse auftauchen, spüre ich wie ich aktiver werde."

zur Selbstberuhigung:

„Ich kann meine Anspannung lockern, wenn sie störend wird."

„ich kann mich auch in einem Zustand starker innerer Anspannung schnell wieder entspannen."

Dieser Zusammenhang lässt sich so interpretieren, dass Personen mit einer hohen Aktivierungskontrolle gut in der Lage sind, selbstreguliert auf Problemsituationen angemessen zu reagieren ohne sich dabei unter Druck gesetzt zu fühlen. Aufgrund der schon hohen vorhandenen Selbstregulationsfähigkeit profitieren diese Personen möglicherweise deshalb weniger vom Einzel-Coaching als andere, weil das Einzel-Coaching ihnen im Umgang mit ihrem Thema keine wesentliche Verbesserung bringt. Es ist anzunehmen, dass sie mit ihrem Thema schon in positiver, d.h. selbstregulierter Weise umgehen. Ein anderer Erklärungsansatz könnte sein, dass es bei diesen Personen ein unterschiedliches Verständnis von „Lösung" und „Hilfe" gibt. Dies würde bedeuten, dass unterschiedliche Bewertungsmaßstäbe je nach Persönlichkeitsdisposition vorliegen.

8.1.1.2 Die Moderatorvariable Coach

Die Moderatorvariable Coach wurde wie in Kapitel 5.5.2.1 beschrieben dadurch relativiert, dass die Auswahl der Coaches nach bestimmten Kriterien stattfand (vgl. Kap. 5.5.2.1). Eine Auswertung des Einflusses dieser Moderatorvariablen ist sehr schwierig. Die Zufriedenheit sowie die Einschätzungen bezüglich der Beziehungsqualität und des Methodeneinsatzes zeigen, dass die Strukturqualität (vgl. Kap. 3.3.3, Heß und Roth 2001) in diesen Punkten bezogen auf den Coach erfüllt worden sind. Die Auswahl der Coaches war im Rahmen des Projektes gut gelungen. Die Entscheidung für zwei Coaches ließ den Coachees eine Wahlmöglichkeit. Dies ist ein wichtiger Aspekt bezogen auf die Prozessqualität. Zum anderen haben die Ergebnisse der Abschlussinterviews gezeigt, dass die Coachees mit ihren Coaches sehr zufrieden waren. Die Beziehungsqualität wurde positiv gewertet. Die Strukturqualität wurde somit in diesem Punkt im positiven Sinn berücksichtigt.

Ob die Unterschiede der Coaches hinsichtlich ihrer Persönlichkeit, ihres Geschlechts und ihres Coachingansatzes allerdings die Ergebnisse beeinflusst haben, konnte mit der geringen Stichprobengröße nicht analysiert werden.

Im ASC hat sich gezeigt, dass die Projektleiterin Einfluss auf den Prozess genommen hat: durch das Nachhaken, ob die Sitzungen stattgefunden haben, entstand mehr Druck bei den ASC-Teilnehmern. Zum anderen hat möglicherweise die Einbindung der ASC-Gruppe in das Projekt und die damit verbundene Abhängigkeit der Projektleiterin von den ASC-Teilnehmern zu mehr moralischer Verpflichtung geführt, das ASC in einer bestimmten Zeit durchzuführen.

Für weitere Untersuchungen wird in Verbindung mit einer Erhöhung der Stichprobengröße empfohlen, mehr Coaches in das Projekt aufzunehmen, um eine größere Generalisierbarkeit der Ergebnisse zu ermöglichen. Zum anderen wären dann differenziertere Analysen in bezug auf Geschlechtsunterschiede und Vergleiche verschiedener Coachingansätze möglich. Hinsichtlich der Rolle der Projektleiterin im ASC wird empfohlen, damit sensibel umzugehen, mögliche Konsequenzen hieraus den Teilnehmern gegenüber transparent zu machen und auf die Freiwilligkeit hinzuweisen: „Ein Abbrechen des ASCs ist möglich."

8.1.2 Wahrnehmung von Wechselwirkungen

Bei der Wahrnehmung von Wechselwirkungen über die Zeit hat sich ein überzufälliger Unterschied zwischen den beiden Coachinggruppen gezeigt ($p = 0.022$). Die Rolle des Coaches und der Einsatz reflexionsfördernder Methoden (z.B. systemisches Fragen) scheinen in diesem Zusammenhang zentral zu sein. Zu diesem Ergebnis passen auch die Aussagen der Teilnehmer im Abschlussinterview: 6 von 8 Teilnehmern im ASC haben ausschließlich die Literatur in den Sitzungen verwendet. Die Leittexte, in denen systemische Fragen eine Anregung zur Entwicklung von neuen Sichtweisen hätten bieten können, wurden nur selten benutzt (vgl. Kap. 7.1.1.1.2). Daraus lässt sich der Schluss ziehen, dass das alleinige Lesen der Literatur nicht unbedingt die Wahrnehmung von Wechselwirkungen zu fördern scheint. Ein entscheidender Unterschied zwischen den beiden Coachinggruppen könnte hier in der intensiven Coachingbeziehung im EC liegen: die Beziehungsqualität wurde von den EC-Coachees als sehr wichtig für den Coachingprozess eingeschätzt (vgl. Kap. 7.1.1.1.1). Eine vertrauensvolle Beziehung zwischen Coach und Coachee schafft eine gute Basis für Selbstreflexionsprozesse. Indem der Coach positive Affekte beim Coachee fördert, öffnet dieser sich, ein Selbstaufmerksamkeitszustand entsteht und eine ganzheitliche Selbstreflexion wird möglich. Das Anstoßen des Aufmerksamkeitssystems durch Feedback des Coaches stimuliert subjektiv selbstwertbedeutsame Verbindungen zu dem im Langzeitgedächtnis gespeicherten intuitiven Wissen der Person über sich selbst (vgl. Greif in Vorber.). Im ASC fehlt dieser Beziehungsaspekt. Ohne Coach fehlt ein Impuls von außen, der die Selbstaufmerksamkeit und damit verbundene Selbstreflexionsprozesse anstößt. Insbesondere bei Themen, die mit negativen Affekten besetzt sind (was im Coaching häufiger der Fall ist), ist nur eine reduzierte Selbstreflexion auf isolierte Einzelaspekte möglich, da sonst eine Überforderungssituation entsteht, die sich kontraproduktiv auf den Prozess auswirken würde (vgl. Kuhl 2001, S. 255f.). Im ASC könnte das dazu führen, dass unangenehme Aspekte aus Selbstschutz ausgeblendet werden und eine ganzheitliche Selbstreflexion nicht mehr möglich ist. Der Coach hat die Aufgabe durch Fokussierung auf positive Ereignisse positive Affekte auszulösen und nach Erreichen des Selbstaufmerksamkeitszustands intensiv und konfrontativ mit Hilfe von konstruktivem Feedback und anderen Methoden an den unangenehmen Aspekten zu arbeiten. Dies könnte eine weitere Erklärung dafür sein, dass die Wahrnehmung von Wechselwirkungen in der EC-Gruppe mehr gefördert wurde als im ASC.

8.1.3 Ähnliche Einschätzungen bei den Kriterien Zielerreichung und praktischer Nutzen

Bezogen auf die Ergebniskriterien Zielerreichung und praktischer Nutzen haben beide Coachinggruppen ähnlich hohe Effekte erzielt. Es hat sich kein signifikanter Unterschied bei beiden Kriterien ergeben.

8.1.3.1 Zielerreichung

Durch die Veränderungen von Zielen, die teilweise in den Gruppen vorgekommen sind, ist eine Interpretation der quantitativen Daten schwer möglich. Nach den quantitativen Daten unterscheiden sich die beiden Gruppen nicht wesentlich voneinander. Grund hierfür könnte sein, dass z.B. der Anspruch des Coachees sich im Laufe des EC-Prozesses in bezug auf die Zielerreichung verändert hat. Das intensive Beschäftigen mit dem Thema führte zu anderen Sichtweisen und Handlungen, wodurch sich wiederum die Ziele veränderten. Am Beispiel Zeitmanagement lässt sich dies verdeutlichen: Das Ziel „Jede Woche mindestens 2 Abteilungsbesprechungen à 1/2 Stunde wieder durchzuführen" kann sich im Laufe des Coachings verändern in „Mehr Delegation von Themen an die Mitarbeiter" und „Zuständigkeiten für bestimmte Problemsituationen klar regeln". Durch das EC ist dem Coachee klar geworden, dass die Gründe für mangelnde Zeit in fehlender Delegation und fehlenden Zuständigkeiten liegt, so dass das Ziel des Coachings einen neue Richtung bekommen hat. Ein anderer Grund könnte in veränderten Rahmenbedingungen liegen (z.B. das Verlassen der Firma), wodurch sich die Themen und Ziele im Coaching zwangsläufig verändern: dies war bei einem EC-Coachee, aber auch vereinzelt in der ASC-Gruppe der Fall.

Zum anderen führen Erfolge in der Umsetzung möglicherweise dazu, dass die Ziele nachträglich höher gesteckt werden und sich dadurch der Bewertungsmaßstab verschiebt. Die Ziele in der EC-Gruppe waren vielleicht durch die Anregungen des Coaches anspruchsvoller, aber auch realistischer. Dies würde die unterschiedlichen Bewertungsmaßstäbe erklären.

Zusammenhang zwischen Persönlichkeit des Coachees und Zielerreichung

Um die Ergebnisse besser interpretieren zu können, lohnt sich ein Blick in die Daten des SSI-K.

Durch den Vergleich der Selbststeuerungskomponente „Zielvergegenwärtigung" aus dem SSI-K mit der Variable „Zielerreichung" haben sich in beiden Coachinggruppen konträre Zusammenhänge aufgetan.

Zielvergegenwärtigung
Diese SSI-K Skala beinhaltet Items zur Vorsatzauffrischung und zum Pflichtbewusstsein
zur Vorsatzauffrischung:
„Ich vergegenwärtige mir öfters am Tag, was ich noch alles tun will."
„Dinge, die ich noch nicht erledigt habe, mache ich mir immer wieder bewusst."
zum Pflichtbewusstsein:
„Ich setze mich oft selbst unter Druck."
„Ich gehe oft ziemlich streng mit mir um."

In der ASC-Gruppe korrelieren diese beiden Variablen signifikant positiv miteinander: d.h. je höher der Wert in der Zielvergegenwärtigung, desto höher wird auch der Wert in der Zielerreichung eingeschätzt. In der EC-Gruppe wurde ein negativer Zusammenhang signifikant: je höher der Wert in der

Zielvergegenwärtigung, desto geringer wird der Wert in der Zielerreichung eingeschätzt.

In Bezug auf die ASC-Gruppe lässt sich der Zusammenhang wie folgt erklären: die Zielvergegenwärtigung gehört zu der Skala Selbstdisziplin - je mehr ich mich in Bezug auf meine Ziele unter Druck setze und mir diese immer wieder vor Augen führe, desto zielorientierter bzw. selbstdisziplinierter wird das ASC durchgeführt, was sich letztendlich auch in der Einschätzung der Zielerreichung wiederspiegelt. Durch das ASC waren die Teilnehmer mehr gefordert, selbst aktiv zu werden, was sich positiv auf die Zielvergegenwärtigung ausgewirkt haben könnte. Andererseits könnte der Effekt auch dadurch erklärt werden, dass den Personen, die einen hohen Wert in der Zielvergegenwärtigung haben, eher mit kognitiven Dissonanzreduktionen reagieren, da es für sie schwieriger ist zuzugeben, dass sie ihre Ziele nicht so erreicht haben, wie sie es von sich erwartet haben.

In der EC-Gruppe korrelieren die beiden Variablen negativ miteinander: Die Anwesenheit des Coaches könnte zu einer geringeren Mobilisierung führen, da man weniger herausgefordert wird, selbst aktiv zu werden. Diese Herausforderung ist beim ASC möglicherweise höher. Eigeninitiative wird für die Zeit des ECs eventuell mehr an den Coach abgegeben. Wenn damit verbunden der Coachee sich seine Ziele immer wieder vor Augen führt, so könnte sich dies negativ auf die subjektive Einschätzung der Zielerreichung auswirken.

Diese ganzen Annahmen sollten in einer weiteren Studie auf jeden Fall auch unter prozessanalytischen und persönlichkeitstheoretischen Gesichtspunkten genauer untersucht werden, da die Zielerreichung für Coachees wie auch Auftraggeber ein zentrales Qualitätskriterium ist. Außerdem sollte überdacht werden, inwieweit die Zielerreichung als wichtiges Kriterium mit Hilfe anderer Erhebungen besser und umfassender gemessen werden könnte (z.B. Befragung unterschiedlicher Personen oder Beobachtungen in der Praxis...).

8.1.3.2 Praktischer Nutzen

Auch in Bezug auf die Einschätzung des praktischen Nutzens unterscheiden sich die beiden Coachinggruppen nicht überzufällig von einander. In beiden Gruppen gibt es mehr und weniger positive Stimmen. Insgesamt ist die Einschätzung im Durchschnitt positiv. Auch bei dieser Variable wurde in der EC-Gruppe wie bei der Variable „Zufriedenheit" eine negative Korrelation mit der Selbststeuerungskomponente „Aktivierungskontrolle" signifikant: je höher der Wert in der Aktivierungskontrolle ist, desto weniger hoch wird der praktische Nutzen im Coaching gesehen. Auch hier lässt sich ein Deckeneffekt vermuten: wenn ein Coachee schon über eine hohe Selbstregulation verfügt und in positiver Weise seine Themen im beruflichen Alltag angeht, so wird er vom Coaching weniger profitieren können als Personen, die einen niedrigen Wert in der Aktivierungskontrolle aufweisen.

8.1.3.3 Einfluss möglicher Störvariablen

Störvariablen bezogen auf den Coachee lassen sich aufgrund der qualitativen Ergebnisse vermuten: Freiwilliger Zwang, Reaktanzverhalten und kognitive Dissonanzreduktionen.

Zwei EC-Coachees haben im Abschlussinterview geäußert, dass sie unter den Bedingungen wie sie vor dem Coaching waren, nicht noch einmal ein EC machen würden. Sie hatten für sich keinen konkreten Anlass bzw. kein Thema mit Veränderungsdruck gesehen. Dies wäre aber nach Ansicht eines Coachees Voraussetzung für ein erfolgreiches Coaching gewesen. Da diese Voraussetzung nicht gegeben war, liegt die Vermutung nahe, dass das EC nicht aus freien Stücken, sondern mehr mit einem gewissen Zwang von außen (durch Vorgesetzte oder Personalabteilung) durchgeführt wurde. Auffällig ist bei einem der beiden EC-Fälle im Vergleich zu den anderen, dass derjenige laut seiner Aussage mit Abstand weniger von dem Coaching profitiert hat als die anderen.

Die Freiwilligkeit und der konkrete Anlass für ein EC scheint zudem ein wichtiger Einflussfaktor in bezug auf die Zielerreichung und den praktischen Nutzen zu haben. Hier könnte eventuell die Theorie der kognitiven Dissonanzreduktion (vgl. Frey u. Gaska 1993)[97] als Erklärungsansatz dienen: Wenn ich das EC nicht von Anfang an wirklich wollte und mich in etwas „hineingedrängt gefühlt habe", dann kann ich am Ende nicht so leicht behaupten, dass das EC eine Menge gebracht hat. Außerdem könnte hier auch Widerstand bzw. Reaktanz (vgl. Wicklund 1974) eine mögliche Reaktion gewesen sein: Wenn ich den Eindruck habe, zu etwas gezwungen zu werden, gehe ich eher in Widerstand und öffne mich nicht.

[97] Theorie über die Verarbeitung relevanter Informationen nach einer Entscheidung (...). Sie geht von dem Sachverhalt aus, dass bevorzugt Informationen ausgewählt werden, die eine getroffene Entscheidung als richtig erscheinen lassen, und dass gegenteilige Informationen „abgewehrt" oder nicht beachtet werden..." (Bergius 1998 in Dorsch et al 1998, S. 441).

Kognitive Dissonanzreduktionen lassen sich auch bei den beiden Gruppen ASC und KG vermuten. Bezogen auf die ASC-Gruppe lässt sich zusätzlich sagen, dass sie sich in den meisten Variablen nicht wesentlich von der EC-Gruppe unterscheidet. Demnach scheint das ASC Effekte gehabt zu haben, die auch einen hohen Wert bei den Ergebnisvariablen „Praktischer Nutzen" und „Zielerreichung" rechtfertigen. Trotzdem könnten die positiven Werte bei diesen zwei Variablen u.a. auch daran gelegen haben, dass die ASC-Teilnehmer ihren zeitlichen Einsatz sich selbst gegenüber rechtfertigen wollten. Jetzt habe ich mich so intensiv damit beschäftigt, jetzt muss es mir auch was gebracht haben. Zu groß wäre womöglich die Enttäuschung.

Diese Erklärungsansätze sind erst einmal Spekulation und schwierig zu beweisen, da sie absolute Offenheit vom Teilnehmer erfordert - nur wer gibt gerne am Ende des Coachings offen zu, dass er es ohne eigenem Willen durchgeführt hat? Wenn dies der Fall gewesen sein sollte, könnte auch das Verhalten des Coaches eine Rolle gespielt haben, der entweder die Reaktanz nicht wahrgenommen oder damit nicht erfolgreich im Sinne des Coachingprozesses umgegangen ist. Kognitive Dissonanzreduktionen sind aus den gleichen Gründen genauso schwierig zu erheben.

Um hier mehr Klarheit zu bekommen, wäre es in weiteren Untersuchungen sinnvoll, die Coachingprozesse genauer zu analysieren und andere Kriterien (wie Verhaltensbeobachtungen, Vorgesetzten- und Mitarbeiterbewertungen...) hinzuzuziehen.

8.2 Worin unterscheiden sich ASC und EC von der Kontrollgruppe (KG)?

Bringt Coaching den gewünschten Effekt? Reichen nicht schon zwei Interviews, um Effekte zu erzielen? Was spricht trotzdem für Coaching? Um diese Fragen zu beantworten werden im folgenden die signifikanten Unterschiede und Tendenzen zwischen den beiden Coachinggruppen und der Kontrollgruppe dargestellt und diskutiert. Es zeigt sich, dass Coaching im Gegensatz zur KG Effekte bringt und das Durchführen von zwei Interviews nicht in jedem Fall ausreichend ist, um Veränderungen anzustoßen.

8.2.1 Veränderung der Wahrnehmung von Komplexität

Ein signifikanter Unterschied zwischen den beiden Coachinggruppen und der KG hat sich bei Hypothese 8 gezeigt, deren Ergebnisse erwartungskonträr zu der vorherigen Annahme waren. Die Wahrnehmung von Komplexität hat in allen drei Gruppen wider Erwarten abgenommen. Auffallend ist, dass die Kontrollgruppe sich signifikant von den beiden Coachinggruppen unterscheidet ($p = 0.021$). Die deskriptiven Werte zeigen, dass sich die EC-Gruppe vom Mittelwert am deutlichsten zu t2 verändert hat und die Varianz zu t2 wesentlich homogener ist als bei der ASC-Gruppe. Der Unterschied wird statistisch nicht signifikant. Die hohe Effektstärke von 0.136 spricht dafür, dass eine Stichprobe von 11 Teilnehmern pro Gruppe womöglich ausreichend wäre, um statistisch signifikante Ergebnisse zu erhalten.

Die ursprünglich theoretischen Überlegungen, die zur Formulierung der Hypothese geführt haben, finden sich hier nicht bestätigt. Es wurde davon ausgegangen, dass durch Selbstreflexion die Differenziertheit und somit die Komplexität in der Wahrnehmung des eigenen Themas zunimmt. Stellt sich die Frage, wie sich diese entgegengesetzte Entwicklung begründen lässt. In der Theorie der kognitiven Strukturiertheit gibt es neben der Differenziertheit noch das Konstrukt der Integriertheit. Die Integriertheit ist die wichtigste Dimension der kognitiven Strukturiertheit, da von ihr abhängt, inwieweit eine Person alternative Gesichtspunkte miteinander vergleichen und abwägen kann (vgl. Kap. 4.4.3). Die Ergebnisse lassen sich möglicherweise so deuten, dass im Coaching ein hohes Integrationsniveau erreicht wurde. Die Differenziertheit wurde im Laufe des Coachings von der Integriertheit abgelöst. Dies würde bedeuten, dass im Coachingprozess die Auseinandersetzung mit dem Thema dazu geführt hat, dass sich der Coachee auf die wesentlichen Punkte, die aus seiner Sicht für das Problem entscheidend sind, konzentriert hat. Die eher zweitrangigen Aspekte, die zwar zum Problem dazugehören, aber nicht so ein hohes Gewicht haben, werden ausgeblendet. Dadurch wird Ordnung geschaffen und dies hat wiederum eine Komplexitätsreduktion zur Folge. Die begrenzte Aufnahmefähigkeit des Aufmerksamkeitssystems macht ein Abwägen der vielen Aspekte (Integration) nötig (vgl. Kapitel 4.4.1.2). Diese Erklärung macht Sinn bei der Interpretation der Ergebnisse. Bei der Herleitung der ursprünglichen Hypothese wurde zu sehr die Komplexitätssteigerung als Ergebnis der Selbstreflexion in den Vordergrund gestellt. Betrachtet man sich das Wirkmodell, so wurde die Hypothese eingegrenzt auf die Entwicklung neuer Sichtweisen. In einem guten

Coachingprozess wird über diesen Prozess hinaus gegangen und diese bezüglich der daraus zu entwickelnden Handlungsmöglichkeiten bewertet und abgewägt.

Der Prozess lässt sich auf zwei Weisen beschreiben: Der erste Weg könnte sein, dass in einem ersten Schritt durch reflexionsfördernde Methoden die Komplexität erhöht wird und in einem nächsten Schritt das Thema durch Integrationsprozesse wieder so weit reduziert wird, dass der Coachee handlungsfähig wird. Dieser Prozess geht von einer geringen inadäquaten Komplexität am Anfang aus (einseitige Problemsicht). Das Problem scheint zwar klar, aber führt nicht zu einer zufriedenstellenden Lösung.

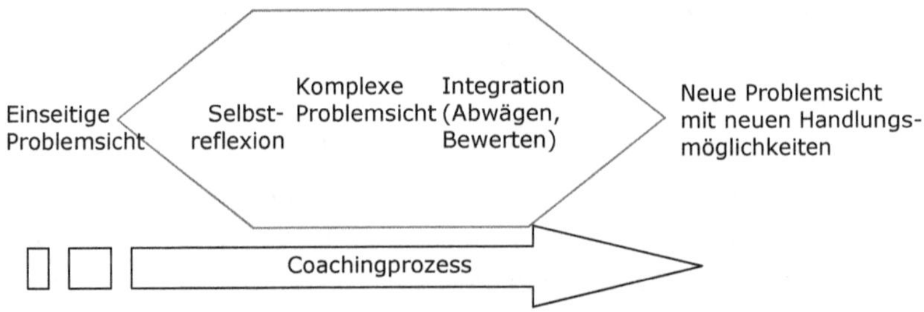

Abb. 40: Kognitive Prozesse im Coaching bei einseitiger Problemsicht

Die Stadien lassen sich auch als assoziativ versus dissoziativ beschreiben[98]. Vom dissoziativen Zustand wird im ersten Schritt ein assoziativer Zustand erreicht. Der Prozess lässt sich damit beschreiben, dass der Coachee sich sein Thema von oben beschaut (z.B. von einer Wolke). Ein lageorientierter Zustand

[98] An dieser Stelle gilt der Dank PD Dr. Arist v. Schlippe, Universität Osnabrück, der in einem gemeinsamen Gespräch diesen Vergleich zur Interpretation dieses Ergebnisses herangezogen hat.

ist erreicht. Nachdem ihm die Komplexität des eigenen Themas bewusst ist, wird wieder ein dissoziativer Zustand hergestellt, der es dem Coachee ermöglicht, mit der Komplexität umzugehen: die Komplexität wird reduziert und es ergibt sich ein neues reduziertes Bild über das eigene Thema. Jetzt können konkrete neue Handlungsmöglichkeiten erarbeitet werden. Handlungsorientierung steht im Vordergrund (vgl. Abb. 41).

Eine zweite Möglichkeit könnte sein, dass vor dem Prozess das Problem als diffus und unüberschaubar erlebt wird. Dies entspricht einem lageorientierten Zustand. Die Komplexität wird als zu hoch empfunden. Durch Selbstreflexion wird die Komplexität auf wesentliche Aspekte reduziert, so dass ein handlungsorientierter Zustand erreicht werden kann (vgl. Abb. 42).

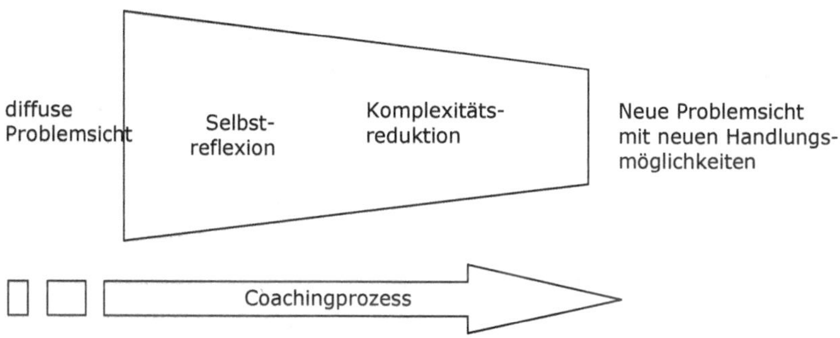

Abb 41: Kognitive Prozesse im Coaching bei diffuser Problemsicht

Diese Prozesse scheinen den quantitativen Ergebnissen nach durch Coaching (EC wie ASC) mehr gefördert zu werden. Die qualitativen Aussagen der Teilnehmer unterstreichen dieses Ergebnis und die dargestellte Interpretation: Nach Aussagen der ASC- und EC-Coachees habe sich im Vergleich der beiden

P-S-I-Strukturen eine strukturiertere, klarere Sicht zu t2 gezeigt. Der Fokus wurde mehr auf dem Wesentlichen gesehen. Probleme und Zusammenhänge seien deutlicher geworden. Hingegen sind in der KG die Strukturen in den meisten Fällen ähnlich geblieben (vgl. Kap. 7.2.6).

Inwieweit auch hier die Beziehungsqualität zwischen Coach und Coachee eine Rolle gespielt haben könnte, ist statistisch nicht nachzuweisen, wäre aber theoretisch möglich (vgl. Kap. 8.1.2) und sollte in weiteren Untersuchungen mit größerer Stichprobe auf jeden Fall genauer analysiert werden.

8.2.2 Emotionale Entlastung und Wahrnehmung positiver Konsequenzen

Ein hoch signifikanter Unterschied ($p < 0.001$) zwischen den Coachinggruppen und der Kontrollgruppe wurde bei der Variable „Emotionale Entlastung" gefunden. Außerdem zeigte sich die Variable „Wahrnehmung positiver Konsequenzen aus Sicht der Teilnehmer" ($p = 0.020$) auffällig. Legt man eine Irrtumswahrscheinlichkeit von 10% zugrunde, so lässt sich bei der Variable Konsequenzen, insgesamt (Teilnehmer, Beteiligte und Unternehmen der Unterschied zwischen den Coachinggruppen und der KG als tendenziell signifikant bezeichnen[99]. Aus den Ergebnissen lässt sich schließen, dass das kontinuierliche, intensive Beschäftigen mit dem eigenen Thema (ob mit oder ohne Coach) über einen längeren Zeitraum wichtig zu sein scheint, um positive Konsequenzen

[99] Unter Beachtung, dass eine zehnprozentige Irrtumswahrscheinlichkeit relativ hoch ist.

insbesondere für sich selbst zu entwickeln und seinem Thema gegenüber emotional mehr gewachsen zu sein.

8.2.3 Worin unterscheiden sich die beiden Coachinggruppen im Vergleich zur KG tendenziell?

Bei den Variablen Wahrnehmung von Eigenanteilen und der Einschätzung des erfolgreichen Umgangs mit dem Thema haben sich die Gruppen nicht signifikant unterschieden. Allerdings zeigen sich bei einer angenommenen Irrtumswahrscheinlichkeit von 10% tendenziell signifikante Unterschiede, die für weitere Untersuchungen interessant sein könnten[100].

8.2.3.1 Wahrnehmung von Eigenanteilen

In der Wahrnehmung von Eigenanteilen unterscheiden sich beide Coachinggruppen nicht signifikant, aber bei $\alpha < 0.1$ tendenziell signifikant von der Kontrollgruppe. Der p-Wert ist mit 0.095 nah an der Grenze von 0.1. Demnach ist es möglich, dass das Auseinandersetzen mit dem eigenen Thema, ob mit oder ohne Coach internale Attributionen mehr fördert als wenn diese nicht stattfinden würde. Nach Frey, Wicklund und Scheier (1984) nimmt durch Selbstaufmerksamkeit, ausgelöst z.B. durch einen Spiegel die Zahl der selbstzentrierten Aussagen zu. Man sieht sich selbst mehr verantwortlich für Ereignisse. Diese Erkenntnisse unterstützen die hier gefundene Tendenz, dass konzentriertes Arbeiten am Thema auf diese Variable förderlich

[100] Unter Beachtung, dass eine zehnprozentige Irrtumswahrscheinlichkeit relativ hoch ist.

wirken kann. Um einen möglichen signifikanten Unterschied zwischen den Coachinggruppen und der Kontrollgruppe zu finden, scheint eine Replikation dieses Ergebnisses mit größerer Stichprobe (81 Teilnehmer[101]) demnach angemessen und sinnvoll. Um Wirkungszusammenhänge besser erkennen und nachvollziehen zu können, sollten Interviews mit den Coaches ergänzt werden, um zu erfahren inwiefern die Förderung von internalen Attributionen im Coaching für sie ein explizites Ziel war. Desweiteren wären Prozessanalysen, in denen die Interaktionen zwischen Coach und Coachee unter dem Aspekt Förderung internaler Attributionen untersucht werden, zweckmäßig. Korrelationen zu den anderen Qualitätskriterien könnten interessante Ergebnisse bringen. Außerdem könnten die Unterlagen des ASC hierzu genauer analysiert werden. Für die Praxis könnte dies bedeuten, dass es im Coaching ein Ziel sein sollte, den Fokus auf die Förderung internaler Attributionen beim Coachee zu legen.

8.2.3.2 Einschätzung erfolgreicher Umgang mit dem Thema

Betrachtet man ausschließlich die deskriptiven Daten bei dieser Variable, so fällt auf, dass im Vergleich zu den beiden anderen Gruppen in der EC-Gruppe der Mittelwert am stärksten steigt und die Varianz zu t2 deutlich homogener ist. Die Kontrollgruppe zeigt hier zwar auch positive Veränderungen über die Zeit, allerdings mit einer auffallend geringeren Veränderung in der Mittelwertssteigerung und

[101] Die ANOVA ergab eine mittlere Effektgröße von 0.065. Daraus lässt sich eine Stichprobengröße für weitere Untersuchungen von 81 Teilnehmern ableiten (vgl. Kap. 6.1.3.1)

Varianzhomogenität. Die Effektgröße von 0.147 lässt darauf schließen, dass mit einer relativ geringen Stichprobe von 33 Teilnehmern signifikante Effekte möglich sind. Eine weitere Untersuchung mit einer größeren Stichprobe (33 Teilnehmer) könnte bezogen auf diese Hypothese demnach sinnvoll sein. Möglicherweise ließe sich ein Unterschied zumindest zwischen Kontrollgruppe und den beiden Coachinggruppen zeigen.

8.2.4 Worin unterscheiden sich die beiden Coachinggruppen im Vergleich zur KG nicht?

In Bezug auf die Wahrnehmung von Situationsabhängigkeit, Kontrollerleben und Problemlösungen haben sich keine signifikanten Unterschiede zwischen allen drei Gruppen gezeigt.

8.2.4.1 Wahrnehmung von Situationsabhängigkeit

Bezogen auf die Situationsabhängigkeit ist die positive Entwicklung in der KG auffallend. Dies lässt sich wie folgt erklären: Bei einem Teilnehmer hat sich das Problem zwischen t1 und t2 von alleine gelöst, da der Betrieb eine Entscheidung getroffen hat, die eine Lösung für das Problem mit sich brachte - diese Entwicklung spräche möglicherweise für das Ergebnis. Eine Möglichkeit könnte außerdem sein, dass sich in diesen Ergebnissen ein Selbstschutzmechanismus zeigt. Hier könnte die Theorie der kognitiven Dissonanzreduktion (vgl. Frey und Gaska 1993) einen Erklärungsansatz bieten: Die Situationen ändern sich eben immer wieder, so dass das Problem nicht immer gleich schwer wiegt. Demnach wird es auch nicht als wirklich nötig erachtet, an seinem Thema zu arbeiten. Dies könnte für einen selbst Entschuldigung dafür sein, dass man nicht an seinem Thema gearbeitet hat. Die Wahrnehmung der Eigenanteile (Hypothese 4) hat in der KG zu t2 abgenommen, was diese These unterstützen würde. Andererseits sind auch Spontanveränderungen möglich, die durch das P-S-I angeregt worden sein können.

Bei der ASC-Gruppe könnte kognitive Dissonanzreduktion auch eine Rolle gespielt haben: Situationsabhängigkeit und internale Attributionen haben über die Zeit abgenommen: Durch das konzentrierte Arbeiten am Thema wurde mehr Stabilität wahrgenommen. Um diese Stabilität nicht ausschließlich auf seine eigene Person attribuieren zu müssen, was möglicherweise negative, unangenehme Empfindungen nach sich gezogen hätte, hat sich eventuell ein Selbstschutzmechanismus in Gang gesetzt, der zu mehr externalen Attributionen geführt hat.

Die EC-Gruppe zeigt bezogen auf diese Variable eher ein heterogenes Bild. Ein Erklärungsansatz könnte sein, dass zunehmenende internale Attributionen mit mehr Stabilität einhergehen. Durch den Coach fand möglicherweise ein intensiverer Prozess als im ASC statt, in dem mehr auf die Persönlichkeit des Coachees eingegangen wurde. Das Auftreten eines Selbstschutzmechanismus, wie es im ASC möglicherweise zustande kam, könnte durch den Coach im EC vermindert worden sein. Diese Erklärung würde aber nicht für alle Fälle gelten. Hier erscheint es sinnvoll, diese Variable für sich als auch den Zusammenhang von Situationsabhängigkeit und internaler Attribution noch einmal differenzierter in einer weiteren Untersuchung zu analysieren.

Eine eindeutige Erklärung dieser Ergebnisse kann aufgrund der Datenlage nicht getroffen werden – die interpretativen

Annahmen sollte in einer weiteren Untersuchung aufgegriffen und genauer analysiert werden. Auch hier wäre wie bei Hypothese 4 für eine weitere Untersuchung eine Stichprobe von 81 Teilnehmern aufgrund der Poweranalyse ausreichend. Vorteil wäre, dass mehr Zusammenhänge zwischen Variablen durch Bildung von Untergruppen (Gruppe mit hohen/niedrigen Werten) analysiert werden könnten.

8.2.4.2 Kontrollerleben

Das Kontrollerleben wird durch Coaching nicht wesentlich beeinflusst - es scheint sich hierbei wie bei der Situationsabhängigkeit um wenig veränderungssensitive Variable im Coaching zu handeln. Die hohen Mittelwerte zu t1 lassen die Vermutung zu, dass ein gewisses Kontrollerleben bei „gesunden" Menschen ohne offensichtlichem psychischem Krankheitswert (z.B. bei Depressionen, vgl. Försterling 1986, Seligman 1992) normal ist. Dies hat sich auch in den Äußerungen der Teilnehmer gezeigt wie z.B: „Klar habe ich Kontrolle darüber - ein bisschen hat man immer".

Ein weiterer Grund für die Ergebnisse ist möglicherweise in der Methode zu finden: Problematisch in der Datenerhebung war die Dichotomie der Antwortmöglichkeiten. Es gab keine Differenzierungen in der Wahrnehmung der Kontrolle: entweder ja oder nein. Diese Dichotomie hat möglicherweise die Teilnehmer eher zu bejahenden als verneinenden Antworten gebracht. Eine Skala mit 5 oder 7 Abstufungen hätte in die Antworten mehr Differenzierung gebracht und hätte möglicherweise eine detailliertere Auswertung ermöglicht.

8.2.4.3 Wahrnehmung von Problemlösungen

Quantitativ haben sich keine Unterschiede in der Entwicklung von Problemlösungen zwischen den drei Gruppen gezeigt. Betrachtet man die deskriptiven Werte, so ist die Entwicklung beim ASC im Vergleich zum EC auffallend: Die Zunahme der Wahrnehmung von Problemlösungen nimmt weniger stark zu und die Varianz wird heterogener. Auffallend ist der unterste Wert. Bei 3 von 8 Teilnehmern ist die Anzahl der Problemlösungen in Relation zur Gesamtanzahl der Handlungen konstant geblieben. Man könnte vermuten, dass das ASC unterschiedliche Wirkungen haben kann – der eine profitiert sehr stark davon und der andere verzettelt sich in seinem Problemdenken und schafft den Übergang ins lösungsorientierte Denken nicht alleine. Hier könnten Persönlichkeitsunterschiede wie Handlungs- versus Lageorientierung (vgl. Kuhl 2001) eine Rolle spielen. Hier könnte der Coach in seiner Funktion, dem Coachee beim lösungs- bzw. handlungsorientierten Denken zu unterstützen, hilfreich sein. Durch eine positive Beziehung, die sich u.a. durch selbstäußerungskontigentes Ermutigen ausdrücken kann, wird das Selbstsystem des Coachees aktiviert und durch Systemkonditionierung selbstmotivierende und damit verbundene handlungsorientierte Gedanken gefördert (Kuhl 2001). Dies würde z.B. bedeuten, dass selbstmotivationsbezogene Äußerungen des Coachees („Ich habe keine Energie mehr, was zu verändern") vom Coach positiv unterstützt werden (z.B. Was würde Ihnen helfen? Was müssten Sie tun, um Energie für das Thema zurückzugewinnen?) und der Coachee lernt, sich in einen selbstmotivierenden Zustand zu bringen. Dies würde für die dritte Coachingfunktion im systemischen Wirkmodell sprechen (vgl. Kap. 5.2.1.1).

8.2.4.4 Moderatorvariable Strukturelle Rahmenbedingungen

In allen drei Gruppen gab es Personen, bei denen sich die Rahmenbedingungen während des Projektes verändert haben: z.B. Verlassen der Firma, neue Aufgabengebiete, Problemlösung durch betriebliche Entscheidungen: zwei ASC-Teilnehmer haben z.B. im Laufe des Prozesses ihre Position im Unternehmen geändert: nach der Veränderung hatten sie keine Führungsfunktion mehr inne. Dieser Umstand führte dazu, dass einer von den beiden sich in sein Thema vom ersten P-S-I nicht mehr gut hineindenken konnte, da es für ihn schon zu weit weg war. Das Coachingthema hatte sich nämlich durch diesen Umstand verändert. Ein EC-Coachee hat die Firma in der Coachingzeit verlassen, wodurch sich das Coachingziel auch verändert hat. Die positive Entwicklung in der Kontrollgruppe lässt sich u.a. auf veränderte Rahmenbedingungen im Laufe des Prozesses zurückführen. Ein KG-Teilnehmer hat sich zwischen den beiden Interviewterminen seinem Thema angenommen und daran alleine gearbeitet. Er bezeichnete dies als „Selbst-Coaching". Dieser Prozess hat die Ergebnisse dahingehend beeinflusst, dass sich im P-S-I zu Zeitpunkt 2 einige Veränderungen gezeigt haben, die er darauf zurückgeführt hat. Außerdem haben sich bei anderen Teilnehmern strukturelle Veränderungen über die Zeit eingestellt, die vereinzelt zur positiven Lösung des Problems geführt haben, ohne dass der Teilnehmer sein Verhalten verändert hat.

Diese Störmechanismen beeinflussen daher das Ergebnis, so dass die Daten verfälscht werden.

Mit solchen Veränderungen ist in Felduntersuchungen immer zu rechnen. Sie können nicht verhindert, sollten aber unbedingt methodisch berücksichtigt und erhoben werden, da sie Vorteile für die Interpretation der quantitativen Ergebnisse bieten. Eine größere Stichprobe wäre sinnvoll, damit Einzelfälle nicht zu stark in den Gruppenergebnissen ins Gewicht fallen.

8.3 Methodenbewertung

Wurden die angemessenen Methoden für die Fragestellungen angewandt? Unter Berücksichtigung dieser Frage werden im folgenden das Untersuchungsdesign im allgemeinen sowie die Erhebungsinstrumente bewertet.

8.3.1 Das Untersuchungsdesign

Das Untersuchungsdesign hat sich in der Zusammensetzung der Gruppen sowie in der Durchführung einer Feldstudie als praktikabel und sinnvoll herausgestellt. Die Einbeziehung einer Vergleichsgruppe (ASC) und einer Kontrollgruppe hat sich trotz der Ergebnisse bewährt. Die geringe Stichprobengröße war die größte Schwäche dieser Untersuchung. Die Teilnehmerakquisition gestaltete sich schwierig (vgl. Kap. 5.5.3.1), was zur Folge hatte, dass die Stichprobengröße für statistische Prozeduren eigentlich zu klein war. Trotzdem haben sich weiterführende Hinweise aus den Ergebnissen ableiten lassen. Schließlich handelt es sich hier um eine Pilotstudie, deren Ergebnisse eine gute Basis für weitere Untersuchungen darstellen soll. Für Folgeuntersuchungen wird auf jeden Fall eine größere Stichprobe von 27 Teilnehmern pro Gruppe empfohlen, um mittlere Effekte erzielen und detailliertere Auswertungen durchführen zu können (vgl. Tab. 27).

Die eher ernüchternden quantitativen Ergebnisse und die im Gegensatz hierzu sehr aufschlussreichen qualitativen Aussagen der Teilnehmer in bezug auf die Zufriedenheit lässt vermuten, dass reine Mittelwertsvergleiche nicht ausreichend sind, um die Komplexität im Coaching (in Form von Moderatorvariablen) abzubilden. Womöglich sind Korrelationsuntersuchungen in Verbindung mit Prozessanalysen sinnvoller, um bestehende Wirkzusammenhänge noch mehr zu verdeutlichen. Zum Beispiel könnte ein Fragebogen zur Selbstreflexion (vgl. Bähre 2001) sinnvoll sein, um einerseits Veränderungen über die Zeit, aber damit verbundene Korrelationen zum Coachingprozess zu veranschaulichen. Des weiteren könnten Coach-Coachee-Interaktionen untersucht werden und mit den Coachingergebnisse am Ende korreliert werden. Ansätze hierzu gibt es z.B. in den Arbeiten von Offermanns (1998) und Bähre (2001), in denen Coach-Coachee-Interaktionen prozessanalytisch untersucht wurden.

Allgemein lässt sich sagen, dass die beiden Coachingprogramme in der Praxis umsetzbar waren und von allen Teilnehmern akzeptiert wurden. Die Akzeptanz zeigte sich insbesondere darin, dass keiner von den insgesamt 24 Teilnehmern frühzeitig aus dem Projekt ausgestiegen ist. Zu kritisieren ist, dass die drei Gruppen das Untersuchungsdesign kannten und von der Existenz der jeweils anderen beiden Gruppen wussten. Dieses Wissen könnte das Verhalten der einzelnen Untersuchungsteilnehmer beeinflusst haben: z.B. hatte eine ASC-Teilnehmerin geäußert, dass sie lieber ein EC gemacht hätte. Inwieweit dieses Wissen den Prozess und die Ergebnisse beeinflusst haben, ist nicht abschließend zu beantworten. Auf jeden Fall sind in den Daten keine Auffälligkeiten hinsichtlich „sozial erwünschten" Verhaltens deutlich geworden. Für weitere Untersuchungen erscheint es trotzdem sinnvoll, einen Teil-Blindversuch durchzuführen, indem die drei Gruppen über die Existenz der anderen Gruppen nicht informiert sind.

8.3.2 Die Erhebungsinstrumente

Das Abschlussinterview als qualitatives Instrument in die Studie einzubauen, hatte den entscheidenden Vorteil, dass die quantitativen Ergebnisse hierdurch besser interpretiert werden konnten. Außerdem konnten dadurch die Erfolgsfaktoren und Funktionen des Coaches im Coaching sowie Moderatorvariablen ermittelt werden. Das Kurzinterview diente dazu, demografische Daten der einzelnen Teilnehmer sowie Vorerfahrungen und strukturelle Rahmenbedingungen zu erheben. Die Daten haben bis auf die Rahmenbedingungen keine relevante Rolle in der Auswertung gespielt, da sich keine Auffälligkeiten gezeigt haben. Um demografische Daten wie Führungserfahrung in die Auswertung einfließen zu lassen, hätte außerdem die Stichprobe größer sein müssen: Dann hätte man in den einzelnen Faktorstufen Untergruppen bilden können und dadurch mögliche Einflussfaktoren wie Geschlecht oder Führungserfahrung auswerten können. Die Einbindung dieser Daten sollte in Folgeuntersuchungen mit größerer Stichprobe unbedingt erfolgen.

Der Befindlichkeitsfragebogen diente dazu, die emotionale Belastung der Coachees vor und nach dem Coaching zu messen. Das Instrument kann in kurzer Zeit ausgefüllt werden, ist demnach ökonomisch und den Teilnehmern zuzumuten. Desweiteren ist er einfach auszuwerten. Die Auswertung hat interessante Ergebnisse erbracht. Der BEF-3 ist zur Messung der Emotionalen Belastung gut geeignet und für weitere Untersuchungen zu empfehlen.

8.3.2.1 Das P-S-I als Instrument zur Erhebung von subjektiven Sichtweisen

Das P-S-I hat sich in der Durchführung als sehr praktikabel erwiesen. Die Erstellung eines Strukturbildes wurde von den Interviewteilnehmern als auch von der Interviewerin als sehr angenehm und interessant bewertet. Insbesondere die Bewertung der einzelnen Karten (Ursachen-Attributionen, Kategorienzuordnung der Handlungen und Bewertung der Konsequenzen aus drei verschiedenen Blickwinkeln) ermöglichten eine vom Inhalt unabhängige Auswertung über die Gruppen. Dies ist ein wichtiger Aspekt in der Untersuchung von Coaching, da die Coachingthemen sehr unterschiedlich sind und damit inhaltlich nicht miteinander vergleichbar sind. Die Dichotomie der Antwortmöglichkeiten bei Situationsabhängigkeit und Kontrollerleben haben keine differenziertere Auswertung ermöglicht. Insbesondere beim Kontrollerleben war zu erkennen, dass tendenziell eher bejahende Antworten gegeben wurden. Eine differenziertere Skala z.B. von 1 – 7 hätte mehr Unterschiede verdeutlicht und möglicherweise auch Unterschiede in den Gruppen erkennbar gemacht[102].

[102] Voraussetzung ist, dass es sich hierbei um eine veränderungssensitive Variable im Coaching handelt.

Das Erstellen der Struktur und die damit verbundene Darstellung der Zusammenhänge zwischen den Karten mit Hilfe von Pfeilen waren für die Reflexion mit dem Interviewteilnehmer hilfreich. Für die wissenschaftliche Auswertung konnten die Strukturen mit ihren Pfeilen nicht genutzt werden. Ein Grund hierfür lag darin, dass es keine klaren Regeln für das Zeichnen von Pfeilen gab: z.B. wurden einzelne Karten zu Gruppen zusammengefasst und ein Pfeil zu einer weiteren Karte gezeichnet. Andere wiederum haben jede Karte einzeln mit Pfeilen verbunden. Allein die Anzahl der Pfeile festzulegen fiel schwer, da nicht klar war, ob es sich um einen Pfeil oder um mehrere handelte. Um Informationen aus den Pfeilen gewinnen zu können, sollten in einer weiteren Untersuchung klare Regeln zum Zeichnen von Pfeilen festgelegt werden. Die Auswertung der Pfeile könnte von besonderem Interesse sein, da sie weitere Anhaltspunkte über den Grad des systemischen Denkens bei den einzelnen Teilnehmern gibt. Die Anzahl der Pfeile könnte Aussagen über den Grad der Differenziertheit geben. Das Verhältnis einseitiger bzw. zweiseitiger Pfeile zur Gesamtanzahl könnte außerdem verdeutlichen inwieweit Wechselwirkungen zwischen verschiedenen Faktoren erkannt werden.

Um die Vergleichbarkeit beider Strukturen zu vereinfachen, wäre ein anderes Vorgehen möglich: Der Unterschied liegt darin, dass der Teilnehmer keine zweite Struktur mehr zu t2 entwickelt und diese mit der ersten von t1 vergleicht, sondern die erste Struktur verändert. Zu t2 wird dem Teilnehmer die Struktur von t1 vorgelegt. Er wird aufgefordert, die Struktur aus seiner jetzigen Sichtweise zu verändern. Die Anzahl der Veränderungen könnte gemessen und als Maß für den Grad der Veränderung gelten. Ein Nachteil könnte hierbei sein, dass sich der Teilnehmer sozial erwünschter verhält und Veränderungen vornimmt, weil sich was verändert haben „muss".

Bezogen auf das P-S-I werden zwei moderierende Faktoren gesehen: der Interventionscharakter des Interviews sowie mögliche Wiederholungseffekte. Um diese zu kontrollieren, wurde die KG eingesetzt.

Der Interventionscharakter des P-S-I

Wie vor der Untersuchung angenommen, hat das P-S-I als Evaluationsinstrument einen nicht zu verkennenden Interventionscharakter. Durch das Erfragen der subjektiven Sichtweisen bezogen auf die Ursachen, Handlungsmöglichkeiten und Konsequenzen des eigenen Themas werden automatisch Selbstreflexionsprozesse in Gang gesetzt. Das Sprechen über das Thema und die Visualisierung mit Hilfe der Karten und das Erstellen des Strukturbildes mit Hilfe von Pfeilen geht mit einer intensiven Auseinandersetzung mit dem eigenen Thema einher, was im Alltag in der Intensität wahrscheinlich nicht stattfindet. Das P-S-I ist demnach nicht nur ein Instrument zur Erhebung von Daten, sondern auch eine Intervention. Dies hat sich z.B. bei einem Teilnehmer in der KG deutlich gezeigt, der das erste P-S-I als Anlass genommen hat, an seinem Thema in Form eines Selbst-Coachings konkret zu arbeiten. Nach seiner Aussage hat das P-S-I ihm vor Augen geführt, dass er an dem Problem unbedingt was ändern sollte.

> „Als wir das letzte Mal gesprochen haben, habe ich noch mal darüber nachgedacht und gedacht, eigentlich musst du das jetzt mal in die Hand nehmen und anfangen etwas zu verändern. Das war der Auslöser. Das Problembewusstsein war schon da, aber das Interview war Auslöser etwas zu verändern. Jetzt packe ich das Thema an, koste es was es wolle. Und ich habe mich dann einfach gezwungen, mich dem Thema zu stellen."

Ein ASC-Teilnehmer hat im Abschlussinterview erwähnt, dass ihm im P-S-I schon aufgefallen sei, dass sein Thema mehrschichtig sei, was sich auch im Coachingprozess bewahrheitet habe.

> „...dann aber so mitten im Coachingprozess festgestellt habe, dass eigentlich ein anderes Thema darunter liegt. Das war "Konsequenz in der Führung" und das hat mich auch erinnert an unser erstes Gespräch, wo ich das Coachingthema genannt habe und sie haben es noch mal hinterfragt und da hatte ich schon ein bisschen den Eindruck, dass es da schon drunter liegt und bei ihnen war das auch so. Sie haben, das hatte ich noch so in Erinnerung, auch sich zurückgehalten, weil es ja ein Selbstcoaching ist, dass sie nicht ins Coaching fallen und das stark hinterfragen. Und ich fand es spannend, dass es am Ende dann doch rausgekommen ist. Auch bei dem Selbstcoaching letztendlich."

Auch das wahrgenommene Zurückhalten der Projektleiterin im Interview, um nicht ins Coaching „zu verfallen", ist ein Indiz dafür, dass das P-S-I einen Interventionscharakter hat.

Der Einsatz einer Kontrollgruppe hat sich in diesem Zusammenhang als sinnvoll herausgestellt. Der Interventionscharakter wurde zwar in der KG vereinzelt wahrgenommen (z.B. hat ein KG-Teilnehmer das P-S-I als Anlass genutzt, an seinem Thema zu arbeiten). Trotzdem haben sich signifikante Unterschiede und Tendenzen zwischen den Experimentalgruppen und der Kontrollgruppe gezeigt, die verdeutlichen, dass das P-S-I durchaus auch als Messinstrument geeignet ist.

Wiederholungseffekt

Es ist nicht auszuschließen, dass durch das Wiederholen des P-S-I insbesondere in der KG bewusst oder unbewusst Veränderungsprozesse in Gang gesetzt wurden. Da bekannt war, dass das P-S-I ein zweites Mal durchgeführt werden würde, hat dies möglicherweise neben dem Interventionscharakter des P-S-I zu einer Motivation geführt, sich mit seinem Thema doch auseinander zu setzen. Auch im ASC könnte dies einen zusätzlichen Motivationsschub ausgelöst haben: Schließlich möchte man ja gut da stehen und nicht unbedingt am Ende zeigen, dass sich nichts verändert hat. Solche Effekte sind nicht auszuschließen.

Außerdem könnte es sein, dass die Anzahl der Karten zu t2 in allen Gruppen weniger geworden ist, weil die Teilnehmer das Interview kannten und wussten, dass die Anzahl der Karten auch die Länge des Interviews beeinflusst. Demnach hat man sich möglicherweise mit Antworten mehr zurückgehalten und sich auf das Wesentliche konzentriert. Allerdings sprechen die auffälligen statistischen Ergebnisse wiederum dagegen: hier zeigt sich, dass die Coachinggruppen sich signifikant von der KG unterscheiden.

Als Fazit lässt sich sagen, dass das P-S-I noch optimiert werden kann. Der Interventionscharakter ist auf jeden Fall zu berücksichtigen. Dieser Effekt ist allerdings auch bei anderen Erhebungsverfahren wie standardisierten Fragebögen (z.B. SSI-K oder BEF) nicht auszuschließen, da durch das gedankliche Auseinandersetzen und mit den vorgegeben Items und deren

Beantwortung Selbstreflexionsprozesse in Gang gesetzt werden. Eine Kontrollgruppe, bei der davon ausgegangen wird, dass die Ergebnisse zu zwei verschiedenen Zeitpunkten identisch sind, ist demnach sehr unwahrscheinlich. Trotzdem macht der Einsatz dieser Gruppe in einer Untersuchung Sinn, da in einseitigen Hypothesen in der Regel davon ausgegangen wird, dass in den Experimentalgruppen die Veränderung über die Zeit größer ausfallen als in der Kontrollgruppe. Eine Kontrollgruppe sollte demnach in einer weiteren Untersuchung auf jeden Fall beibehalten werden. Ein Solomon-4-Gruppen-Plan (vgl. Bortz u. Döring 1995) würde sich in diesem Zusammenhang als sinnvoller erweisen, um den Interventionseffekt noch besser kontrollieren zu können. Außerdem wäre es besser, den Abstand zwischen den beiden Interviews in der KG zeitlich noch weiter zu entzerren (Durchschnitt waren in dieser Studie ca. 4 Monate), um die Erinnerung an das Interview noch mehr verblassen zu lassen. Außerdem ist darauf zu achten, dass die Interviewer sich an die Leitlinien und Interviewergrundsätze halten und nicht in eine Coachrolle verfallen, damit der Interventionscharakter so gering wie möglich gehalten wird.

8.3.2.2 Das Selbststeuerungsinventar (SSI-K)

Das SSI-K ermöglichte die Erhebung der Selbststeuerungskompetenzen der Teilnehmer. Ziel war es, mögliche Zusammenhänge zwischen einzelnen Selbststeuerungskomponenten und den Ergebnisqualitätskriterien „Zufriedenheit", „Zielerreichung" und „praktischer Nutzen" zu explorieren. Das Ausfüllen des Fragebogens war den Teilnehmern zeitlich zuzumuten. Nicht ganz unproblematisch an dem Fragebogen ist, dass die Items sehr persönlich sind, und es eine starke Offenheit der Teilnehmer erfordert, um den Effekt der sozialen Erwünschtheit in den Ergebnisse weitestgehend ausschließen zu können. Deshalb wurden die Teilnehmer gebeten, die Items nur in Bezug auf ihre berufliche Situation zu bewerten. Betrachtet man sich die Datenstrukturen, so zeigen sich keine besonderen Auffälligkeiten, die auf sozial erwünschtes Verhalten hinweisen (z.B. starke Polarisierungen). Trotzdem können solche Effekte nicht ganz ausgeschlossen werden und sollten im Blick behalten werden.

Im ASC wurde die Selbstdisziplin als das größte Hindernis beschrieben. Sich selbst zu motivieren schien die größte Herausforderung zu sein. Inwieweit dieser Aspekt vom SSI-K ökologisch valide abgebildet wird ist fraglich. Ergänzend wären Selbstveränderungsfragebögen sinnvoll, in denen handlungsorientiertere „Wenn – dann" - Items formuliert sind, die gezielt auf diese Variable bzw. den situativen Kontext abzielen, z.B. „Wenn ich ein Problem habe, kann ich mich selbst gut motivieren, mich aktiv mit dem Problem auseinander zu setzen". Diese Daten könnten dann mit den Ergebnissen des ASC korreliert werden.

8.3.3 Fazit

Insgesamt lässt sich sagen, dass die Verbindung von quantitativen und qualitativen Verfahren in dieser Forschungsarbeit sinnvoll war, um der Komplexität im Coaching Rechnung tragen zu können. Trotzdem fällt auf, dass es sehr viele Moderatorvariablen gibt, die eindeutige Wirkzusammenhänge zu erkennen schwierig machen. Daher ist die Bewertung einer Coachingmaßnahme ausschließlich mit

Hilfe von Mittelwertsvergleichen in diesem Zusammenhang nicht die beste Lösung. Ziel sollte es daher sein, mehr den Blick auf Korrelationen, Prozessanalysen und qualitative Erhebungen zu richten, um die daraus resultierenden Ergebnisse dann zwischen den Gruppen zu vergleichen. Einzelfalluntersuchungen als Ergänzung zu Gruppenuntersuchungen würden die Forschung auf dem Gebiet sinnvoll abrunden.

Kapitel 9

Ergebniszusammenfassung und Fazit

„Wer an den Spiegel tritt, um sich zu ändern, der hat sich geändert.“

(Seneca)

9. Ergebniszusammenfassung und Fazit

Diese Arbeit hatte das Ziel, die Wirksamkeit von Coaching sowie insbesondere die Funktionen des Coaches im Rahmen des entwickelten systemischen Wirkmodells zu überprüfen. Des weiteren sollte das methodische Vorgehen (Untersuchungsdesign, Erhebungsinstrumente) bewertet werden. Im folgenden werden die in den Kapiteln 7 und 8 dargestellten Ergebnisse hiermit in Zusammenhang gebracht. Im Ausblick werden schließlich die daraus resultierenden Konsequenzen für die wissenschaftliche Forschung sowie für die Coachingpraxis dargestellt.

9.1 Das systemische Wirkmodell – braucht es einen Coach im Coaching?

Im systemischen Wirkmodell wird der Verlauf vom Problem zur Veränderung sowie die Funktionen des Coaches und die damit verbundene Rolle des Coaches in diesem Prozess verdeutlicht.

Die Überprüfung der Coachfunktionen war verbunden mit der Frage, inwieweit es einen Coach braucht, um den Prozess zufriedenstellend zu durchlaufen. Die Frage sollte dadurch beantwortet werden, dass neben dem Einzel-Coaching (EC) ein angeleitetes Selbst-Coaching (ASC) durchgeführt wurde. Im folgenden werden die einzelnen Funktionen von Coaching in diesem Wirkmodell in Bezug auf diese Fragestellung basierend auf den Ergebnissen (vgl. Kap. 7.1) diskutiert.

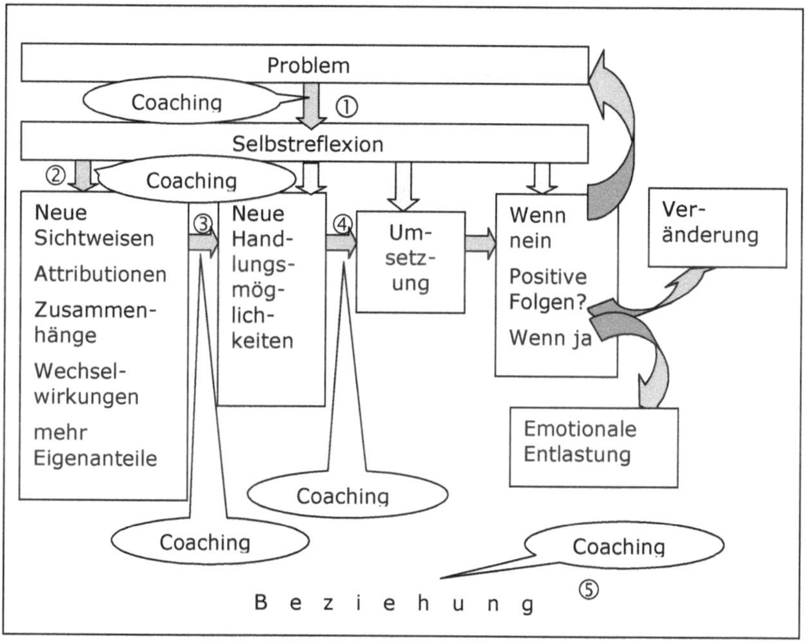

Abb. 42: Das systemische Wirkmodell im Coaching

① Geschützten Rahmen zur Selbstreflexion bieten

Die erste Funktion des Coachings wurde darin gesehen, dass ein zeitlicher und geschützter Rahmen gesteckt wird, der es dem Coachee ermöglicht, sich mit seinem Thema intensiv und offen auseinander zu setzen. Die Wichtigkeit dieser Funktion liegt darin begründet, dass Führungskräfte sich diese Zeit häufig aus verschiedenen Gründen nicht nehmen und dies Nachteile für ihre Arbeit haben kann (vgl. Kap. 4.5.1).

Die Ergebnisse dieser Arbeit zeigen, wie wichtig diese Funktion im Coaching zu sein scheint. Dies zeigt sich insbesondere in den Erfahrungen, die die ASC-Gruppe gemacht hat: Die Selbstdisziplin, selbstgesetzte Termine einzuhalten und sich die Zeit zur Auseinandersetzung mit dem eigenen Thema zu nehmen, wurde als größtes Hindernis im ASC-Prozess wahrgenommen. Ohne die Unterstützung der Projektleiterin durch Erinnerungsmails wäre das ASC bei vielen Teilnehmern noch wesentlich schleppender vorangegangen, teilweise wäre der Prozess möglicherweise auch abgebrochen worden. Diese minimale Unterstützung wurde als sehr hilfreich, aber für ein effektives Durchführen des ASC nicht als ausreichend empfunden. Während bei der EC-Gruppe nur vereinzelt vereinbarte Termine verschoben wurden, wurden in der ASC-Gruppe die meisten Termine nach hinten verlegt.

② **Aktivierung der Selbstreflexion durch reflexionsfördernde Methoden**

Die zweite Funktion des Coachings besteht in dem Wirkmodell in der Aktivierung der Selbstreflexion durch selbstreflexionsfördernde Methoden. Beide Coachingvarianten haben die Entwicklung neuer Sichtweisen im Vergleich zur KG positiv beeinflusst. In Bezug auf die Förderung von Wechselwirkungen zeigte das EC mehr Erfolg als das ASC. Inwieweit reflexionsfördernde Methoden hier eine Rolle gespielt haben, lässt sich aus den qualitativen Ergebnissen herleiten.

Für die EC-Gruppe wurden das Feedback und die Anregungen des Coaches, die Gespräche sowie eingesetzte Videosequenzen oder Interviews als sehr hilfreich für den Prozess eingeschätzt. Die Selbstreflexion wurde als sehr wichtig empfunden. Dadurch wurden andere Sichtweisen deutlich, und es fand eine Konzentration auf das Wesentliche statt.

Die ASC-Gruppe hat die zur Verfügung gestellten Leittexte und Literatur als hilfreich empfunden. Einige der Teilnehmer hatten jedoch mit den Leittexten, die reflexionsfördernde Methoden wie systemische Fragen oder Visualisierung von Systemen beinhalteten, Schwierigkeiten. Hierin wird auch der Grund in der Unterscheidung von EC und ASC bezogen auf die Wahrnehmungsförderung von Wechselwirkungen gesehen. Ein weiteres Manko sah die ASC-Gruppe darin, dass sie niemanden hatten, der ihnen inhaltliches oder persönliches Feedback sowie Anregungen zur Strukturierung der Sitzungen geben konnte. Trotzdem erzielte auch die ASC-Gruppe in Bezug auf die Entwicklung neuer Sichtweisen positive Ergebnisse. Zusammenfassend lässt sich sagen, dass die Aktivierung von Selbstreflexion durch reflexionsfördernde Methoden wichtig für die Entwicklung neuer Sichtweisen zu sein scheint. Der Einsatz von Literatur und Leittexten erzielt in Bezug auf die Förderung von internalen Attributionen und Wahrnehmung von Komplexität eine ähnliche Wirkung wie der Einsatz von Fragetechniken, Videosequenzen etc. durch einen Coach. Allerdings wird der im systemischen Modell wichtige Aspekt der Wechselwirkungen durch das EC mehr gefördert. Der Coach scheint eine wichtige Funktion darin zu haben, Feedback sowie inhaltliche wie methodische Orientierung im Selbstreflexionsprozess zu geben.

③ Ausgleich zwischen lage- und handlungsorientierten Phasen schaffen

Die Funktion des Coaches, beim Coachee lage- und handlungsorientierte Phasen auszugleichen, wurde in der Arbeit nicht explizit erhoben. Allerdings haben sich in den Ergebnissen Hinweise auf die Wichtigkeit dieser Funktion ergeben: Wie schon in Kapitel 8.2.4.3 erwähnt, lassen die unterschiedlichen Ergebnisse in der ASC-Gruppe die Vermutung zu, dass die Entwicklung von Problemlösungen durch das ASC von der Persönlichkeit der einzelnen Teilnehmer abhängen könnte. Es gibt Personen, die in der Lage sind, von sich aus lösungsorientiert zu denken, anderen fällt es möglicherweise schwerer, ihr problemorientiertes Denken zu durchbrechen. Hier könnte der Coach eine entscheidende Funktion darin haben, den Coachee beim lösungs- bzw. handlungsorientierten Denken zu unterstützen. Außerdem wurde im EC als hilfreich empfunden, dass der Coach vorschnelles Handeln verhindert hat und zu einer intensiveren Selbstreflexion angeregt hat. Ein weiteres wichtiges Ergebnis, was in diesem Zusammenhang erwähnenswert ist, ist die gegen die Erwartungen der Hypothese 8 eingetretene Entwicklung der Wahrnehmung von Komplexität bezogen auf das persönliche Thema (vgl. Kap. 8.2.1). Die vorerst angenommene Zunahme an Differenziertheit wurde nicht bestätigt: ein Integrationsprozess zeigte sich anstatt dessen. Die Coachinggruppen unterscheiden sich signifikant von der KG. Von der Tendenz (deskriptiv) zeigt die EC-Gruppe hier sogar eine stärkere Integrationsleistung als die ASC-Gruppe. Es lässt sich vermuten, dass der Coach hier eine entscheidende Rolle darin gespielt haben könnte, die durch die Selbstreflexion ausgelöste Differenziertheit (gekennzeichnet durch Lageorientierung) wieder auf die wesentlichen Aspekte zu reduzieren (zu integrieren), um den Coachee auf die Handlungsebene zu bringen (Handlungsorientierung).

④ Unterstützung in der Umsetzung durch Vereinbarungen und Nachhalten

Eine weitere Funktion im Coaching ist die Unterstützung in der Umsetzung durch Vereinbarungen und Nachhalten: Der Coach vereinbart nach jeder Sitzung mit dem Coachee, was dieser sich bis zum nächsten Treffen konkret vornimmt. Diese Abmachung wird im weiteren Prozess nachgehalten.

Dieser Aspekt wurde von der EC-Gruppe als sehr hilfreich empfunden. Teilweise hätte der Coach hier sogar noch mehr nachhalten können. Der ASC-Prozess wäre intensiver gewesen und die Umsetzung in die Praxis wäre besser gewesen, wenn jemand laut Aussage der ASC-Teilnehmer nachgehalten hätte. Ein „Kontrolleur" hat gefehlt.

Diese vierte Funktion scheint für den Prozess in Bezug auf die Transfersicherung in der Praxis sehr wichtig zu sein.

In der Diskussion der Ergebnisse wurde deutlich, dass es eine weitere wichtige Funktion im Coaching zu geben scheint: die Beziehung zwischen Coach und Coachee. Sie dient als Basis für den Coachingprozess. Daher ist es angebracht, diese wichtige Funktion in das Wirkmodell zu integrieren.

⑤ Förderung des gesamten Coachingprozesses durch den Aufbau einer guten Beziehungsqualität

Eine gute Beziehungsqualität scheint eine wichtige Voraussetzung dafür zu sein, dass intensive Selbstreflexionsprozesse sowie ein Ausgleich zwischen lage- und handlungsorientierten Phasen stattfinden können. Durch eine positive Beziehung, die sich u.a. durch selbstäußerungskontigentes Ermutigen und den Aufbau positiver Affekte ausdrücken kann, wird das Selbstsystem des Coachees aktiviert. Dadurch wird ein Selbstaufmerksamkeitszustand erreicht, der Selbstreflexion ermöglicht und durch Systemkonditionierung selbstmotivierende und damit verbundene handlungsorientierte Gedanken fördert (vgl. Kap. 8.1.2 und Kuhl 2001).

Zusammengefasst lässt sich sagen, dass anscheinend alle fünf Coachfunktionen im systemischen Wirkmodell wichtig sind, um einen erfolgreichen Coachingprozess durchzuführen. Die Funktion des Coaches liegt insbesondere darin, einen geschützten Rahmen zu bieten, eine gute Beziehungsqualität aufzubauen, Feedback und Strukturierungshilfen zu geben, Handlungs- und lageorientierte Phasen auszugleichen sowie den Transfer in die Praxis durch Umsetzungsvereinbarungen und Nachhalten zu unterstützen. In diesen Punkten zeigten sich im ASC Schwächen, die von den Teilnehmern als negativ wahrgenommen wurden. Insbesondere in Bezug auf die 3. und 5. Funktion sei darauf hingewiesen, dass hier eine genauere Untersuchung der Annahmen und Zusammenhänge in weiteren Studien auf jeden Fall zu empfehlen ist.

9.2 Wirksamkeit von Coaching – Inwieweit werden die Qualitätskriterien erfüllt?

Die Wirksamkeit von Coaching wurde im Rahmen dieser Arbeit an den unten aufgeführten Ergebnisqualitätskriterien untersucht (vgl. Kap. 5.2.2). Im folgenden werden die beiden Coachingvarianten bezogen auf die einzelnen Kriterien zusammenfassend bewertet. Insgesamt lässt sich sagen, dass alle Qualitätskriterien im EC zufriedenstellend erfüllt werden. Allerdings erzielt das ASC in den meisten Kriterien einen ähnlich hohen Effekt wie im EC. Eindeutige Unterschiede zwischen den beiden Coachinggruppen sind bei den Qualitätskriterien Zufriedenheit und Entwicklung neuer Sichtweisen zu verzeichnen. Hier schneidet das EC insbesondere bei der Zufriedenheit deutlich positiver ab.

9.2.1 Qualitätskriterium: Zufriedenheit

Das EC führt signifikant zu einer höheren Zufriedenheit als das ASC. Gründe hierfür liegen im EC u.a. in der Nachhaltigkeit, dem Feedback durch den Coach und dem intensiven Auseinandersetzen mit dem Thema. Im ASC wurde hingegen die Selbstdisziplin als größtes Hindernis wahrgenommen und als Nachteil wurden u.a. das fehlende Feedback und die fehlende Orientierung im Prozess durch einen Coach genannt. Die Beziehung zwischen Coach und Coachee scheint ein wichtiger Erfolgsfaktor zu sein, um intensive Selbstreflexion und Selbstmotivation zu fördern.

Fazit: Die Studie belegt eindeutig, dass EC das Qualitätskriterium Zufriedenheit besser erfüllt als ASC.

9.2.2 Qualitätskriterium: Zielerreichung

Die quantitativen Ergebnisse zeigen keine Unterschiede zwischen EC und ASC: Im Durchschnitt lag der Zielerreichungsgrad bei ca. 59%. Die qualitativen Aussagen hingegen machen allerdings die schwache Aussagekraft dieses Wertes bewusst. Ob dieses Qualitätskriterium ausreichend erfüllt wurde, ist schwierig zu beurteilen, da beiden Coachinggruppen die Einschätzung der persönlichen

Zielerreichung nicht leicht fiel und die Bewertungsmaßstäbe individuell unterschiedlich waren. Außerdem haben sich häufig im Laufe des Prozesses die Ziele aus verschiedenen Gründen verändert (vgl. Kap. 8.1.3.1). Weitere Ansatzpunkte hierzu gab es durch den SSI-K: die Variable „Zielvergegenwärtigung" hat in den Coachinggruppen zu unterschiedlichen Korrelationen mit der „Zielerreichung" geführt. Die Ergebnisse lassen sich nicht abschließend bewerten. Es zeigt sich aber deutlich, dass diese Selbststeuerungskomponente einen Einfluss zu haben scheint, den es in Zukunft genauer zu analysieren gilt.

Fazit: Obwohl die Zielerreichung sicher aus der Sicht der Coachees als auch der Auftraggeber eins der wichtigsten Qualitätskriterien ist, ist eine Gesamtbewertung über die Gruppen aufgrund unterschiedlichster Einflüsse nicht möglich.

9.2.3 Qualitätskriterium: Praktischer Nutzen

Der praktische Nutzen wurde in beiden Coachinggruppen ähnlich hoch eingeschätzt. Allerdings gibt es bezogen auf diese Variable Hinweise darauf, dass möglicherweise Störvariablen wie „freiwillige Zwänge" oder „kognitive Dissonanzen" dieses Ergebnis zu Lasten des EC bzw. zugunsten des ASC beeinflusst haben können. Außerdem fiel es einem EC-Coachee aufgrund der zeitlichen Nähe des Interviews zum Coachingende schwer, den praktischen Nutzen richtig einzuschätzen.

Fazit: EC wie ASC erfüllen das Kriterium „Praktischer Nutzen" aus Sicht der Teilnehmer zufriedenstellend. Zu beachten sind hier insbesondere Einflussfaktoren seitens des Coachees (vgl. Kap. 8.1.3.3) sowie das Einhalten der Prozessqualität (z.B. Freiwilligkeit beachten).

9.2.4 Qualitätskriterium: Entwicklung neuer Sichtweisen

In Bezug auf die Entwicklung neuer Sichtweisen lässt sich sagen, dass sich im EC und ASC signifikante Effekte in einzelnen Variablen ergeben haben. Hinsichtlich der Wahrnehmung von Wechselwirkungen zeigt das EC gegenüber dem ASC einen deutlichen Vorteil in der Förderung systemischen Denkens. Es hat sich gezeigt, dass durch Coaching eine Fokussierung auf wesentliche Aspekte gefördert werden und dadurch der Coachee mehr Struktur und Ordnung in sein Thema bekommt.

Variable	**Ergebnis**
Förderung der Wahrnehmung von internalen Attributionen	Es ergaben sich keine signifikanten Unterschiede. Die Förderung internaler Attributionen (Erkennen von Eigenanteilen) wurde in beiden Coachinggruppen aber im Vergleich zur KG bei $\alpha < 0.1$ tendenziell signifikant mehr gefördert. EC und ASC unterscheiden sich nicht wesentlich voneinander.
Förderung der Wahrnehmung von Wechselwirkungen	EC fördert nach dieser Studie die Wahrnehmung von Wechselwirkungen signifikant mehr als das ASC. Die systemische Sicht, d.h. das Erkennen des Zusammenspiels verschiedener Komponenten in einem System (Interaktionsstrukturen) tritt durch das EC im Vergleich zum ASC mehr in der Vordergrund.

Variable	**Ergebnis**
Förderung von Situationsabhängigkeit und Kontrollerleben	Die Förderung der Wahrnehmung von Situationsabhängigkeit und Kontrollerleben haben keine Effekte gezeigt, was u.a. auch an der Methode - bzw. an einzelnen Moderatorvariablen (vgl. Kap. 8.2.4.1, 8.2.4.2) gelegen haben kann.
Förderung der Wahrnehmung von Komplexität bezogen auf das Coachingthema	Die Anzahl der auf das Coachingthema bezogenen wahrgenommenen Aspekte, die nach der Hypothese 8 durch das EC zunehmen sollte, wurde nicht bestätigt. Es zeigte sich ein gegensätzliches Ergebnis: Die Anzahl der wahrgenommenen Aspekte hat in allen drei Gruppen auffallend abgenommen, wohingegen sich die beiden Coachinggruppen signifikant von der KG unterscheiden. EC und ASC unterscheiden sich zwar nicht signifikant – betrachtet man sich aber die deskriptiven Werte, so zeigt sich eine deutlichere Entwicklung im EC als im ASC.

Tab. 79: Ergebnisüberblick: Entwicklung neuer Sichtweisen

9.2.5 Qualitätskriterium: Entwicklung erfolgsversprechenderer Handlungsmöglichkeiten

In Bezug auf die Entwicklung erfolgsversprechenderer Handlungsmöglichkeiten zeigt sich bei den beiden Coachinggruppen im Unterschied zur KG, dass sie mehr positive Konsequenzen aus Sicht der Teilnehmer sowie tendenziell auch insgesamt und aus Sicht der Beteiligten nach dem Coaching wahrnehmen. Die Einschätzung des subjektiven Umgangs mit dem Coachingthema wird tendenziell im EC und ASC nach dem Coaching positiver eingeschätzt als in der KG. Hinsichtlich der Förderung von Problemlösungen haben sich die Gruppen nicht wesentlich unterschieden.

Fazit: Beide Coachingvarianten (EC wie ASC) fördern im Vergleich zur KG die Entwicklung erfolgsversprechenderer Handlungsweisen. Die Coachingvarianten unterscheiden sich in diesem Punkt nicht wesentlich voneinander. Sie haben beide einen ähnlich positiven Effekt

9.2.6 Qualitätskriterium: Emotionale Entlastung

Emotionale Entlastung hat sich in beiden Coachingvarianten nach der Intervention eingestellt. Hier ist ein signifikanter Unterschied zur KG zu erkennen. Das Beschäftigen mit dem Thema, ob mit oder ohne Coach hat zu einer emotionalen Entlastung geführt. EC und ASC zeigen einen ähnlichen Effekt.

Fazit: Das Qualitätskriterium Emotionale Entlastung wurde von beiden Coachingvarianten gleichermaßen erfüllt.

9.3 Förderung der Selbstreflexion als zentrale Funktion des Coaches

Die Förderung der Selbstreflexion ist im systemischen Wirkmodell die zentralste Coachfunktion, da sie Voraussetzung dafür ist, dass der Problemlöseprozess erfolgreich verläuft. Jede Station von der Entwicklung neuer Sichtweisen bis zur Bewertung der Konsequenzen ist mit einem Selbstreflexionsprozess verbunden. Das ASC hat in bezug auf einige Variablen durchaus Effekte gezeigt, was darauf schließen lässt, dass auch durch ein ASC Selbstreflexion angeregt wird. Das EC scheint aber gegenüber dem ASC folgende Vorteile zu haben, die sich positiv auf die Selbstreflexion auswirken und sich letztendlich in der höheren Zufriedenheit der Coachees zeigen:

- Mehr Verbindlichkeit im Durchführen der Sitzungen
- Offenes Feedback
- Mehr Förderung des systemischen Denkens in bezug auf das Erkennen bestehender Interaktionsstrukturen
- Vielfältigere selbstreflexionsfördernde Methoden (Interviews, Videosequenzen, Rollenspiele...)
- Nachhalten der Umsetzungsvereinbarungen – Selbstreflexion in Bezug auf die Umsetzung in der Praxis (Transfersicherung) wird gefördert
- Unterstützung im Selbstreflexionsprozess durch Strukturierungshilfen

- Ausgleich zwischen lage- und handlungsorientierten Phasen, damit verbunden eine höhere Integrationsleistung
- Förderung der Selbstreflexion und Selbstmotivation durch eine positive Beziehung zwischen Coach und Coachee

Demnach sollten die hier dargestellten Aspekte, die die Selbstreflexion fördern als Kriterien der Prozessqualität im Coaching aufgenommen, in weiteren Untersuchungen repliziert und in die Bewertung von Coachingprozessen eingebracht werden.

Kapitel 10

Ausblick aus Sicht der Wissenschaft und Coaching-Praxis

„Der Mensch muss bei dem Glauben verharren, dass das Unbegreifliche begreiflich sei, er würde sonst nicht forschen."

(Johann Wolfgang von Goethe)

10. Ausblick aus Sicht der Wissenschaft und Coaching-Praxis

Diese Pilotstudie hatte zum Ziel, erste Ergebnisse und Ansatzpunkte über die Wirksamkeit und die Funktionen von Coaching zu finden sowie erste methodische Schritte in der vergleichenden Evaluationsforschung zu gehen und diese zu bewerten. Im Folgenden werden aus Sicht von Wissenschaft und Praxis im Bereich Coaching mögliche Anregungen gegeben, die für die Zukunft berücksichtigt werden sollten.

10.1 Konsequenzen für die zukünftige Forschung im Bereich Coaching

Dieses Forschungsprojekt hat gezeigt, dass Coaching ein sehr komplexes Forschungsgebiet ist: Felduntersuchungen in diesem Bereich werden durch eine Vielzahl von Faktoren seitens der Coachees, der Coaches und der Systemumwelt beeinflusst (vgl. Moderatorvariablen, Kap. 5.5.2). Diese Faktoren können zwar nicht verhindert, aber so weit möglich kontrolliert oder zumindest erhoben werden. Sie sind für eine realitätsnahe Ergebnisinterpretation sehr wichtig. Das systemische Denken (vgl. Kap. 4.1) sollte demnach auch eine Grundhaltung in der Forschung sein.

Der Komplexität im Coaching sollte Rechnung getragen werden.

Einfache Ursache-Wirkungszusammenhänge sind insbesondere auch im Bereich Coaching nicht vorzufinden. Jeder einzelne Coachingprozess zeichnet sich durch unterschiedliche

Rahmenbedingungen, Personen und bearbeitete Themen aus. Da jeder Prozess so individuell ist, sollten neben Gruppen- auch Einzelfalluntersuchungen unbedingt Bestandteil der Coachingforschung sein. Um Langzeiteffekte messen zu können, sollten in Zukunft ergänzend Längsschnittuntersuchungen durchgeführt werden, bei denen in einem längeren Zeitraum von z.B. 1 bis 3 Jahren nach dem Coaching in bestimmten Abständen Interviews mit den Teilnehmern und/oder andere Erhebungsverfahren (z.B. Beobachtungen, Befragungen) durchgeführt werden: so könnte untersucht werden, ob und inwieweit Veränderungen, die aus dem Coaching resultieren, in der Praxis langfristig anhalten. Außerdem würde man durch das Einbeziehen von anderen Personen ein ganzheitlicheres Bild über die Zielerreichung und den praktischen Nutzen aus unterschiedlichen Sichtweisen bekommen.

Durch den Einsatz des P-S-I[103] und des Abschlussinterviews wurden quantitative und qualitative Daten gleichermaßen erhoben. Quantitative und qualitative Verfahren sollten einander in weiteren Studien ergänzen: beide Verfahren bieten in Kombination eine umfassende Datenbasis, die aussagekräftige, praxisnahe Ergebnisgewinnung ermöglicht. Desweiteren wäre interessant, das Vorgehen im zweiten Interview unter Bildung einer weiteren Untersuchungsgruppe nach dem im Kapitel 8.3.2.1 dargestellten Vorschlag zu variieren. Hierdurch könnte eine wissenschaftliche Weiterentwicklung des P-S-I stattfinden.

Weiterer Schwerpunkt könnte in Zukunft neben reinen quantitativen Mittelwertsvergleichen in der Untersuchung der

[103] zu Optimierungsvorschlägen vgl. Kap. 8.3.2.1

Coachfunktionen (siehe Wirkmodell) in Form von Korrelations- und Prozessanalysen liegen. Coach-Coachee-Interaktionen könnten unter diesen Aspekten analysiert werden und mit anderen Variablen wie z.B. Zufriedenheit, Zielerreichung oder Praktischer Nutzen korreliert werden. Prozessanalytische Ansätze im Coaching sind in den Arbeiten von Offermanns (1998) und Bähre (2001) zu finden. Hier wurden die systemischen Interventionen des Coaches dahingehend untersucht, inwieweit diese dem Coachee eine veränderte Sichtweise anbieten und dieser diese impliziten Angebote annimmt. In diesem Zusammenhang könnte es sinnvoll sein, andere Erhebungsverfahren wie z.B. Selbstveränderungsfragebögen einzusetzen, die es ermöglichen, Veränderungen und Selbstmotivationstendenzen über die Zeit messbar zu machen.

Um Phänomene wie kognitive Dissonanzreduktionen oder Reaktanzreaktionen genauer untersuchen zu können, wird des weiteren die Erhebung dieser Variablen und den damit verbundenen Persönlichkeitsmerkmalen empfohlen. Eine Erhebung zur Ausprägung der Handlungs- und Lageorientierung beim Coachee mit dem HAKEMP[104] (Kuhl 1990) erscheint in Bezug auf die dritte Funktion im Coaching „Ausgleich von handlungs- und lageorientierten Phasen“ interessant.

Zum Thema „freiwilliger Zwang“ lässt sich diskutieren, was Freiwilligkeit im Zusammenhang mit Coaching bedeutet: Gibt es wirklich Freiwilligkeit im Firmenkontext? Lässt sich Freiwilligkeit vielleicht eher durch Entscheidungsfreiheit in der Wahl des Coaches ausdrücken? Diese Fragen sollten theoretisch

[104] Fragebogen zur Messung von Handlungs- und Lageorientierung

und empirisch bearbeitet werden, um hier mehr Klarheit für Wissenschaft und Coachingpraxis zu bekommen.

Die Beziehung zwischen Coach und Coachee scheint in bezug auf die Förderung der Selbstmotivation ein wichtige Rolle zu spielen: eine weitere Experimentalgruppe, die EC und ASC verbindet, könnte interessante Erkenntnisse bringen. Der Prozess könnte so ausssehen, dass in ein - zwei Coachingsitzungen die Methoden aus den Leittexten gemeinsam mit dem Coach geübt werden und dann anschließend in einem ASC-Prozess alleine angewandt werden. Dadurch würde sich ein virtueller Beziehungskontext aufbauen, und den Teilnehmern würde das Benutzen der Materialien bekannt vorkommen.

10.1.1 Stichprobengröße und Untersuchungsgruppen

In Bezug auf die Stichprobengröße: es hat sich gezeigt, dass die sehr geringe Teilnehmeranzahl an einigen Punkten nicht ausreichend war, um statistisch signifikante Ergebnisse zu erzielen. Daher wird eine Stichprobengröße bei vergleichendem Design von mindestens 11 pro Gruppe zum Aufdecken großer Effekte, besser noch eine Größe von 27 pro Gruppe empfohlen, um auch mittlere Effekte aufspüren zu können.

Außerdem sollten in Zukunft Teil-Blindversuche durchgeführt werden, da das Wissen eines Teilnehmers um die Existenz der anderen Gruppen Einfluss auf die Ergebnisse nehmen könnte: z.B. könnte dieses Wissen sozial erwünschtes Verhalten hervorrufen. Um dies zu vermeiden, sollten in Zukunft die Untersuchungsgruppen nicht über die anderen Gruppen in Kenntnis gesetzt werden.

Die Projektleitung und die Betreuung der ASC-Gruppe sollten in weiteren Untersuchungen nicht in einer Person liegen, da sonst nicht ausgeschlossen werden kann, dass die Beziehung zwischen Teilnehmern und der Projektleitung sozial erwünschtes Verhalten auslösen: Die Abhängigkeit der Projektleiterin von den Teilnehmern könnte die ASC-Teilnehmer dahingehend beeinflussen, dass sie motivierter sind oder das ASC nicht abbrechen mögen.

Die Besetzung der Untersuchungsgruppen könnte in Folgeuntersuchungen besser spezifiziert werden: z.B. könnte der Einsatz des HAKEMP (s.o.) vor der Untersuchung die Gruppenbesetzung positiv beeinflussen: hierdurch könnte man durch Matching sicher stellen, dass die Gruppen gleichermaßen mit lage- und handlungsorientierten Personen besetzt sind. So könnte die Moderatorvariable Persönlichkeit im Vorfeld kontrolliert werden. Eine weitere Spezifikation könnten die Coachingthemen oder demografische Daten (z.B. Führungserfahrung) sowie die Selbstdisziplin der Coachees sein. Zur Erhebung der Selbstdisziplin würde sich ein Fragebogen empfehlen, der im Vergleich zum SSI-K Items beinhaltet, die der beim Coaching erforderlichen Selbstdisziplin näher kommen (vgl. Kap. 8.3.2.2).

Aus Sicht der Coaches könnte es interessant sein, die Anzahl der Coaches in einer weiteren Untersuchung zu erhöhen, um eine bessere Generalisierbarkeit der Ergebnisse zu ermöglichen. Geschlecht und unterschiedliche Coachingansätze (individualpsychologisch, systemisch...) könnten außerdem als weitere unabhängige Variablen in das Design eingebaut werden, um ihre Wirkung auf das Coaching zu untersuchen. Desweiteren könnten Untersuchungen zu

Geschlechtsunterschieden bei Coaches und Coachees und deren Auswirkungen auf die Beziehungsqualität und damit auf den Coachingprozess von Interesse sein.

Eine Berücksichtigung dieser hier aufgezählten Kriterien hätte allerdings zur Folge, dass die Gruppen sehr groß sein müssten, um Untergruppen bilden zu können.

10.2 Konsequenzen für die Coachingpraxis

Die Ergebnisse der Studie bringen neben den Konsequenzen für die weitere Forschung auch Folgen für die Coachingpraxis mit sich.

10.2.1 Regelmäßige Coachingsitzungen

Die Coachingsitzungen sollten in einem möglichst regelmäßigen zeitlichen Rhythmus durchgeführt werden und die Abstände zwischen den Sitzungen sollten nicht zu groß sein: ein ca. vierwöchentlicher Abstand erscheint sinnvoll. Die Durchführung von sechs Sitzungen hat sich bewährt: in dieser Zeit können die Coachingthemen intensiv und zufriedenstellend bearbeitet werden. Bezüglich des Ortes sollte darauf geachtet werden, dass keine Störungen auftreten.

10.2.2 Förderung von Selbstreflexionskompetenzen

Die Studie hat gezeigt, dass die Förderung von Selbstreflexionskompetenzen ein wichtiger Erfolgsfaktor zu sein scheint. Demnach sollte im Coaching der Schwerpunkt darauf liegen, durch reflexionsfördernde Methoden wie Feedback,

Fragetechniken, Videokonfrontation, Interviews, Rollenspiele usw. diese Prozesse in Gang zu bringen. Zum anderen erscheint es sinnvoll, dass der Coach durch gezielte Methodenauswahl Strukturierungshilfen in der Bearbeitung des Themas gibt. Der Coach sollte den Aufbau einer positiven Beziehung und positiver Affekte beim Coachee fördern, damit sich das Selbstsystem des Coachees für den Selbstreflexionsprozess öffnen kann (vgl. Kap. 8.2.2).

10.2.3 Ausgleich zwischen handlungs- und lageorientierten Phasen schaffen

Der Coach sollte im Coachingprozess sein Augenmerk auf Neigung seines Coachees legen, inwieweit dieser eher lage- oder handlungsorientiert ist. Der SSI-K oder auch der HAKEMP (Kuhl 1990) könnten hier hilfreiche diagnostische Unterstützung bieten. Allerdings sollte der Einsatz von Persönlichkeitsfragebögen in der Praxis mit Vorsicht stattfinden, da solche Fragebögen auch Reaktanz auslösen könnten. Eine Durchführung sollte sensibel erfolgen. Ein erfahrener Coach kann gewisse Anzeichen wie Ungeduld und das Verharren in bestimmten Gedanken an Selbstäußerungen des Coachees auch ohne Fragebogen erkennen und diese für sein Handeln bezogen auf diese Funktion nutzen. Der Coach sollte auf Selbstäußerungen von Motivationsverlusten seitens des Coachees durch Fragen (wie z.B. „Was brauchst Du, um Dich zu motivieren?“) ermutigend reagieren. Systemkonditionierung sollte das Ziel sein. Dadurch wird der Coachee in die Lage versetzt, sich selbst aus eigener Kraft mehr zu motivieren.

10.2.4 Der Coach als „Kontrolleur"

Um den Transfer in die Praxis zu sichern, sollte der Coach unbedingt nach jeder Sitzung Umsetzungsvereinbarungen mit dem Coachee treffen und diese in den nächsten Sitzungen immer wieder nachhalten. Das Setzen von Ankern, wie z.B. Erinnerungsmails oder der Einsatz von Symbolen (Bild auf dem Schreibtisch...) erscheint sinnvoll, damit der Coachee sich immer wieder an seine Vorsätze erinnert. Außerdem kann auch mit Geschenken gearbeitet werden: Wenn der Coachee seinen Vorsatz nicht umsetzt, bekommt der Coach ein Geschenk, schafft er es, bekommt er vom Coach ein Geschenk. Durch solche spielerischen Vereinbarungen wird die Umsetzung in der Praxis zusätzlich unterstützt. Aufgrund einzelner Aussagen im EC erscheint es sinnvoll, einen Nachfolgetermin (7. Sitzung) nach einem längeren Zeitabstand (z.B. ½ Jahr) durchzuführen, um auch langfristig den Transfer sicher zu stellen sowie den praktischen Nutzen über das Coaching hinaus besser einschätzen zu können.

10.2.5 P-S-I als Interventions- und Evaluationsinstrument im Coaching

Das P-S-I ist nicht nur für die Wissenschaft ein interessantes Instrument. Es kann in der Coachingpraxis als Interventions- und Evaluationsinstrument gleichermaßen eingesetzt werden. Die Durchführung des P-S-I in der ersten Coachingsitzung ermöglicht es dem Coachee, sich seinem Thema und seinem Coachingziel zu nähern und der Coach bekommt einen Einblick in die Sichtweisen des Coachees und kann dadurch mögliche Ansatzpunkte im Coaching einfacher lokalisieren. Das strukturierte Vorgehen sowie die Visualisierung auf Karten fördern außerdem, bestimmte Aspekte auf den Punkt zu bringen und diese kurz und knapp formulieren zu müssen. Die Selbstreflexionskompetenz wird somit von vornherein schon in der ersten Sitzung gefördert. Das zweite P-S-I kann in der letzten Sitzung durchgeführt werden: der Vergleich beider Strukturen ermöglicht es, Veränderungen und den Einfluss von Coaching hierauf zu konkretisieren und somit den Coachingerfolg für beide sichtbarer zu machen. Auch hier wäre es möglich, das P-S-I in der Abschlusssitzung dahingehend zu verändern, dass die anfängliche Struktur aus der jetzigen Sicht verändert wird. Beide Varianten wären denkbar und sollten hinsichtlich ihrer Praktikabilität ausprobiert werden.

10.2.6 Voraussetzungen für erfolgreiche Implementation von Coaching in Unternehmen

Ein erfolgreicher Coachingprozess setzt voraus, dass das Coaching freiwillig und mit einem konkreten Anliegen seitens des Coachees durchgeführt wird (Heß & Roth 2001). Konsequenzen bei Nichterfüllung dieser Voraussetzungen könnten wie in der Studie deutlich wurde, Reaktanzen oder Dissonanzreduktionen beim Coachee hervorrufen, die den Coachingprozess stören würden. Daher ist es sehr wichtig, dass Coaching in Unternehmen positiv vermarktet und im konkreten Fall überzeugend nicht als Nachhilfe, sondern als Förderung zur Weiterentwicklung und als freiwillige Maßnahme verkauft wird. Hilfreich kann es sein, wenn Coaching in die systematische Führungskräfteentwicklung eingebaut wird und somit einer Mitarbeitergruppe als Angebot zur Verfügung steht und nicht nur im Einzelfall („wenn es brennt") eingesetzt wird. Das Einführen von Übergangs-Coachings kann eine Möglichkeit sein, um Akzeptanz zu schaffen: Führungskräfte insbesondere jungen Nachwuchskräfte werden bei Übernahme einer neuen Führungsfunktion über eine definierte Zeit von einem Coach begleitet, um das Einleben in die neue Rolle positiv zu fördern und somit möglichen Schwierigkeiten in Zukunft vorzubeugen. Coaching kann demnach auch einen präventiven Charakter haben. Zwar wird ein freiwilliger Zwang mehr oder weniger immer da sein, wenn der Auftraggeber des Coachings der eigene Vorgesetzte oder die Personalabteilung ist, trotzdem sollte das Hereindrängen in eine Coachingmaßnahme verhindert werden.

10.2.7 Kombination von Einzel- und angeleitetem Selbst-Coaching: ein neues Coachingprogramm für die Praxis

Die Studie hat gezeigt, dass durch das angeleitete Selbst-Coaching auch positive Effekte erzielt werden können. In Bezug z.B. auf die Entwicklung erfolgsversprechenderer Handlungsmöglichkeiten und der Zunahme emotionaler Entlastung haben die beiden Coachinggruppen ähnlich positive Ergebnisse erzielt. Daher wäre es naheliegend, dass ASC so verbessern, dass es auch in den anderen Variablen genauso gut ist wie das EC. Dagegen spricht allerdings der ausgeprägte Feedbackwunsch der Coachees durch den Coach. Daher erscheint es sinnvoll, diese beiden Coachingvarianten zu kombinieren: Die EC-Sitzungen hätten das Ziel, dem Coachee Methoden an die Hand zu geben und diese mit Hilfe des Coaches bei der Themenbearbeitung auszuprobieren. Durch die positive Beziehung und darauf aufbauende Systemkonditionierung wird die Selbstmotivation des Coachees gefördert und eine Basis für das ASC geschaffen. In einem zweiten Schritt könnten durch das ASC die in Form von Leittexten dargestellten Methoden besser angewendet werden, da sie bekannt sind. Eine Hilfe könnte hierbei sein, dass der Coachee sich bei der Bearbeitung seines Themas mit den Leittexten virtuell den Coach vorstellt, wie er ihm die Fragen stellt. Dies könnte die Selbstreflexion und -motivation im ASC mehr fördern, da eine Verknüpfung mit den Erfahrungen aus dem vorherigen EC möglich wäre. Durch diese Kombination wird der Transfer langfristig mehr gesichert, und dadurch könnten Folgekosten für den Auftraggeber gesenkt werden.

Ein zukünftiges Coachingprogramm könnte somit wie folgt aussehen:

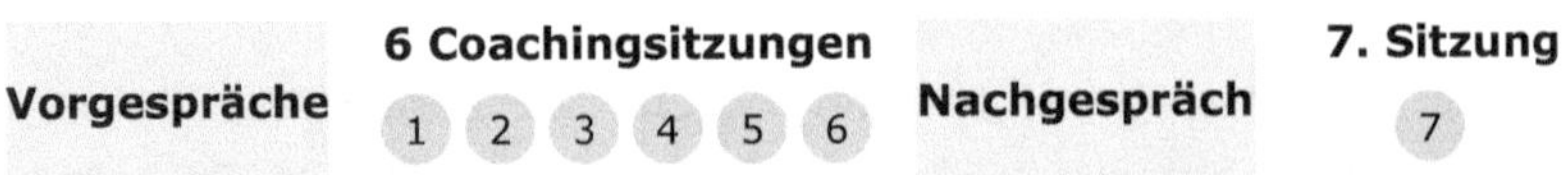

Abb. 43: Coachingprogramm

Das allgemeine Vorgespräch mit dem Vorgesetzten, der Personalabteilung und dem oder den Coachees dienen dazu, ein ähnliches Coachingverständnis bei allen Beteiligten zu entwickeln, die gegenseitigen Erwartungen an das Coaching zu klären und die Rahmenbedingungen wie Diskretion, Honorar, Anzahl der Sitzungen, Umgang mit abgesagten Sitzungen etc. zu vereinbaren.

Das „nullte Gespräch" zwischen Coach und Coachee hat das Ziel, das konkrete Anliegen des Coachees zu klären und zu schauen, ob es eine gemeinsame Arbeitsbasis gibt. Die Entscheidung für das Coaching behalten sich beide bis zum Telefonat eine Woche später vor. So besteht die Möglichkeit, sich bewusst für oder gegen das Coaching bzw. den Coach oder Coachee zu entscheiden. Bei einer Entscheidung für das Coaching finden in der Regel 6 Sitzungen statt, die durch ASC-Anteile angereichert werden. Optional können Interviews oder Schattentage (Begleitung am Arbeitsplatz) durchgeführt werden, um praxisnahes Feedback zu ermöglichen. Nach den sechs Sitzungen findet ein Nachgespräch mit dem Vorgesetzen, Coachee und Coach statt, in dem der Coachingprozess in Bezug auf die Zielerreichung bewertet wird. Zur langfristigen Transfersicherung findet nach einer ½ jährlichen Pause eine 7. Sitzung statt, in der eine abschließende Reflexion über langfristige Veränderungen über das Coaching hinaus durchgeführt wird.

Schlusswort

Ziel dieser Pilotsudie war es, die Theorieentwicklung und Forschung im Feld durch eine praktisch angelegte Evaluation voranzubringen.

Die Ergebnisse und Erfahrungen, die in dieser Arbeit dargestellt wurden, bieten interessante Ansatzpunkte für weitere Untersuchungen in diesem Feld. Die Forschung im Bereich Coaching weiter voran zu treiben, sollte für Coaches, Coachees und Auftraggeber oberste Priorität haben, um die Qualität im Coaching zu optimieren (vgl. Rauen 2002d). Betrachtet man die Zukunftsaussichten im Bereich Coaching, so wird erwartet, dass der Markt immer weiter „boomen" und damit immer unübersichtlicher werden wird. Daher wäre es in Zukunft wichtig, durch wissenschaftliche erprobte Evaluationsinstrumente die Qualität von Coaching zu messen und wissenschaftlich untersuchte Qualitätskriterien im Coaching zu formulieren. Ein weiterer wichtiger Schritt wäre es, die Entwicklung von Qualitätsstandards im Coaching und in die Ausbildung von Coaches durch z.B. DIN-Normen zu forcieren. Die Coachees und Auftraggeber von Coaching wären dadurch in der Lage, seriöse Coachinganbieter von unseriösen zu selektieren und den Erfolg ihrer Maßnahmen messbar zu machen.

Es wäre im Interesse aller Beteiligten daher wünschenswert, dass die Forschung im Bereich Coaching weiter vorangetrieben wird und dass alle, die an Qualität interessiert sind, dieses auch durch ihre aktive Teilnahme unterstützen.

Literaturverzeichnis

Antonczyk, T: (2002). *Coaching in der Arbeitswelt – Erfolgsfaktoren für Coachingprozesse*. Unveröffentl. Diplomarbeit im Fachbereich Diplom-Erziehungswissenschaften der Universität-Gesamthochschule Essen.

Argyris, C. & Schoen, D. (1978). *Theory in practice. Increasing professional effectiveness*. 5. print. San Francisco: Jossey-Bass.

Bähre, M. (2001). *Coaching – Das systemische Konfliktgespräch*. Unveröffentl. Diplomarbeit im Fachgebiet Arbeits- und Organisationspsychologie, Universität Osnabrück.

Baumann, U. (1991). *Gesundheitsversorgung*. In: Perrez, M. & Baumann, U. (Hrsg.). Lehrbuch Klinische Psychologie. Band 2: Intervention. Bern: Verlag Hans Huber.

Bateson, G. (1987). *Geist und Natur: eine notwendige Einheit*. Frankfurt am Main: Suhrkamp.

Bayer, H. (1995). *Coaching-Kompetenz: Persönlichkeit und Führungspsychologie*. München: E. Reinhardt.

Bergius R. (1998). *Kognitive Dissonanz*. In: Dorsch, F., Häcker, H. & Stapf, K.-H. (Hrsg.) (1998). *Psychologisches Wörterbuch*. S. 441. 13. ergänzte Auflage. Bern: Hans Huber.

Berkel, K. (1999). *Konflikttraining: Konflikte verstehen, analysieren, bewältigen*. 6. Aufl. Arbeitshefte Führungspsychologie, Band 15. Heidelberg: Sauer

Berkowitz, L. (Ed.) (1977). *Advances in experimental social psychology* (Vol. 10). New York, Academic Press.

Bertalanffy, L.v. (1995). *General System Theory: foundations, development, applications*. Rev. ed. 12.print. New York: Braziller.

Biermann-Ratjen, E.-M., Eckert, J. & Schwartz, H.-J. (1995). *Gesprächspsychotherapie*. 7. Auflage. Stuttgart: Kohlhammer.

Böning, U. (2002). *Coaching: Der Siegeszug eines Personalentwicklungs-Instruments. Eine 10-Jahres-Bilanz.* In: Rauen, C. (Hrsg.). Handbuch Coaching. Göttingen: Hogrefe.

Bortz, J. (1999). *Statistik für Sozialwissenschaftler*. 5. vollständig überarbeitete und aktualisierte Auflage. Berlin: Springer.

Bortz, J. & Döring, N. (1995). *Forschungsmethoden und Evaluation für Sozialwissenschaftler*. 2. Aufl. Berllin: Springer.

Brockhaus (1987). *Bd. 3. Bed - Brn. Brockhaus Enzyklopädie in 24 Bänden*. 19. völlig neubearbeitete Auflage. Mannheim: Brockhaus.

Brockhaus (1992). *Bd. 18. Rad - Rüs. Brockhaus Enzyklopädie in 24 Bänden*. 19. völlig neubearbeitete Auflage. Mannheim: Brockhaus.

Brockhaus (2003). *Brockhaus in einem Band*. www.brockhaus.de.

Brosius, F. (1998). *SPSS 8.0: Professionelle Statistik unter Windows.* Bonn: MITP-Verlag

Brugger, W. (Hrsg.) (1976). *Philosophisches Wörterbuch*. Freiburg: Herder.

Dann, H.-D. (1992). *Variation von Lege-Strukturen zur Wissenspräsentation*. In: Scheele, B. (Hrsg.). Struktur-Lege-Verfahren als Dialog-Konsens-Methodik. S. 3 - 89. Münster. Aschendorff.

Donabedian, A. (1982). *Explorations of Quality - Assessment and Monitoring*. Vol. 2: The Criteria and Standards of Quality. Ann Arbor: Health Adm. Press.

Doppler, K. (1992). *Coaching. Mode und Notwendigkeit. Was und wie ein Coach wirklich sein sollte*. Gablers Magazin, 4, S. 36 - 41.

Dörner, D. (1979). *Problemlösen als Informationsverarbeitung*. Stuttgart: Kohlhammer.

Dörner, D. (1997). *Die Logik des Misslingens: strategisches Denken in komplexen Situationen*. Reinbek bei Hamburg: Rowohlt.

Dorsch, F., Häcker, H. & Stapf, K.-H. (Hrsg.) (1998). *Psychologisches Wörterbuch*. 13. ergänzte Auflage. Bern: Hans Huber.

Duval, S. & Wicklund, R.A. (1972). *A Theory of Objective Self-Awareness*. New York. Academic Press.

Eichhorn, C. (2001). *Souverän durch Self-Coaching. Ein Wegweiser nicht nur für Führungskräfte*. Göttingen: Vandenhoeck & Ruprecht.

Fatzer, G. (1990). *Phasendynamik und Zielsetzung der Supervision und Organisationsberatung*. In: Fatzer, G. & Eck, C.D. (Hrsg.). Supervision und Beratung. Köln: Ed. Humanistische Psychologie.

Fatzer, G. & Eck, C.D. (Hrsg.) (1990). *Supervision und Beratung*. Köln: Ed. Humanistische Psychologie.

Fatzer, G., Rappe-Gieseke, K. & Looss, W. (Hrsg.) (1999). *Qualität und Leistung von Beratung: Supervision, Coaching, Organisationsentwicklung*. Köln: Ed. Humanistische Psychologie.

Flick, U. (2000). *Qualitative Forschung. Theorie, Methoden, Anwendung in Psychologie und Sozialwissenschaften*. 5. Auflage. Reinbek: Rowohlt Taschenbuch Verlag.

Försterling, F. (1986). *Attributionstheorie in der Klinischen Psychologie*. München: Psychologie Verlags Union. Urban & Schwarzenberg.

Freimuth, J. (Hrsg.) (1999). *Die Angst der Manager*. Göttingen: Verlag für Angewandte Psychologie.

Frese, M. & Zapf, D. (1986). *Soziale Unterstützung, Coaching und Abwehr als intervenierende Variablen des Zusammenhangs von Stress am Arbeitsplatz mit psychischen und psychosomatischen Beschwerden.* Abschlussbericht an die DFG. München.

Frey, D. & Irle, M. (Hrsg.) (1984). *Theorien der Sozialpsychologie*. Band I: Kognitive Theorien (S. 192-217). 2. Auflage. Bern: Huber.

Frey, D., Wicklund, R.A. & Scheier, M.F. (1984). *Die Theorie der objektiven Selbstaufmerksamkeit*. In Frey, D. & Irle, M. (Hrsg.). Theorien der Sozialpsychologie. Band I: Kognitive Theorien (S. 192-217). 2. Auflage. Bern: Huber.

Frey, D. & Gaska, A. (1993). *Die Theorie der kognitiven Dissonanz*. In: Frey, D. & Irle, M. Kognitive Theorien, Band 1. 2. vollständig überarbeitete und erweiterte Auflage. Bern: Verlag Hans Huber.

Frey, D. & Irle, M. (1993). *Kognitive Theorien*. Band 1. 2. vollständig überarbeitete und erweiterte Auflage. Bern: Verlag Hans Huber.

Gediga, G. (1998). *Praktische Methodenlehre*. Skript Wintersemester 1999/2000. Universität Osnabrück, Fachbereich Humanwissenschaften, Lehreinheit Psychologie, Fachgebiet Methodenlehre. http://www.psycho.uni-osnabrueck.de/ggediga/www/pm98

Gessner, A. (2000). *Coaching – Modelle der Diffusion einer sozialen Innovation in der Personalentwicklung*. Forum Personalmanagement, Band 1. Frankfurt a.M.: Lang.

Greif, S. (1991). *Psychischer Stress am Arbeitsplatz*. Göttingen: Hogrefe.

Greif, S. (1993). *Geschichte der Organisationspsychologie*. In: Schuler, H. (1993). Lehrbuch Organisationspsychologie. Bern: Hans Huber.

Greif, S. (1996a). *Minimale Informations- und Leittexte*. In: Greif, S. & Kurtz, H.-J. (Hrsg.) (1996). Handbuch Selbstorganisiertes Lernen, S. 255 - 266. Göttingen: Hogrefe.

Greif, S. (1996b). *Selbstorganisationstheorien*. In: Greif, S. & Kurtz, H.-J. (Hrsg.). Handbuch Selbstorganisiertes Lernen, S. 53 66. Göttingen: Hogrefe.

Greif, S. (1996c). *Selbstorganisationsspiele und Video-Selbstkonfrontation*. In: Greif, S. & Kurtz, H.-J. (Hrsg.). Handbuch Selbstorganisiertes Lernen, S. 283 - 300. Göttingen: Hogrefe.

Greif, S. (1996d). *Teamfähigkeiten und Selbstorganisationskompetenzen*. In: Greif, S. & Kurtz, H.-J. (Hrsg.). Handbuch Selbstorganisiertes Lernen, S. 161 - 178. Göttingen: Hogrefe.

Greif, S. (2000). *Neuropsychologische Aspekte des selbstgesteuerten Lernens*. Referat auf der 59. AEPF-Frühjahrstagung (Arbeitsgruppe für Empirische Pädagogische Forschung) in Bremen vom 9.3. bis 11.3.00, Veröffentlichung: Teil I: Neuropsychologische Aspekte des selbstgesteuerten Lernens, Universität Bremen: Forschungsberichte Nr. 5 der Forschungsgruppe „Lernen".

Greif, S. (2002). *Vorwort*. In: Rauen. C. (Hrsg.). Handbuch Coaching. Göttingen: Verlag für Angewandte Psychologie.

Greif, S. & Kurtz, H.-J. (Hrsg.) (1996). *Handbuch Selbstorganisiertes Lernen*. Göttingen: Hogrefe.

Greif, S. & Kurtz, H.-J. (1999). *Angstkontrolle in turbulenten Innovationsprozessen. Über Desperados, Betonköpfe und Schwarze-Peter-Spiele*. In: Freimuth, J. (Hrsg.). Die Angst der Manager, S. 33 – 68. Göttingen: Verlag für Angewandte Psychologie.

Greif, S., Runde, B., Seeberg, I. & Ansmann, I (2002). *Prozess- und Ergebnisevaluation bei Veränderungen mit dem Change Explorer*. Unveröffentlichter Bericht, Fachgebiet Arbeits- und Organisationspsychologie der Universität Osnabrück.

Greif, S. (in Vorber.). *Selbstreflexion und Coaching*. In: Greif, S. Wie sich Handeln und Lernen selbst organisiert. Version 6. Noch unveröffentlicht.

Greif, S. (in Vorber.a). *Wie sich Handeln und Lernen selbst organisiert*. Theorien und Methoden für die Wissensgesellschaft. Version 6. Noch unveröffentlicht.

Greif, S. (in Vorber.b). *Evaluation der Prozesse und Ergebnisse von Teamentwicklungsmaßnahmen*. In Stumpf, S. & Thomas, A. (Hrsg.). Teamarbeit und Teamentwicklung. Göttingen: Hogrefe. Schriftenreihe: Psychologie für das Personalmanagement (im Druck).

Groeben, N. & Scheele, B. (1986). *Produktion und Rezeption von Ironie*. Band 1: Pragmalinguistische Beschreibung und psycholinguistische Erklärungshypothesen. Tübingen: Gunter Narr Verlag.

Groeben, N., Wahl, D., Schlee, J. & Scheele, B. (1988). *Das Forschungsprogramm Subjektive Theorien : eine Einführung in die Psychologie des reflexiven Subjekts.* Tübingen: Franke.

Hager, W., Patry, J.-L. & Brezing, H. (Hrsg.) (2000). *Handbuch Evaluation psychologischer Interventionsmaßnahmen. Standards und Kriterien*. Bern: Huber.

Heibutzki, H.J. (1989). *Coaching - durch ehrliches Feedback zur Spitzenleistung*. Congress und Seminar 5, S. 5.

Heider, F. (1977). *Die Psychologie der interpersonalen Beziehungen*. Stuttgart: Klett.

Heine, A. (in Vorber.). *Team- und Projektcoaching. Eine Prozessanalyse zur Teamentwicklung. PPAO 2001/2002*. Diplomarbeit im Fachgebiet Arbeits- und Organisationspsychologie. Universität Osnabrück.

Heß, T. & Roth, W.L. (2001). *Professionelles Coaching. Eine Expertenbefragung zur Qualitätseinschätzung und -entwicklung*. Heidelberg: Asanger Verlag.

Hierdeis, H. & Hug, T.(Hrsg.) (1996). *Taschenbuch der Pädagogik*. Hohengehren: Schneider.

Jäger, R. (2001). *Praxisbuch Coaching. Erfolg durch Business-Coaching*. Offenbach: Gabal-Verlag.

Janka, F. (1999). *Das Coaching-Programm für Ihre Karriere. Entwickeln Sie Ihr Profil, Trainieren Sie Ihre Kompetenzen, Programmieren Sie Ihren Erfolg.* Niedernhausen: Falken Manager Training.

Janke, W. & Debus, G. (1978). *Die Eigenschaftswörterliste (EWL).* Göttingen: Verlag für Psychologie, Hogrefe.

Jansen, A. & Mäthner, E. (in Vorber.). *Wirksamkeit von Coaching*. Unveröffentlichte Diplomarbeit an der Humboldtuniversität zu Berlin, Institut für Psychologie.

Kailer, N. & Walger, G. (Hrsg.) (2000). *Perspektiven der Unternehmensberatung für kleine und mittlere Unternehmen. Probleme – Potentiale - empirische Analysen*. Wien: Linde.

Kaiser, H.J. & Seel, H.-J. (1981). *Sozialwissenschaft als Dialog*. Weinheim: Beltz-Verlag.

Kannen, K.v. (2002). *Praktische Methodenlehre*. Skript Wintersemester 2002/2003. Universität Osnabrück, Fachbereich Humanwissenschaften, Lehreinheit Psychologie, Fachgebiet Methodenlehre. http://luce.psycho.uni-osnabrueck.de/~vkannen/Pm/profil.htm

Kelley; H.H. (1971). *Attribution in social interaction.* New York: General Learning Pr.

Kellner, H. (2001). *Karrieresprung durch Selbstcoaching*. Frankfurt am Main: Campus.

König, E. (1995). *Qualitative Forschung subjektiver Theorien*. In: König, E. & Zedler, P. (Hrsg.). Bilanz qualitativer Forschung. Band II: Methoden, S. 11 - 30. Weinheim: Deutscher Studien Verlag.

König, E. & Zedler, P. (Hrsg.) (1995). *Bilanz qualitativer Forschung. Band II: Methoden*. Weinheim: Deutscher Studien Verlag.

König, E. & Volmer, G. (1996). *Beratung*. In: Hierdeis, H. & Hug, T.(Hrsg.): Taschenbuch der Pädagogik. Hohengehren: Schneider. S. 121 - 130.

König, E. & Volmer, G. (2000). *Systemische Organisationsberatung – Grundlagen und Methoden*. 7. Auflage. Weinheim: Deutscher Studien Verlag.

König, G. (2002). *Ein Handwerkszeug für den Coaching-Alltag: Visualisieren und begreifbar Visualisieren mit Inszenario*. In: Rauen, C. (Hrsg.) (2000). Handbuch Coaching. S. 287 - 301. Göttingen: Hogrebe.

König, E. & Volmer, G. (2002). *Systemisches Coaching. Handbuch für Führungskräfte, Berater und Trainer*. Weinheim: Beltz-Verlag.

Krause, F. & Dann, H.-D. (1986). *Die Interview- und Legetechnik zur Rekonstruktion kognitiver Handlungsstrukturen ILKHA. Ein unterrichtsnahes Verfahren zur Erfassung potentiell handlungswirksamer subjektiver Theorien von Lehrern*. Projekt „Aggression in der Schule", Arbeitsbericht 9.

Krings, H., Baumgartner, H.-M., Wild, C. (Hrsg.) (1973). *Handbuch philosophischer Grundbegriffe*. Band 1. Das Absolute - Gesellschaft. München: Kösel-Verlag.

Kriz, J. (1990). *Pragmatik systemischer Therapie-Theorie. Teil II: Der Mensch als Bezugspunkt systemischer Perspektiven*. System Familie 3, S. 97 - 107.

Kriz, J. (1997). *Systemtheorie. Eine Einführung für Psychotherapeuten, Psychologen und Mediziner*. Wien: Facultas-Universitätsverlag.

Kriz, J. (2002). *Selbstorganisationsprozesse in Organisationen. Von SENGEs „Kochrezepten" zu den Grundlagen des Kochens - oder: auf dem Weg zu einer systemtheoretischen Fundierung des Coaching.* Unveröffentl. Manuskript, Universität Osnabrück.

Kuhl, J. (1990). *Hakemp*. Universität Osnabrück.

Kuhl, J. & Fuhrmann, A. (1998). *Das Selbststeuerungs-Inventar (SSI-K): Manual*. Vorpublikationsabzug. Universität Osnabrück.

Kuhl, J. (1999). *BEF - 3*. Universität Osnabrück.

Kuhl, J. (2001). *Motivation und Persönlichkeit. Interaktionen psychischer Systeme*. Göttingen: Hogrefe.

Kurzrock, R. (Hrsg.) (1972). *Systemtheorie. Forschung und Information*. Band 12, S. 17 - 27. Berlin: Colloquium Verlag.

Lang, K. (2000). *Bildungscontrolling. Personalentwicklung effizient planen, steuern und kontrollieren*. Wien: Linde.

Looss, W. (1991). *Coaching für Manager. Konfliktbewältigung unter vier Augen*. Landsberg/Lech: Verlag moderne Industrie.

Looss, W. (1997). *Unter vier Augen: Coaching für Manager.* Landsberg/Lech: Verlag moderne Industrie.

Looss, W. (1999). *Coaching - Qualitätsüberlegungen beim Einsatz von Coaching*. In: Fatzer, G., Rappe-Gieseke, K. & Looss, W. (Hrsg.). Qualität und Leistung von Beratung: Supervision, Coaching, Organisationsentwicklung, S. 105 - 132. Köln: Ed. Humanistische Psychologie.

Luhmann, N. (1993). *Soziale Systeme. Grundriss einer allgemeinen Theorie*. 4. Auflage. Frankfurt a.M.: Suhrkamp.

Mayring, P. (1995). *Qualitative Inhaltsanalyse. Grundlagen und Techniken*. 5. Auflage. Weinheim: Deutscher Studien Verlag.

Mayring, P. (1999). *Einführung in die qualitative Sozialforschung. Eine Anleitung zu qualitativem Denken*. 4. Auflage. Weinheim: Psychologie Verlags Union.

Menne, A. (1973). *Definition*. In: Krings, H., Baumgartner, H.-M., Wild, C. (Hrsg.) (1973). Handbuch philosophischer Grundbegriffe. Band 1. Das Absolute - Gesellschaft. München: Kösel-Verlag.

Mittag, W. & Hager, W. (2000). *Ein Rahmenkonzept zur Evaluation psychologischer Interventionsmaßnahmen*. In: Hager, W., Patry, J.-L. & Brezing, H. (Hrsg.). handbuch Evaluation psychologischer Interventionsmaßnahmen. Standards und Kriterien, S. 102 - 128. Bern: Huber.

Nischk, D., Grothe, A., Schiepek, G. (2000). *Beratungsprozesse aus Sicht der Klienten. Das mehrdimensionale Konstrukt der Prozessinvolviertheit als Grundlage für die Entwicklung eines Klientenstundenbogens*. Zeitschrift für klinische Psychologie, Psychiatrie und Psychotherapie. Jahrgang 48, Heft 2, S. 118 - 134.

Offermanns, M. (1998). *Das systemische Konfliktgespräch*. Unveröffentl. Diplomarbeit im Fachgebiet Arbeits- und Organisationspsychologie an der Universität Osnabrück.

Opwis, K. (1992). *Kognitive Modellierung. Zur Verwendung wissensbasierter Systeme in der psychologischen Theoriebildung*. Bern: Huber.

Patry, J.-L. & Perrez, M. (2000). *Theorie-Praxis-Probleme und die Evaluation von Interventionsprogrammen*. In: Hager, W., Patry, J.-L. & Brezing, H. (Hrsg.). Handbuch Evaluation psychologischer Interventionsmaßnahmen. Standards und Kriterien, S. 19 – 40. Bern: Huber.

Perrez, M. & Baumann, U. (Hrsg.) (1991). *Lehrbuch Klinische Psychologie. Band 2: Intervention.* Bern: Verlag Hans Huber.

Pieler, D. (2000). *Weiterbildungscontrolling. Eine systemorientierte Perspektive*. Wiesbaden: Deutscher Universitäts - Verlag

Radatz, S. (2000). *Beratung ohne Ratschlag. Systemisches Coaching für Führungskräfte und BeraterInnen. Ein Praxishandbuch mit den Grundlagen systemisch-konstruktivistischen Denkens, Fragetechniken und Coachingkonzepten*. Wien: Institut für systemisches Coaching und Training.

Rauen, C. (1996). *Coaching. Bestandsaufnahme eines neuen Personalentwicklungskonzeptes*. Unveröffentl. Diplomarbeit an der Universität Osnabrück.

Rauen, C. (1999). *Coaching. Innovative Konzepte im Vergleich*. Göttingen: Hogrefe.

Rauen, C. (Hrsg.) (2002). *Handbuch Coaching*. Göttingen: Hogrefe.

Rauen, C. (2002a). *Varianten des Coachings im Personalentwicklungsbereich.* In: Rauen, C. (Hrsg.). Handbuch Coaching, S. 67 - 94. Göttingen: Hogrefe.

Rauen, C. (2002b). *Einzel-Coaching – Das Konzept einer komplexen Beratungsbeziehung.* In: Rauen, C. (Hrsg.). Handbuch Coaching, S. 115 - 142. Göttingen: Hogrefe.

Rauen, C. (2002c). *Supervision versus Coaching*. In: Management & Training. 10/2002, S. 20.

Rauen, C. (2002d). *Zukunft des Coachings. Absehbare Entwicklungen, Risiken und Chancen*. Folienvortrag beim Forum Coaching der Meinsen & Steinhübel Organisationsberatung, Oktober 2003 in Osnabrück.

Regenbogen, A. & Meyer, U. (1998). *Wörterbuch der philosophischen Begriffe*. Hamburg: Felix Meiner Verlag.

Reither, F. (1979). *Über die Selbstreflexion beim Problemlösen*. Dissertation. Universität Gießen.

Riedel, J. (2003). *Executive Coaching: Die Modifikation der „Subjektiven Theorien" von Führungskräften*. Unveröffentlichte Dissertation an der Technischen Universität Berlin.

Rückle, H. (2000). *Coaching. So spornen Manager sich und andere zu Spitzenleistungen an*. Landsberg: Verlag moderne Industrie.

Rosenbaum, R.M. (1972). *A dimensional analysis of the perceived causes of success and failure.* Unveröffentlichte Dissertation. University of California, Los Angeles.

Rosenstiel, L.v., Molt, W. & Rüttinger, B. (1988). *Organisationspsychologie*. Stuttgart: Kohlhammer.

Ross, L. (1977). *The intuitive psychologist and his shortcomings: Distortions in the attribution process.* In: Berkowitz, L. (Ed.). Advances in experimental social psychology (Vol. 10, pp. 80 - 95). New York, Academic Press.

Scheele, B. (Hrsg.) (1992). *Struktur-Lege-Verfahren als Dialog-Konsens-Methodik*. Münster. Aschendorff.

Scheele, B. & Groeben, N. (1988). *Dialog-Konsens-Methoden zur Rekonstruktion subjektiver Theorien : die Heidelberger Struktur-Lege-Technik (SLT), konsensuale Ziel-Mittel-Argumentation und kommunikative Flußdiagramm-Beschreibung von Handlungen*. Tübingen: Franke.

Schlippe, A.v. & Schweitzer, J. (1996). *Lehrbuch der systemischen Therapie und Beratung*. Göttingen: Vandenhoeck & Ruprecht.

Schmidt, L.R. (2001). *Klinische Psychologie. Entwicklungen, Reformen, Perspektiven.* Tübingen: dgvt-Verlag.

Schreyögg, A. (2001). *Coaching. Eine Einführung für Praxis und Ausbildung*. Frankfurt a. M.: Campus.

Schroder, H.M., Driver M.J. & Streufert, S. (1975). *Menschliche Informationsverarbeitung: die Strukturen der Informationsverarbeitung bei Einzelpersonen und Gruppen in komplexen sozialen Situationen*. Weinheim: Beltz.

Schuler, H. (1993). *Lehrbuch Organisationspsychologie*. Bern: Hans Huber.

Schumann, J. (in Vorber.). *Entwicklung von überfachlichen Kompetenzen bei Studierenden. Eine Evaluation des Coachingprogramms der Universität St. Gallen*. Unveröffentlichte Dissertation an der Universität St. Gallen.

Schweitzer, J. & Schlippe, A.v. (1998). *Fallsupervision, Team- und Organisationsberatung aus systemischer Sicht*. In Hennch, C. (Hrsg.). Formen der Supervision: Supervisionskonzepte und Praxis im Klinikkontext, S. 21 - 41. Frankfurt am Main: Verlag für Akademische Schriften.

Seiler, B. (Hrsg.) (1973). *Kognitive Strukturiertheit*. Stuttgart: Kohlhammer.

Seiler, T.B. (1973). *Die Theorie der kognitiven Strukturiertheit von Harvey, Schroder und Mitarbeitern - Präsentation und Diskussion*. In Seiler, B. (Hrsg.) Kognitive Strukturiertheit. Stuttgart: Kohlhammer.

Seligman, M.E.P. (1992). *Erlernte Hilflosigkeit*. 4. erweiterte Auflage. Weinheim: Psychologie Verlags Union.

Simon, F.B. (1990). *Meine Psychose, mein Fahrrad und Ich*. Heidelberg: Carl Auer.

Stahl, G. & Marlinghaus, R. (2000). *Coaching von Führungskräften: Anlässe, Methoden, Erfolg*. Zeitschrift für Führung und Organisation, 4/2000 S. 199-207.

Stumpf, S. & Thomas, A. (Hrsg.) (in Vorber.). *Teamarbeit und Teamentwicklung*. Göttingen: Hogrefe. Schriftenreihe: Psychologie für das Personalmanagement (im Druck).

Szyperski, N. & Klaile, B. (1982). *Dimensionen der Unternehmensberatung. Hilfen zur Strukturierung und Einordnung von Beratungsleistungen*. Arbeitsbericht Nr. 48 des Seminars für allgemeine Betriebswirtschaftslehre und betriebswirtschaftliche Planung. Köln.

Tisdale, T. U(1998). *Selbstreflexion, Bewusstsein und Handlungsregulation*. Weinheim: Psychologie Verlags Union.

Unkelhäußer, D. (2002). *Internes und externes Coaching als Personalentwicklungsmethode - Chancen und Grenzen*. Diplomarbeit an der Johannes - Gutenberg - Universität Mainz, FB Pädagogik.

Vogelauer, W. (1990). *Coaching - Begleitung von Führungskräften zur Selbstentwicklung*. In: Kraus, H., Kailer, N. & Sandner, K. (Hrsg.). Management Development im Wandel. S. 173 - 186. Wien: Manz.

Vogelauer, W. (2000). *Was Kunden vom Coaching erwarten. Erwartungen und Erfahrungen von Führungskräften und Personalentwicklern aus Deutschland, Österreich und der Schweiz*. In: Kailer, N. & Walger, G. (Hrsg.). Perspektiven der Unternehmensberatung für kleine und mittlere Unternehmen. Probleme - Potentiale - empirische Analysen. Wien: Linde.

Wagner, H. (1973). *Reflexion*. In: Krings, H., Baumgartner, H.-M., Wild, C. (Hrsg.) (1973). Handbuch philosophischer Grundbegriffe. Band 1. Das Absolute - Gesellschaft, S. 1203 - 1211. München: Kösel-Verlag.

Watzlawik, P., Beavin, H., Jackson, D. (2000). *Menschliche Kommunikation. Formen, Störungen, Paradoxien*. 10. unveränd. Auflage. Bern: Huber.

Weiner; B. (1979). *A theory of motivation for some classroom experiences*. Journal of Educational Psychology, 71, S. 1 - 29.

Wicklund, R.A. (1974). *Freedom and Reactance*. New York: Wiley.

Willke, H. (2000). *Systemtheorie I: Grundlagen*. 6. überarbeitete Auflage. Stuttgart: Lucius & Lucius.

Willms, J.-F. (in Vorber.). *Ein Coachingkonzept zur Umsetzung persönlicher Ziele – Entwicklung und Evaluation.* Unveröffentl. Diplomarbeit im Fachgebiet Arbeits- und Organisationspsychologie an der Universität Osnabrück.

Woldrich, A. (1998). *Beratung - Eine Begriffsbestimmung aus historischer, fachspezifischer und gesellschaftlicher Perspektive unter besonderer Berücksichtigung der Behindertenberatung und der Abgrenzung zur Therapie.* Diplomarbeit zur Erlangung des akademischen Grades eines Magisters der Philosophie an der geisteswissenschaftlichen Fakultät der Leopold-Franzens-Universität Innsbruck. http://bidok.uibk.ac.at/texte/beratung.html

Wolf, R. (1995). *Hilfe zur Selbsthilfe*. Management & Seminar, 10, S. 23 - 26.

Wottawa, H. & Thierau, H. (1998). *Lehrbuch Evaluation*. 2. Auflage. Bern: Huber.

FSC
www.fsc.org
MIX
Papier | Fördert
gute Waldnutzung
FSC® C083411

Zeitfracht Medien GmbH
Ferdinand-Jühlke-Straße 7
99095 Erfurt, Deutschland
produktsicherheit@kolibri360.de